THE BASIC SKINCARE

기초 스킨케어

김윤정 · 홍미숙 공저

Gadam PLUS BOOK & DESIGN

I 이론편

CHAPTER 01. 피부미용의 개요

CHAPTER 02. 피부의 이해

CHAPTER 03. 피부미용을 위한 해부생리학

CHAPTER 04. 피부미용 관리를 위한 준비 및 위생

CHAPTER 05. 피부미용 상담 및 분석

II 실무편

CHAPTER 06. 클렌징

CHAPTER 07. 눈썹 정리

CHAPTER 08. 딥클렌징

CHAPTER 09. 메뉴얼테크닉 관리

CHAPTER 10. 팩과 마스크

CHAPTER 11. 림프 관리

THE BASIC SKINCARE

이론편

CHAPTER

01

피부미용의 개요

1. 피부미용의 개념 및 영역

1) 피부미용의 개념

피부미용(aesthetics)이란 인체의 피부 기능이 가지고 있는 문제점을 개선시켜 피부 상태를 건강하고 아름답게 유지, 발전시키는 것이다.

우리가 흔히 사용하는 코스메틱(cosmetic)은 화장 또는 일반적인 미용의 의미로 이해하고 있으며 '관리하다', '꾸미다'라는 뜻을 가지고 있는 그리스어 코스메인(kosmein)에서 비롯되었다. 현재 우리가 사용하는 피부미용의 개념인 'aesthetic', 'esthetic'과는 다소 차이가 있지만, 약 200년 전 독일에서 미학자 바움갈텐(A. G Baumgarten, 1717~1762)이 'aesthetic'이라는 용어를 사용할 때는 얼굴을 꾸미는 화장품과 피부를 관리하는 것과의 의미를 구별하기 위해 사용하였다. 바움갈텐(A. G Baumgarten, 1717~1762)은 아름다움을 학문의 관점에서 바라볼 때 '아름다움이란 인간에게 즐거움과 만족감을 주는 대상이며, 이는 보는 사람의 마음에 달려있다'라고 하였는데, 시대의 차이를 넘어 아름다움 즉, 미를 향한 관점에선 현재와도 일맥상통하다.

피부미용은 시대의 흐름, 산업의 성장과 발전에 따른 트랜드에 발맞추어 함께 변화되어 왔으며, 같은 시대라 할지라도 나라와 지역의 특성에 따라 피부미용에 대한 인식, 활동 범위가 매우 다양하다. 표현되어지는 용어 또한 나라마다 각양각색으로 미국의 스킨케어(skin care, aesthetic), 영국의 에스테틱(esthetic, cosmetic), 독일의 코스메틱(kosmetik), 프랑스의 에스테티크(esthetique), 일본의 에스테(エステ) 등으로 구별된다.

에스테틱은 '미의 내적 본질 및 외적 형태를 다루는 학문이다.'라는 해석을 바탕으로 피부미용의 영역에서 피부 및 인체의 생리와 구조를 기반으로 1인 고객에게 눈높이를 맞춘 고객 상담과 정확한 피부분석을 통해 과학적인 고객 맞춤형 프로그램을 설계, 관리하여 아름다움을 만들어가는 전문 분야이다. '에스테틱은 과학이며 동시에 예술이다'라는 의미가 재해석 된다.

현대인의 미에 대한 욕구는 단순한 신체관리에서 점점 정신적 스트레스 관리까지 확대되면서 보다 더 체계적인 관리를 요구한다.

2) 피부미용의 영역

(1) 광의의 업무 범위

피부미용이라 함은 공중위생과 긴밀하게 연결되어지는 분야로써 국민의 건강을 최우선으로 생각하여야 하며, 미용 산업의 변화 및 확장은 우리나라 산업 구조가 과거 제조업에서 서비스업 중심으로 전환되어 가고 있음을 나타내는 대표적 예라고 할 수 있다. 헤어, 피부미용, 메이크업, 네일 등 분야별로 세분화되어 보다 더 전문성을 갖출 수 있도록 국가기술자격제도화로 추진하였다. 이로써 세계적인 미용산업 발전 및 변화에 발맞추어 대한민국 미용분야의 전문 인력을 국내는 물론 국제적으로도 더욱 양성할 수 있게 되었다. 국민의 보건과 건강을 보호하기 위하여 2008년부터 국가기술(피부미용)자격 시험 제도를 제정하였으며 피부미용의 영역은 얼굴의 다양한 피부유형 및 각각의 신체 부위에 적합한 관리방법과 미용기기 및 미용제품을 사용하여 피부상태 분석, 피부 관리, 전신관리, 눈썹손질, 제모 관리 등을 수행하되 의료기기나 의약품을 사용하지 아니하는 업무 범위의 기준을 발표하였다.(미용사(피부) 개요, 한국산업인력공단 발췌)

(2) 협의의 업무 범위

단순히 아름답게 꾸미고 분장하는 지난 시대의 피부미용 측면에서 현대에는 인류 문명의 발달과 생활수준의 향상에 따라 인간의 자아를 표현하는 하나의 방법으로 피부미용과 건강을 동시에 생각하는 개념으로 바뀌었다. 내 · 외적 환경으로부터 피부를 보호하고, 적극적인 노화 관리 및 정신적 스트레스를 해소하고 예방 · 관리하는 방향으로 확대되고 있다.

고객의 피부 상태를 정확히 파악, 분석한 후 피부 유형이 가지고 있는 증상에 따라 미용기기나 제품 또는 특수 관리 등을 이용하여 혈액순환 촉진 및 신진대사의 활성화를 증진시킬 수 있다. 일반적으로 크게 두 가지 관리 형태로 분류하면 얼굴에 해당되는 안면관리(facial treatment)와 얼굴을 제외한 모든 신체부위를 관리하는 전신관리(body treatment)로 나눌 수 있다.

3) 주요 국가의 피부미용 업무 영역

국민건강보호 및 증진을 위한 공중위생수준 향상 방안 연구(황순욱, 2006)에 따르면 주요 국가의 피부미용 업무 영역은 다음과 같다.

표 1-1 국가별 피부의 업무 영역

국가	피부미용 업무 영역
한국	의료기기나 의약품을 사용하지 아니하는 피부상태 분석, 피부 관리, 제모, 눈썹 손질
미국	피부 관리와 손톱관리, 탈모, 화장품 살균제, 토닉, 로션, 크림의 사용으로 얼굴과 목, 팔, 상체의 관리, 양손 기구, 장치, 기타 재료에 의한 얼굴, 목, 마사지 클렌징 등
일본	얼굴관리, 전신관리, 메이크업, 탈모
영국	얼굴관리, 전신관리, 두피손질, 화장, 탈모
프랑스	얼굴, 목, 전신피부관리, 매니큐어, 두피손질, 탈모, 화장
스위스	얼굴 손질 및 전신 피부손질, 속눈썹 염색, 화장, 탈모, 전기기구를 이용한 스페셜 트리트먼트, 매니큐어, 패디큐어

2. 피부미용 관리의 목적과 필요성

1) 피부미용 관리의 목적

우리 인체를 머리부터 발끝까지 덮고 있는 가장 큰 기관인 피부는 외부의 자극으로부터 신체의 내부 환경을 보호하는 기능을 하고, 체온의 조절기능과 방벽기능, 지각기능, 배설 · 분비 작용 및 비타민 D 생성, 호흡기능, 흡수기능, 영양소 저장기능, 감각기능, 면역기능 등의 다양한 생리적 기능을 담당하고 있다.

피부는 성별, 연령, 유전, 수면, 정신적 스트레스, 피부질환, 영양섭취 등의 내적 요인과 외부로부터 받는 자극, 마찰, 사용하는 미용제품(화장품, 비누, 세정제), 기후와 계절의 변화, 환경 등의 외적 요인으로 인해 부정적 영향을 받는다. 이러한 피부의 문제점을 과학적 방법을 이용하여 개선하고, 피부의 생리적 기능에 자극을 줌으로써 건강하고 아름다운 피부를 관리하고 유지하는 것에 목적을 둔다. 건강한 피부의 본래 기능을 유지하면서 외부 자극으로부터 피부를 보호하기 위해서 자신의 피부 상태와 건강 정도에 대해 확인할 필요가 있다. 피부미용은 피부에 나타나는 문제점을 치료하는 것이 아니라 피부의 변화에 영향을 주는 부정적 요소들을 파악하여 문제점들을 개선시키면서 건강한 피부를 가꿀 수 있는 것을 목적으로 한다.

2) 피부미용 관리의 필요성

피부미용 관리의 목표는 건강한 피부를 위함이다. 현대의 피부미용은 언제까지나 젊고 아름다움을 희망하는 인간의 본능적 욕구 충족 수단으로 피부의 건강과 아름다움을 얼굴에 도포하는 미용제품에만 의존하는 하는 것이 아니라 개별 피부 유형의 특성을 고려한 맞춤형 피부 관리법과 기기 및 제품사용으로 얼굴 및 신체의 생리기능을 활성화 시키고, 피부의 혈액순환 증진으로 피부의 윤기와 탄력을 유지시켜 주는 것이다.

3. 피부미용 관리사의 이해

1) 피부미용 관리사의 정의

피부미용은 인체에 대한 과학 지식을 기본으로 요구한다. 피부를 포함한 인체의 모든 변화에 영향을 줄 수 있는 학문 즉, 해부생리학, 향장학, 근육학, 심리학, 보건학 등의 다양한 지식을 필요로 한다. 피부미용에 대한 명확한 이해와 더불어 인체 구조 및 생리적 기능에 대한 전문 지식을 피부관리 방법에 접목시켜 활용함으로써 건강한 피부를 유지 및 관리할 수 있다.

2) 피부미용 관리사가 갖추어야 할 지식과 기술

피부미용 관리사는 피부생리에 대한 전문적 지식을 바탕으로 다양한 과학적 방법론을 적용하여 피부의 문제점을 개선시키어 건강하고 아름다운 피부를 가꿀 수 있도록 도와주는 전문인으로서 기본적으로 다음과 같은 지식과 기술을 갖추어야 한다.

① 피부생리학 및 해부생리학에 대한 지식
② 화장품에 대한 지식
③ 피부에 적합한 제품 사용에 대한 응용 능력
④ 전문적인 자세와 고객과의 유대감 형성 능력
⑤ 고객 서비스에 대한 이해와 지식
⑥ 고객 상담 능력
⑦ 피부분석 능력
⑧ 피부 관리 프로그램 작성 및 기획 능력
⑨ 피부 관리를 위한 준비 및 위생사항 숙지 능력
⑩ 화장품 및 관리 프로그램 설명 판매 능력
⑪ 고객의 신체상황이나 개인사생활에 대한 비밀 유지
⑫ 건강한 신체, 건강한 정신 유지

이와 같은 필요조건이 충족 되었을 때 공중위생법 시행규칙 제 14조(업무범위)와 한국산업인력공단의 피부미용 수행 직무에 의거한 피부미용사의 업무를 정확히 행할 수 있다.

공중위생관리법 시행규칙 제14조(업무범위)

1. 이용사 : 이발・아이론・면도・머리피부손질・머리카락염색 및 머리감기
2. 미용사 : 파마・머리카락 자르기・머리카락모양내기・머리피부손질・머리카락염색・머리감기, 의료기기나 의약품을 사용하지 아니하는 피부상태분석・피부 관리・제모・눈썹손질, 손톱과 발톱의 손질 및 화장, 얼굴 등 신체의 화장・분장
3. 미용사(일반)
   - 2008.1.1. ~ 2015.4.16. 기간 중 자격취득자: 파마・머리카락 자르기・머리카락모양내기・머리피부손질・머리카락염색・머리감기, 의료기기나 의약품을 사용하지 아니하는 눈썹손질, 얼굴의 손질 및 화장, 손톱과 발톱의 손질 및 화장
   - 2015.4.17. ~ 2015.12.31. 기간 중 자격취득자: 파마・머리카락 자르기・머리카락모양내기・머리피부손질・머리카락염색・머리감기・의료기기나 의약품을 사용하지 아니하는 눈썹손질, 얼굴의 손질 및 화장
   - 2016.1.1. 이후 자격취득자 : 파마・머리카락 자르기・머리카락모양내기・머리피부손질・머리카락염색・머리감기, 의료기기나 의약품을 사용하지 아니하는 눈썹손질
4. 미용사(피부) : 의료기기나 의약품을 사용하지 아니하는 피부상태분석・피부 관리・제모・눈썹손질
5. 미용사(손톱・발톱) : 손톱과 발톱의 손질 및 화장
6. 미용사(메이크업) : 얼굴 등 신체의 화장・분장 및 의료기기나 의약품을 사용하지 아니하는 눈썹손질

3) 피부미용 관리사의 직무 영역

한국 산업인력공단의 미용사(피부) 수행직무

얼굴 및 신체의 피부를 아름답게 유지・보호・개선 관리하기 위하여 각 부위와 유형에 적절한 관리법과 기기 및 제품을 사용하여 피부미용을 수행한다.

화장품 법 제2조 제1항

"화장품"이란 인체를 청결・미화하여 매력을 더하고 용모를 밝게 변화시키거나 피부・모발의 건강을 유지 또는 증진하기 위하여 인체에 사용하는 물품으로서 인체에 대한 작용이 경미한 것을 말한다.

얼굴 및 전신의 피부를 아름답게 유지・보호・개선・관리하기 위하여 신체 각 부위와 피부 유형의 정확한 분석・ 결과를 도출할 수 있으며 그에 따른 적절한 관리법과 적합한 피부미용 서비스

를 제공함으로써 건강하고 아름다운 피부를 지속적으로 유지시켜 자기정체성에 대한 자신감을 갖게 한다.

실제적인 직무 영역은 다음과 같다.

(1) 얼굴관리

① 기초 얼굴관리

전문지식을 갖추고 있는 피부 미용사가 다양한 피부 분석기기를 이용해 고객의 피부 상태를 파악·분석하고 분석 결과에 맞추어 피부 관리 프로그램을 계획하고 수행한다. 미용기기는 물론 관리사의 핸들링 기술을 통하여 고객의 피부 상태를 건강하게 유지할 수 있게 하는 기본적인 피부미용 영역이다.

② 특수 얼굴관리

여드름 피부, 색소침착 피부, 노화피부 등 보다 깊이 있는 전문 관리가 필요한 피부 상태와 특수 제품이나 특수 미용기기를 이용하여 전문적으로 집중 관리를 해야 할 필요성이 있는 경우 등 피부에 발생된 문제점을 개선하기 위해 행해지는 전문적인 피부미용 영역이다.

(2) 전신관리(body treatment)

① 기초 전신관리

안면관리 외에 몸 전체의 피부 상태와 기능을 건강하고 아름답게 가꾸기 위해 행하는 기본적인 전신관리 영역이다.

② 특수 전신관리

전신에 행하여지는 관리 중 비만 관리, 체형 관리, 셀룰라이트 관리, 가슴 관리, 튼살 관리, 태닝 관리 등이 있으며, 특수 전신관리에는 스파요법, 아로마요법, 냉동요법, 색채요법, 림프관리 등 보다 전문적인 지식을 요하는 다양한 관리방법을 적용하는 영역이다.

(3) 손, 발 관리(manicure, pedicure)

손과 발의 미용·건강상의 여러 문제점을 개선하는 관리로써 massage, 매니큐어링, 패디큐어링의 전 과정을 통해 건강하고 아름다운 손과 발을 관리 또는 유지하는 영역이다.

(4) 두피 관리(scalp treatment)

두피 마사지와 두피 전문제품을 이용하여 두피의 피지 분비와 각질 관리, 두피 혈액순환을 원활하게 함으로써 탈모, 비듬, 피지 과다 등 전문적인 문제점을 개선하여 정상적인 두피 상태로 유지할 수 있도록 관리하는 영역이다.

(5) 제모(waxing)

미용과 위생 · 청결의 목적을 위해 신체의 모발을 인위적으로 제거하는 것으로써 왁스, 가위, 면도기 등을 이용하는 일시적 제모와 레이저, 전기 등을 이용한 영구적인 제모의 영역이 있다.

(6) 메이크업(make up)

색채를 이용하여 얼굴 또는 신체의 결점을 수정, 보완하고 자신만의 개성을 연출하는 기술로써 시간(T) · 장소(P) · 목적(O)에 맞게 아름다움을 돋보이게 가꾸어주는 영역이다.

(7) 눈썹정리 및 염색(eyebrow treatment and eyelash dye/bleach)

고객의 얼굴형과 고객의 취향을 고려하여 눈썹 모양을 디자인하고 눈썹의 숱과 선을 알맞게 다듬고 정리하며, 고객의 헤어 컬러에 맞추어 눈썹과 속눈썹 염색을 시행하는 영역이다.

CHAPTER 02 피부의 이해

피부는 신체의 표면을 덮고 있는 조직으로 바깥쪽의 표피(epidermis), 안쪽의 진피(dermis)와 피하조직(subcutaneous tissue)으로 구성되어 있으며, 표피와 진피 사이에는 기저막이 존재한다. 또한 피부와 연관된 피부 부속기관(skin appendages)로 한선(sweat gland), 피지선(sebaceous gland), 모발(hair) 및 조갑(nails) 등이 있다. 피부는 무게를 기준으로 인체 기관 중 가장 큰 기관이다.

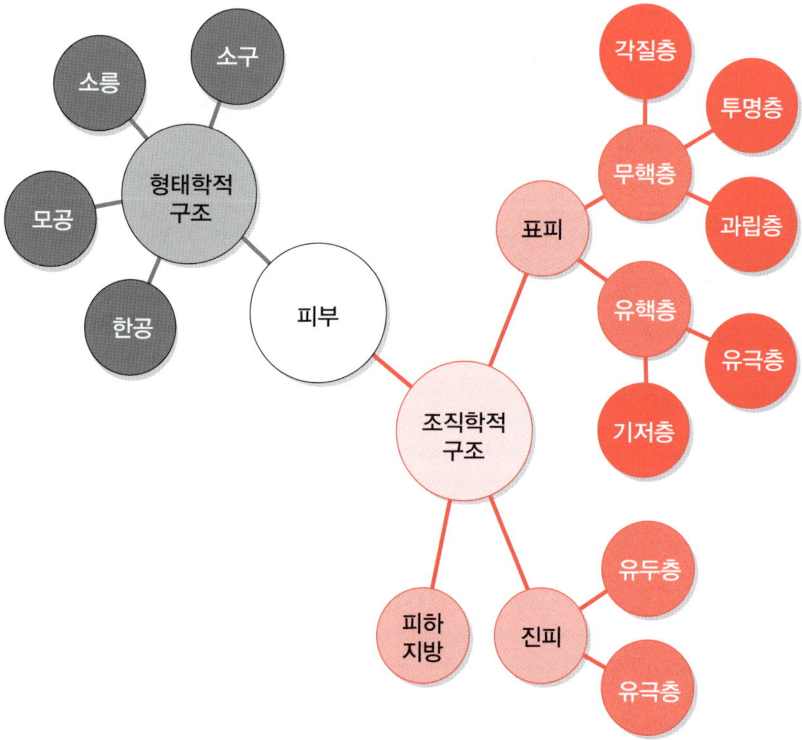

그림 2-1 피부 구조의 분류

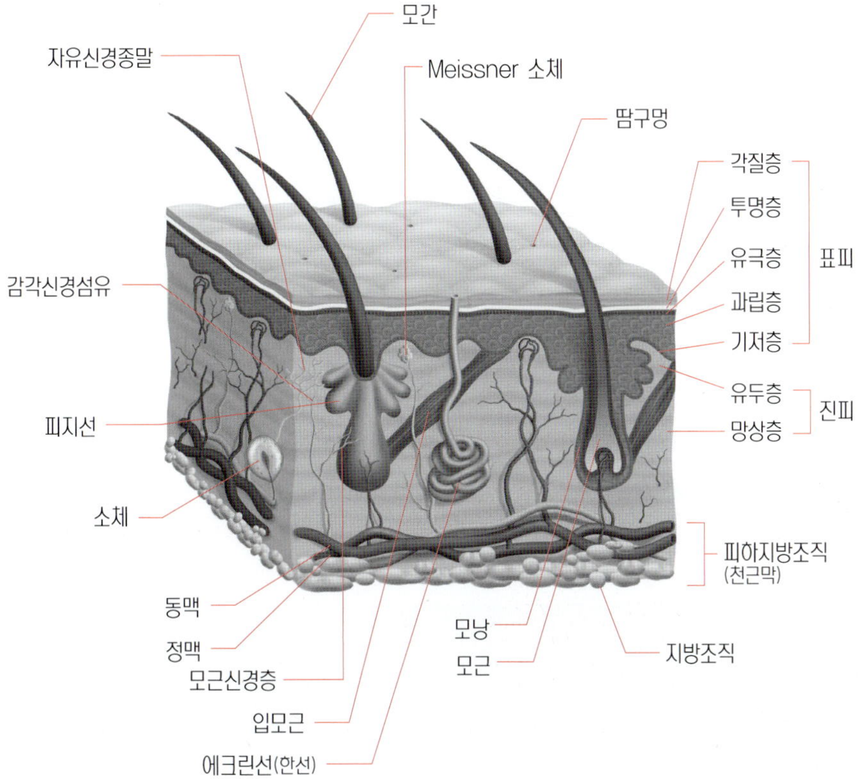

그림 2-2 피부의 조직학적 구조

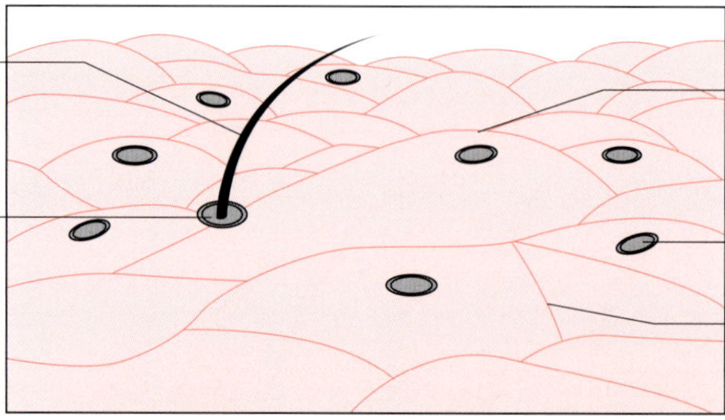

그림 2-3 피부의 형태학적 구조

(출처: 교육부(2017). NCS 학습모듈)

표 2-1 피부의 형태학적 구조 특징

형태학적 구조	특징
소구(groove, furrow)	피부표면의 우묵한 곳
소릉(ridge, hill)	피부표면의 올라온 곳
피부 결(texture)	피부소구와 소릉에 의해 형성된 그물모양의 표면
모공(pore)	모발이 나오고 피지가 분비되는 구멍 피부소구와 피부소구가 서로 교차하는 곳에 존재
한공(porus sudoriferus)	땀을 분비하는 구멍 피부 소릉의 중심에 위치

1. 표피(epidermis)

표피는 신체를 감싸고 있는 가장 바깥에 위치하는 층으로 외부 환경에 노출되어 있어 물리적, 화학적, 생물학적 요인에 의해 자유로울 수 없으며, 중층편평상피(stratified squamous epithelium)로 된 얇은 막으로 구성되어 있다.

피부의 두께는 표피의 두께로 결정되며, 표피의 두께는 신체부위에 따라 다르지만 보통 0.07~0.12mm이고 손바닥(0.8mm)이나 발바닥(1.4mm)의 표피층은 예외로 두껍다. 일반적으로 표피는 기저층(stratum basale), 유극층(가시층, stratum spinosum), 과립층(stratum granulosum), 투명층(stratum lucidum), 각질층(stratum corneum)의 다섯 개의 층으로 이루어지지만 투명층(stratum lucidum)은 손바닥이나 발바닥과 같은 두꺼운 신체부위에서 존재하고 얇은 신체부위에서는 투명층이 잘 관찰되지 않는다.

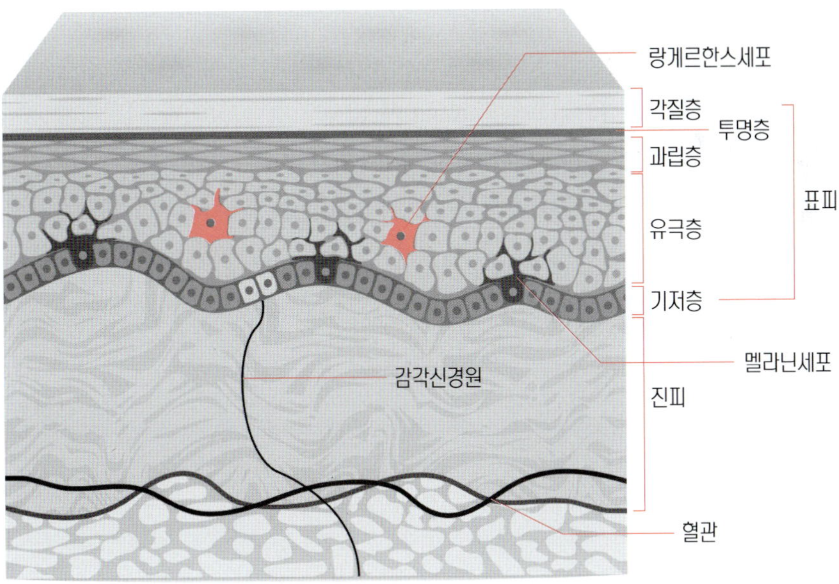

그림 2-4 표피의 구조

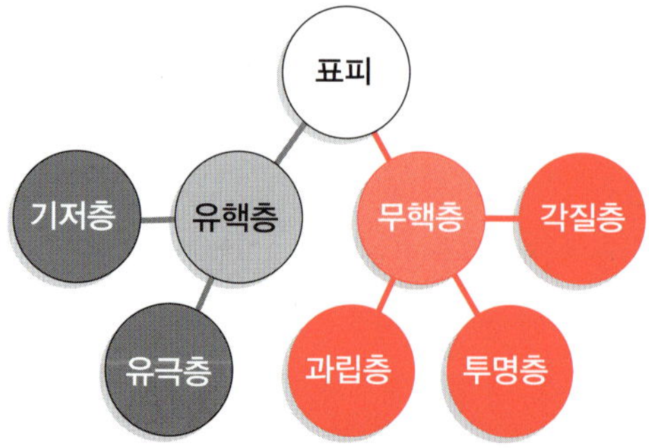

그림 2-5 표피의 구성

1) 표피의 구조

(1) 각질층(stratum comeum)

각질형성세포 중 가장 바깥쪽의 단단하고 건조한 얇은 껍질인 각질을 형성하고 있으며, 무핵층으로 15~20층으로 구성되어 있다.

각질층에는 수분이 거의 없고 각질층 세포 사이에는 지방질(지질) 성분이 겹겹이 끼여 있으며, 지방질(지질) 간 접착제인 세라마이드(ceramide)에 의해 각질층 사이가 단단하게 결합되어 있다. 이러한 구조는 세포내 수분 손실을 억제해줄 뿐 아니라 이물질이나 세균들이 피부 속으로 침입해 오는 것을 막아주는 방패역할을 하여 피부의 보호기능에서 가장 주요한 위치를 차지하고 있다.

① 모양

- 피부의 표면 위로 올라갈수록 판상의 길쭉한 모양이다.
- 편평한 기와장 모양으로 겹겹이 펼쳐진 얇은 각질 판의 모양이다.

② 주성분

- 케라틴 단백질(55%)
- 지질(11%)
- 천연보습인자(natural moisturizing factor ; NMF 34%)를 함유하고 있다.

③ 두께

- 신체의 부위와 각질층의 수분 상태에 따라 다르다.
- 손바닥과 발바닥 부위는 각질층이 매우 두꺼워 외부의 물리적 충격이나 마찰 또는 외상에 대한 손상이 없는 편이다.

④ 각질층의 수분량

- 각질층에는 천연보습인자가 있어 10~20%의 수분을 함유하고 있다.
- 10%이하의 수분량이 되면 피부가 건조하고 거칠어져 피부노화의 원인이 된다.
- 각질층의 수분량은 일반적으로 젊은 피부 > 나이 든 피부 현상이다.

⑤ 각질층의 주성분

a. 천연보습인자(natural moisturizing factor)

- 건강한 피부의 유연성과 탄력성은 피지막에 의한 수분 증발 억제와 각질층의 수분 보유 기능에 의한 것이다.
- 각질 등으로부터 어떤 종류의 특정 성분을 빼면 각질층은 흡습성을 잃게 되는데 이러한 수용성 흡습물질을 '천연보습인자'라 한다.
- 각질층의 수분 유지는 피부의 수분 보유량 조절에 의해 이루어진다.
- 피지막은 피지선으로부터 분비되어 만들어지며, 피지막이 피부표면을 덮어 피부로부터 수분 증발을 막는다.
- NMF가 결핍되면 피부가 건조해지고 거칠어져 피부노화의 원인이 된다.

b. 케라틴(keratin)

- 세포 골격 단백질 중 중간경 섬유를 만드는 단백질이다.
- 피부에는 연케라틴, 모발이나 손 · 발톱에는 경케라틴으로 분류한다.

c. 세포간 지질

- 각질층의 세포 사이사이에는 피지와는 다른 지질성분이 겹겹이 끼어 있어 풀칠 역할을 함으로써 세포와 세포를 서로 단단하게 결합시켜 준다.
- 층상의 라멜라(lamella)구조로서 각질층을 결합시키고 있다.
- 수분손실을 막는다.

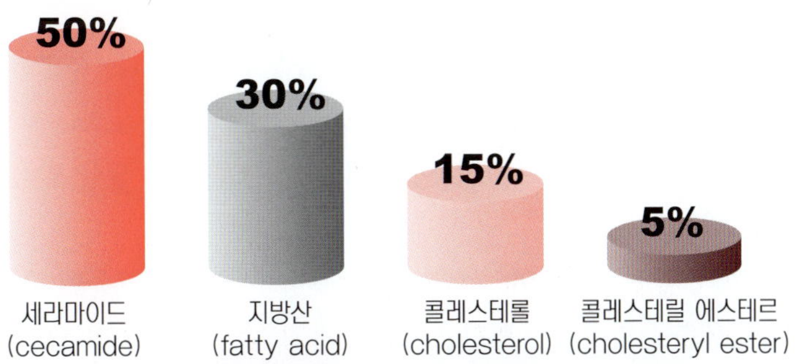

그림 2-6 세포간 지질 성분

⑥ **각질화 과정**(keratinization)

- 각질화 과정은 표피의 가장 중요한 생리적 기능이다.
- 외부에서 오는 여러 가지 자극들 건조, 자외선, 물리적원인, 화학적원인, 기타 등에 대한 방어벽이 되는 외피인 각질층을 형성하는 것이다.
- 표피는 기저세포, 유극세포, 과립세포의 형태적 특징이 각화주기에 맞춰 순차적으로 변화하면서 점점 피부표면층의 위로 이동하는 세포로써 최종적으로는 각질세포가 되며, 이러한 것들이 표피세포의 분화과정이다.

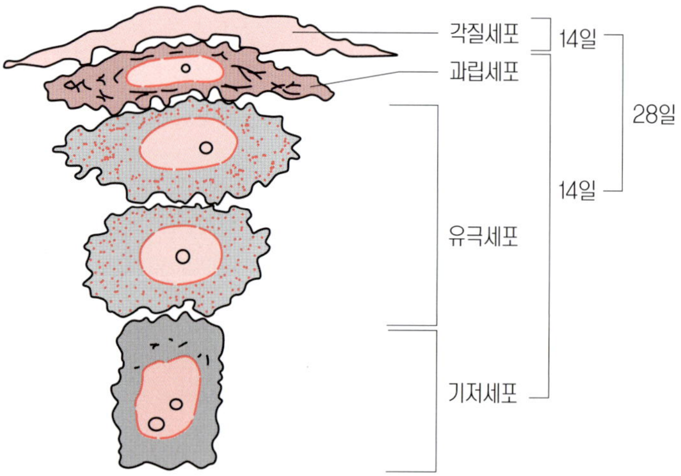

그림 2-7 **표피의 각질화 과정**

(출처: 교육부(2017). NCS 학습모듈)

(2) 투명층(stratum lucidum)

① 투명층은 각질층 바로 밑에 위치하며 2~3 개의 층으로 핵이 없는 투명한 세포로 이루어져 있다.

② 반유동성의 단백질인 엘라이딘(elaidin)이 있어 투명해 보이며, 빛을 받을 때 굴절함으로써 빛을 차단시키는 역할을 한다.

③ 주로 손바닥과 발바닥에 존재하며, 피부 외부로부터 이물질이나 수분 침투를 막고 피부 내부로부터의 수분 유출을 막아주는 역할을 한다.

(3) 과립층(stratum granulosum)

① 편평형 또는 방추형의 세포층으로 2~5개의 층을 이루며, 손바닥과 발바닥처럼 두꺼운 부위에서는 10개의 층에 이루고 있다.

② 핵이 소실되고 표피세포가 퇴화되어 각질화 되는 과정의 1단계로써 본격적인 각질화가 일어나는 층이다.

③ 외부로부터의 이물질 침투에 대한 방어와 피부 내에서 수분이 증발하는 것을 막아주는 역할을 한다.

레인방어막(수분증발 저지막, rein membrane, barrier membrane)

① 화학적 성질을 지닌 막으로 투명층 아래에 위치하며, 피부 외부로부터 이물질의 침입을 막는 역할을 한다.

② 물리적 압력, 화학적 물질의 흡수를 저지하여 피부염 유발을 억제한다.

③ 레인방어막 같은 층에서도 위쪽의 피부 표피 쪽은 약산성을 띠며 10~20% 정도의 수분을 함유하고, 아래쪽의 피부 안쪽은 약알칼리성을 띠며 70~80% 정도의 수분량을 함유한다.

(4) 유극층(stratim spinosum)

① 표피의 대부분을 차지하고 있으며 표피층 중 가장 두꺼운 층이다.

② 5~10개의 층을 이루며, 세포들의 모양이 가시와 같은 형태로 연결되어 있어 '가시층'이라고도 한다.

③ 유핵(핵이 존재)의 살아 있는 세포로 세포재생이 가능하다.

④ 기저층 만큼이나 활발한 세포 분열이 이루어지지 않지만 표피를 다칠 경우 피부손상을 복구할 수 있다.

⑤ 면역기능을 담당하는 랑게르한스 세포가 존재한다.

⑥ 림프액이 흐르며 혈액순환을 비롯해 노폐물을 배출시키는 물질교환이 이루어져 피부기능에 중요한 역할을 한다.

(5) 기저층(stratum basale)

① 표피의 맨 아래층으로 단층의 원추상세포로 핵을 가지고 있는 유핵으로 살아있는 세포이다.

② 기저층은 바로 아래 진피층과 접하여 물결모양을 이루며, 진피층에 흐르는 모세혈관에 의해 산소와 영양분을 공급받을 수 있다. 그로 인해 활발한 세포분열이 일어나게 된다.

③ 세포분열을 통해 세포를 생성하고 새로운 층으로 이동한다. 멜라닌형성세포(melanocyte)와 함께 존재한다.

④ 기저층의 각질형성세포와 멜라닌형성세포는 4:1 또는 10:1의 비율로 함께 존재한다.

⑤ 진피와 접하고 있는 기저층 물결모양의 굴곡은 피부 노화가 진행될수록 편평하고 밋밋해진다.

⑥ 기처층의 세포분열은 밤10에서 새벽 2시 사이에 가장 활발하다.

⑦ 피부색의 결정은 멜라닌형성세포에 의해 이루어지며, 외부 자극이나 자외선으로부터 피부를 보호한다.

2) 표피의 구성세포

표피를 구성하는 세포는 **각질형성세포**(keratinocyte)와 가지모양의 돌기를 가지고 있는 가지모양세포(dendrite cell)인 **멜라닌세포**(melanocyte), **랑게르한스세포**(langerhans cell), **머켈세포**(markel cell) 등이 있다. 각질형성세포는 외배엽에서 유래하며, 멜라닌생성세포는 신경외배엽에서 유래한 세포이고, 랑게르한스세포는 중배엽에서 각각 유래하였다.

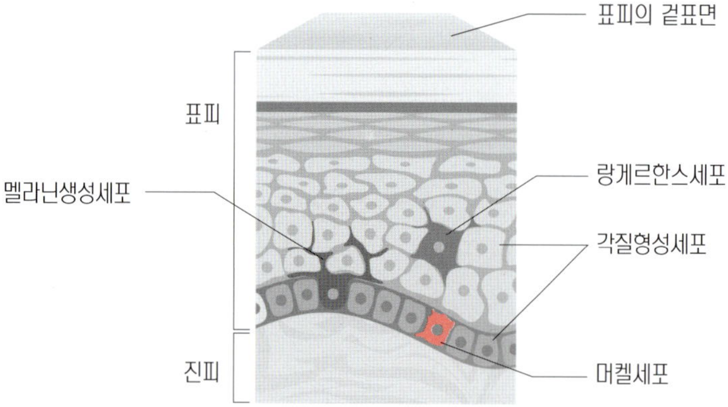

그림 2-8 표피의 구성세포

① **각질형성세포**(keratinocyte)

- 표피의 주요 구성 세포로 전체 80%이상으로 대부분을 차지한다.
- 표피의 각질층, 모발과 조갑의 구조 단백질을 형성하는 각질(keratin)이라는 복잡한 세섬유 단백질을 생산한다.
- 표피의 맨 아래 기저층에서부터 유극층, 과립층, 투명층, 각질층으로 이동해 오면서 점점 수분량이 줄어들어 건조한 각질을 형성한다.
- 각질형성세포의 수명은 약 28일로 각화주기와 일치하다. 신체 피부 부위에 따라서 조름씩 다를 수 있으나 매일 수백만 개의 세포들이 탈락되고, 표피의 맨 아래 기저층으로부터 수 백 만 개의 새로운 세포가 생성되어 위로 이동해 온다.
- 각질형성세포의 기능저하는 피부의 잔주름, 피부결, 피부톤, 피부 건조, 피부 거칠음 등의 원인이 되기도 한다.

② **멜라닌형성세포**(melanocyte)

- 멜라닌형성세포는 표피를 구성하고 있는 세포의 약 5~10%를 차지하며, 피부의 색과 관련 있는 세포로써 멜라닌이 생성된다.
- 표피의 기저층에 존재하나 자외선 등에 의해 멜라닌 합성이 자극되면 기저층의 바로 위쪽인 유극층에서도 관찰된다.
- 멜라닌은 멜라닌 형성세포에 의해 만들어지며, 세포돌기를 통해 각질형성세포로 전달된다. 전달된 각질형성세포는 점점 표피의 가장 상부인 각질층으로 올라가며 결국 각화주기에 맞추어 각질층에서 탈락된다.
- 자외선에 피부가 오래 노출되거나 스트레스 및 호르몬 등의 다양한 원인 및 자극으로 인해 멜라닌 색소의 생성이 더 많이 일어난다.
- 기저층에서 멜라닌색소의 색상은 황갈색, 흑갈색, 갈색으로 형성되나, 피부표면에 가까워지면서 산화되어 점점 짙어지거나 검어진다.
- 멜라닌색소의 주요기능은 태양광선 중의 자외선을 흡수 또는 분산시켜 피부를 보호한다.
- 멜라닌색소의 조절이나 피부 침착 정도는 유전적, 환경적, 유전적 요인에 의해 결정되며 인종에 따라 피부색이 다른 것은 생성되는 멜라닌 색소의 양과 생성 속도 및 멜라닌의 분포 상태가 다르기 때문이다.

③ **랑게르한스세포**(langerhans cell)

- 표피층 세포의 2~3%를 차지하며, 표피층 전체의 각질형성세포 사이사이에 위치하고 표피 내 대식세포이다.

- 대표적인 면역관련 세포로 주로 유극층 상반부에 산재해 있다.
- 림프순환계와 깊은 연관성이 있으며, 피부의 면역학적 반응과 알레르기 반응에 중요한 역할을 한다.
- 외부 물질을 처음으로 인지하여 T림프구에 전달하는 역할을 하는 중요한 면역세포이며, 식균작용 기능이 있어 외부의 이물질이나 바이러스 등이 피부에 침투 시 보호한다.
- 구강 및 생식기 점막의 상피세포와 림프절, 피지선, 한선, 유선 모낭세포 등에도 존재한다.

④ **머켈세포**(markel cell; 촉각인식세포)

- 기저층에 위치하고 있는 촉각을 감지하는 감각세포이다.
- 기저층에 위치하고 신경세포와 연결되어 촉각을 감지하는 감각세포로 촉각세포 라고도 한다.
- 손바닥, 발바닥, 입술 등 주로 모발이 없는 피부에서 주로 발견된다.
- 신경섬유의 말단과 연결되어 신경자극을 뇌에 전달한다.
- 감각기중 기계적 수용기로써 각질세포 사이의 운동을 탐지 또는 밑층의 결합조직에 대한 표피의 운동을 감지한다.

2. 진피(dermis)

표피와 피하지방층 사이의 중간에 존재하는 진피는 치밀한 결합조직으로 기저막을 사이에 두고 표피와 접해 있으며, 세포외 기질(extracellular- matrix, ECM)로 구성되며, 세포외 기질은 진피를 구성하는 섬유와 기질로 구성되어 있다. 구성 섬유는 교원섬유(collagen fibers)가 약 70~80%를 차지하고, 탄력섬유(elastic fibre)는 약 2~4%를 차지한다. 그 외에는 기질(ground substance)로서 글리코스아미노글리칸(glycosaminoglycans, GAGs), 당단백질(glycoprotein), 물로 구성되어 있다. 진피의 두께는 0.5~4mm 정도이며 표피보다 약15~40배 정도로 두껍고 피부의 대부분을 차지한다. 진피 조직 내에 세포 수가 적어 세포분열이 왕성하지 않으므로 표피보다 에너지가 덜 소모되며, 피부의 주요 기관인 혈관, 감각신경, 림프관, 한선, 피지선, 모발 등을 포함하고 있다.

① 신체 부위에 따라 진피의 두께는 다양하게 나타나며, 등 부위가 4mm로 가장 두껍고 눈과 고환 부위가 가장 얇다.
② 체온조절을 하며 외부의 손상으로부터 몸을 보호한다. 표피층에 영양을 공급하고 표피와 상호작용하여 피부를 재생시킨다.
③ 수분을 흡수, 저장하여 피부의 탄력성을 부여하고 피부의 두께와 주름을 결정한다.
④ 통각, 압각, 촉각, 한각, 온각 등의 감각을 받아서 신경에 전달하는 수용체 역할을 한다.

1) 진피의 구조

진피는 표피층의 바로 아래 접해 있으며, 기저막을 사이에 두고 있다. 기저막은 매우 얇은 막으로 진피와 표피를 단단히 연결하는 역할을 하며, 표피세포의 정상적인 증식과 각화를 유지하는데 중요한 역할을 한다. 진피층은 상부에는 유두층(papillary), 하부에는 망상층(reticular layer)의 두 개의 층으로 분류된다. 유두층 하부의 혈관망이 망상층과 경계면을 형성하며, 피부의 탄력, 모세혈관, 림프관, 신경 등 이 복잡하게 얽혀있다.

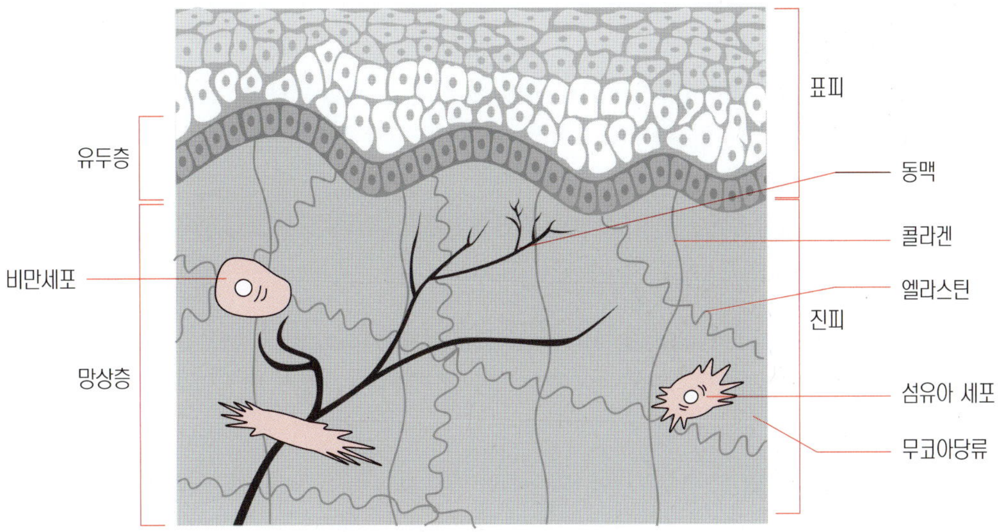

그림 2-9 진피의 구조

(출처: 교육부(2017). NCS 학습모듈)

(1) 유두층(papillary layer)

- 전체 진피층의 10~20% 정도를 차지하며, 표피의 기저층과 접해 있는 유두층의 물결모양은 노화의 진행에 따라 요철의 편평 정도가 달라진다,
- 모양을 살펴보았을 때 표피 융기 사이에서 표피 속으로 진피부분에 작은 돌기가 위로 돌출되어 있는데 이를 유두라 하며, 이 돌기 모양에 모세혈관이 몰려 있어 기저층의 영양공급을 한다.
- 결합조직으로 콜라겐이 차 있으며 거의 수직적인 형태로 이루어져 있다.
- 미세한 교원질과 섬유사이의 빈 공간으로 이루어져 있으며 세포성분과 기질성분이 많다.
- 감각기관 중 촉각과 통각, 신경종말이 다량 분포하여 신경전달을 한다.
- 수분을 다량 함유하고 있으며, 유두층의 수분은 피부의 팽창과 탄력에 관여한다.

(2) 망상층(reticuar layer)

- 유두층 아래에 있는 단단하고 불규칙한 그물모양의 결합조직으로 진피의 대부분을 차지하며, 피부의 탄력성을 담당하고 있다.
- 섬유단백질인 교원섬유와 탄력섬유로 이루어져 있으며 피부가 과잉으로 늘어나거나 파열되지 않게 한다.
- 모세혈관은 거의 없으며, 혈관, 림프관, 피지선, 한선, 신경, 모낭 등이 분포되어 있다.
- 망상층은 탄력성과 팽창성이 매우 커서 임산부와 비만인 경우 살이 쪄서 피부가 많이 늘어나더라도 지탱할 수 있게 한다.
- 피부표면과 평행인 망상층에 있는 교원질은 섬유 다발 모양으로 신체 부위에 따라 일정한 방향성을 갖고 배열된 랑거선(langer's line)이 있다.
- 감각기관으로 냉각, 온각, 압각이 있어 신경에 전달한다.

2) 진피의 구성 세포

진피층을 구성하는 세포는 섬유아세포(fibroblast), 대식세포(macrophage), 색소보유세포(chromatophorp), 비만세포(mast cell), 랑게르한스세포(langerhans Cell), 림프구(lymphocyte), 형질세포(plasma cell) 등이 있다. 이러한 진피의 구성 세포 중 섬유아세포와 대식세포가 대부분을 차지한다.

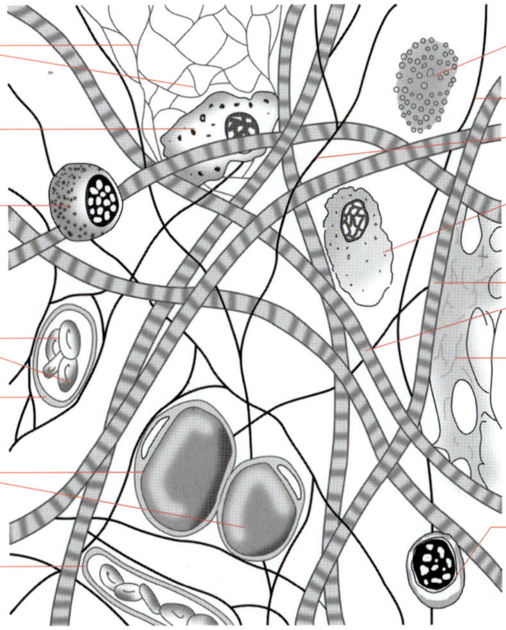

그림 2-10 진피의 구성세포

(1) 섬유아세포(fibroblast)

- 세포외 기질인 결합조직의 섬유성분을 합성하고 분비하는 세포이다.
- 노화와 직접적인 관련이 있는 주름, 피부 늘어짐, 건조함 등을 관장하는 세포이다.

(2) 대식세포(macrophage)

대식세포의 모양은 일정하지 않으나 아메바 운동을 하고, 외부 이물질을 탐식하여 제거함으로써 신체방어와 청소부(scavenger) 역할을 한다.

(3) 색소보유세포(chromatophorp)

- 색소를 보유하고 있으며 세포질 돌기를 가지고 있다.
- 색소를 만들지 않고 다만 색소를 포식하여 보유하고 있어 피부색을 짙게 하며, 항문주의, 유륜 등에 집중적으로 분포되어 있다.

(4) 비만세포(mast cell)

- 원형 또는 달걀꼴 모양의 세포 내에 여러 과립을 내포하는 과립성백혈구의 일종으로써 과립 내의 히스타민(histamine) 등의 면역 물질을 분비하여 여러 면역 작용을 한다.
- 히스타민은 신경전달 물질로써 외부로 분비하여 알레르기 반응을 유발시킨다.
- 아메바운동을 하며 히스타민(histamine) 분비 외에도 헤파린(heparin), 세로토닌(serotonin) 등을 분비한다.

(5) 형질세포(plasma cell)

B림프구가 특수하게 분화된 것으로 항체를 생상하며 만성염증이 있을 경우나 림프조직에서 많이 나타난다.

(6) 림프구(lymphocyte)

백혈구의 한 형태로 우리 몸의 면역 기능에 관여하는 세포이다.

3) 진피의 구성섬유

(1) 교원섬유(collagen fiber)

- 진피 성분의 90%를 차지하고 있는 섬유단백질인 교원질(collagen)은 섬유아세포에서 생성되며, 피부의 결합조직을 구성하는 주요 성분으로 모든 결합조직에 분포되어 있으며 지주 역할을 한다.
- 현미경으로 관찰 시 백색을 띠며, 물을 넣고 끓이면 끈끈한 젤라틴처럼 변한다.
- 교원섬유는 진피를 구성하는 성분 중 높은 비중을 차지하며 피부를 탄탄하게 지탱한다. 또한 기계적인 힘, 생리적 또는 화학적 자극에 강한 저항력을 가지며 각질층과 함께 방어벽 역할을 한다.
- 일반적으로 교원섬유인 콜라겐의 감소로 인해 진피의 수분함량을 감소시킴으로써 피부의 탄력성 저하와 주름의 원인이 된다.
- 진피 내의 콜라겐은 피부의 노화 정도 또는 자외선에 노출되는 양의 정도에 따라 콜라겐의 양이 감소되며 형태가 변하게 된다.

(2) 탄력섬유(elastin fiber)

- 진피성분의 2~3%를 차지하며, 교원섬유에 비하여 짧고 가늘며 탄력성이 강한 섬유단백질인 엘라스틴으로 구성되어 있다.
- 현미경 관찰 시 황색을 띠고 콜라겐과 같이 섬유아세포에서 생성된다.
- 피부 파열을 방지하는 피부의 스프링과 같은 역할을 하며, 물에 가열해도 콜라겐처럼 젤라틴화 되지 않고 강해서 기능성 화장품 제조 시에 많이 활용되어진다.
- 피부 노화에 의해 탄력섬유가 파괴되어 피부가 늘어지고 주름 생성의 원인이 된다.

(3) 기질(ground substance)

- 기질은 진피층의 교원섬유와 결합섬유 사이를 채우고 있는 물질로써 점다당질로 이루어져 있다.
- 기질은 진피의 보습인자와 친수성 다당류로써 히알루론산이 대표적이며, 히알루론산은 자신의 무게의 약 1,000배에 달하는 수분을 보유할 수 있다.
- 기질은 형태가 정해있지 않은 젤 상태의 물질인 무코다당류가 주성분이다.
- 무코다당류는 히알루론산, 콘드로이틴 황산, 헤파린 황산으로 이루어져 있으며 피부 노화가 진행 될수록 점점 감소한다.

3. 피하조직(subcutaneous tissue)

① 피하조직은 진피층 아래에 위치하며, 피하조직 아래쪽은 근육과 뼈가 위치한다.

② 지방을 함유하고 있는 피부의 가장 아래층이다(표피→ 진피→ 피하조직).

③ 지방세포는 피하지방을 생산하고 지방세포사이에는 진피층으로 연결된 섬유들과 혈관, 림프관들이 진피에서 보다 굵은 형태로 자리 잡고 있다.

④ 피하조직은 외부로부터의 충격을 흡수하여 신경이나 혈관 등 내부기관을 보호한다.

⑤ 지방을 저장하여 에너지를 발생시키며 체온을 보존하는 절연체 역할을 한다.

⑥ 여성호르몬과 깊은 관계가 있으며, 그로 인한 피하지방층의 두께에 의해 여성의 신체윤곽과 체형을 결정한다.

⑦ 피하조직에 필요 이상의 지방이 쌓이거나 조직액이 지나치게 축적되어 배출이 되지 않으면 피하조직의 두께가 점점 두꺼워지면서 결국 상부에 있는 진피층과 표피층이 위로 밀려 올라온다. 그로 인해 피부표면은 매끄럽게 균일하지 못하고 오렌지 껍질처럼 울퉁불퉁한 형태를 만든다.

4. 피부의 기능

피부의 기능들은 인체 내부의 항상성을 유지시키며, 각 세포들 간의 대사를 원활하게 하는 순환작용과 함께 인체의 정상적인 활동을 유지하게 하는 중요한 수단이라 할 수 있다.

1) 피부의 생리적 기능

(1) 보호작용(protection)

① 체온조절

- 신체의 정상적인 체온 36.5℃를 유지하기 위해서 한선, 혈관, 피지선, 저장지방, 림프관등의 역할이 일정하게 이루어지고 있다.

- 피부는 외부 온도가 높아지면 진피에 있는 온각이 반응으로 피부표면의 모공과 땀구멍이 넓어져 땀을 많이 흐르게 되고 신체는 체내 온도를 낮추게 된다.
- 피부는 외부온도가 내려가면 감각기관 중 한각의 반응으로 피부표면의 모공과 땀구멍이 좁아져 땀의 배출을 줄여 체내 일정 온도를 유지하고, 혈관, 입모근(기모근)이 수축하여 피지를 많이 분비한다.

② 수분증발조절

피부의 피지막은 피부 건조를 방지하며, 레인 방어막(수분증말저지막)은 신체 내부의 수분이 외부로 증발하는 것을 막아준다.

③ 세균, 박테리아 등 감염물질로부터의 방어

피부표면의 산성막은 박테리아의 감염과 미생물의 침입으로부터 피부를 보호하며, 각질층의 박리형상은 미생물의 침투를 어렵게 만든다.

④ 외부의 압력, 충격, 마찰로부터의 보호

외부의 물리적 충격으로부터 각질층의 단단함과 피하조직의 지방, 결합조직의 탄력성으로 인해 상처가 나지 않도록 피부를 보호한다.

⑤ 날씨에 대한 영향으로부터의 보호

건조한 날씨 변화에 대해 피지를 분비 조절하여 피지막을 형성하고 이로 인해 피부의 건조현상이 발생하지 않도록 보호한다.

⑥ 화학적 영향으로부터의 보호

피부의 산성막은 외적 자극에 의하여 pH가 일시적으로 균형을 잃더라도 일정시간 후 다시 원래의 기능으로 회복할 수 있게 하며, 피부의 피지막은 외부의 액상물질이 피부내로 침투하는 것을 막아 피부를 보호한다.

⑦ 자외선으로부터의 보호

멜라닌 색소와 표피의 투명층은 지나친 자외선으로부터 피부를 보호하며, 열과 광선에 의해 높아진 체온은 땀의 분비량을 조절하여 인체에 적절한 온도를 유지하게 한다.

(2) 저장작용

① 표피층과 진피층은 수분을 포함한 영양물질을 저장한다.

② 피하지방조직은 지방을 약 10~15kg까지 저장하며, 지방 외에 유동체나 염분도 저장할 수 있다.

③ 지방은 필요 시 에너지원으로 사용할 수 있다.

④ 인체에 섭취된 영양물질은 1차적으로 에너지원으로 사용되며 이후 여분의 영양물질은 저장한다.

⑤ 각종 영양분과 수분을 보유한다.

(3) 비타민D 형성

① 피부는 신체의 신진대사 활성화를 위하여 물질전환의 역할을 한다.

② 프로비타민 D는 자외선 영향을 받으면 비타민D로 전환 및 활성화된다.

③ 생성된 비타민 D는 체내에 재 흡수되어 칼슘의 흡수촉진과 인의 대사에 관여함으로써 뼈와 치아의 형성 및 발육에 도움을 준다.

(4) 감각작용

① 피부 1㎠에는 통각점이 100~200여개, 촉각점이 25개, 압각점 6~8개, 냉각점이 12개, 온각점이 1~2개가량 존재한다.

② 감각기관은 외부의 자극을 즉각 뇌에 전달하며 촉각, 압각, 통각, 온각, 한각, 소양감 등을 느끼게 한다.

③ 촉각, 통각, 소양감은 진피의 유두층에 위치하며, 압각, 온각, 한각은 진피의 망상층에 위치한다.

④ 온각이 가장 적게 분포되어 있어 감각이 둔할 수 있기 때문에 평소 화상에 주의해야 한다.

(5) 표정작용

① 얼굴의 숨겨진 근육과 드러나 있는 근육의 움직임으로 감정 상태를 표현한다.

② 얼굴 근육을 반복적으로 사용한 부위는 주름이 형성되고 그로 인해 인상 또는 이미지를 만들 수 있다.

③ 피부에 나타나는 일시적인 피부색 반응 즉, 홍조와 같은 일시적 현상으로도 감정을 표현할 수 있다.

(6) 재생작용

① 외부적 원인에 의한 피부조직의 상처는 일정시간이 지나면 원래대로 복구하려는 성질에 의해 다시 원상태로 되돌아가지만 진피 층이나 표피의 기저 층에 상처를 입었을 경우에는 피부 재생이 원상 복구가 힘들어 흉터가 남을 수 있다.

② 신체의 털이 많은 부위는 털이 없는 부위에 비해 피부 재생 능력이 뛰어나다.

(7) 분비 · 배설작용

① 하루 성인의 피지분비량은 평균 1~2g 정도이다.

② 피지분비량은 신체의 부위에 따라 다르며 얼굴의 T존(이마, 코)부위, 전신의 가슴과 등 부위가 비교적 많은 편이다.

③ 피지분비량은 신체 부위, 나이, 성별, 계절, 개인의 호르몬 분비상태 등에 따라 차이가 있다.

(8) 면역작용

외부의 이물질이나 세균 등의 유해한 것이 피부에 접촉되면 그것에 대항하여 싸우는 피부 표면의 면역반응에 관련하는 세포들이 있어 생체방어기전을 한다.

2) 피부의 흡수 기능

(1) 피부흡수의 방법

① 침투

외부의 어떤 물질이 물리적으로 피부 내부에 침입하는 것을 의미한다.

② 투과

침투된 물질이 표피를 통과하는 과정을 의미한다.

③ 흡수

외부로부터 접촉된 물질이 피부로 통과해서 혈관으로 흡수하는 것으로 접촉하여 통과된 물질을 인체 또는 피부세포가 수용하는 것을 의미한다.

④ 재흡수

피부의 흡수기능과 반대 작용으로 혈관이나 림프관 또는 조직에서 배출되어야 하는 물질이 밖으로 빠져나가지 못하고 다시 흡수되어 체내 조직에 확산되는 것을 의미한다.

(2) 피부를 통한 흡수 경로

① 표피를 통한 흡수

- 피부에 가장 많은 양이 흡수되는 경로이다.
- 일반적인 물질은 각질층까지 통과되어도 레인방어막이라는 바리어 존(barrier zone)으로 인해 과립층의 바로 아래 위치한 유극층까지의 통과는 쉽게 이루어지지 않는다.
- 흡수되기 힘든 물질을 갈바닉기기 등 전극을 이용한 미용기기를 이용하여 즉, 이온화요법에 의해 가능하다.

② 피부 부속기관을 통한 흡수

- 모공이나 한공을 통한 경로이며, 주로 표피 투과가 어려운 약물의 흡수 경로이다.
- 주로 피지선을 통한 흡수가 피부 부속기관을 통한 흡수의 대부분이며, 피부표면의 모공과 한공을 통해 유입되어진 물질은 피부 내에 모낭 벽, 피지선, 한선 등의 부속기관이 있는 진피층까지 흡수가 이루어진다.

(3) 경피 흡수

① 피부내로 들어와 피부 부속기관인 모낭, 한선, 피지선 또는 표피를 경유하여 진피로 도달하며, 대부분의 성분이 피지선과 모낭을 통하여 흡수된다.
② 경피 흡수 시 일정 성분은 피부의 흡수 방어 기능에 의해 제한된다.
③ 분자의 크기가 작은 것이 큰 것보다 흡수가 잘되며, 표피를 덮고 있는 피지막의 성질에 의해 지용성 성분이 수용성 성분에 비해 흡수가 잘 된다.

(4) 피부 흡수에 영향을 주는 요인

① 피부의 습도와 온도

피부의 최상단인 표피의 각질층 온도가 상승하면 모공이 열리고, 습도가 높아지면 표피의 각질층이 연화되어 느슨해지므로 외부 물질의 흡수가 용이하다.

② 각질층 두께

각질층이 얇은 얼굴에서는 물질이 잘 흡수되나 각질층이 두꺼운 발바닥이나 손바닥에서는 물질이 흡수되지 않는다.

③ 연령

피부두께가 얇은 편인 어린이와 노인의 경우가 일반 성인보다 흡수가 잘된다.

④ 피부의 혈류량

피부의 혈류향이 많을수록 즉 혈액순환이 잘 될수록 흡수가 잘 된다.

⑤ 물질의 상태

- 피부 내부의 구성 물질과 유사할수록 흡수가 용이하며, 각질층을 이루고 있는 지질성분에 의해 친유성 물질은 흡수가 잘 된다.
- 물질을 이루는 분자의 크기가 작으면 작을수록 흡수가 더 잘 된다.
- 식물성 지방과 동물성 지방은 잘 흡수되나 광물성 지방은 피부에 흡수 되지 않는다.

3) 피부의 pH

피부의 pH는 피지의 지방산과 땀에 의해 일정하게 유지된다. 즉 피부의 pH는 피부 자체의 pH를 나타내는 것이 아니라, 수분의 땀과 유분의 피지가 서로 혼합되어 피부를 덮는 피부의 보호막을 형성하며, 이 보호막이 바로 피부의 pH를 의미한다.

(1) pH(power of hydrogen ions)

- 수소이온 농도를 숫자로 나타내며, 어떤 물질이 용액 속에 용해되어 있을 때 산성, 중성, 염기성의 정도를 나타내 준다.
- 피부의 산성, 알칼리성을 표기할 때 사용하는 단위이다.
- 피부의 pH는 수분의 땀과 유분의 피지가 혼합되어 피부를 덮고 있는 막의 pH 이다.
- 순수한 물은 pH 7로서 중성이므로 이보다 크면 알칼리성, 작으면 산성용액이다.

(2) 피부의 산성도

- 피부의 pH는 성인 남성의 경우 약 pH 4.5~6, 여성은 약 pH 5.0~6.5를 이루며, 전신은 신

체부위의 전체 범주로써 약 pH 4.9 ~ 7.4이다.

- 일반적인 세 가지 유형의 피부타입에 따라 pH값을 측정해보면 지성피부 pH 4.5~5.0, 정상피부 pH 5.5~5.9, 건성피부 pH 6.0~6.5 정도로 나타난다.
- 겨드랑이나 외음부의 경우 다른 부위에 비해 산성도가 높은 편으로 더운 날씨에 피부염 발생 위험도가 높다
- 피부의 pH는 온도의 변화에 영양을 받아 외부 온도가 높을 때 pH 값이 내려가며(산성이 강해지는 쪽), 온도가 낮을 때는 pH 값이 올라간다(알칼리성이 강해지는 쪽).
- 나이가 들어가면서 pH 값이 올라가 알칼리성으로 변한다.
- 외부의 원인에 의해 피부의 산성도가 일시적으로 파괴되었을 때 정상적인 pH까지 돌아오는데 약 2시간 정도가 소요된다.
- 피부의 pH는 신체의 부위, 피부층, 나이, 성별, 피부타입에 따라 가각 다르게 나타나며, 그 밖의 계절, 기후, 목욕 및 세수조건, 사용하는 화장품 등의 외부환경의 영향을 받는다.

(3) 산성막

피부 표면의 천연 방어기능을 갖는 얇은 막이며 약산성의 특성에 의해 피부표면에 존재하는 세균이나 곰팡이 등 유해물질로부터 보호한다.

5. 피부의 부속기관

피부에는 표피, 진피, 피하지방층 이외에 혈관, 피지선, 한선, 모발, 조갑 등의 부속기관이 있다. 이러한 피부 부속기관들은 피부의 각층과 각각 연결되어 상호협력관계를 유지하고, 모낭과 땀샘은 지방층에 위치하며 나머지 부속기관은 진피층에 존재한다.

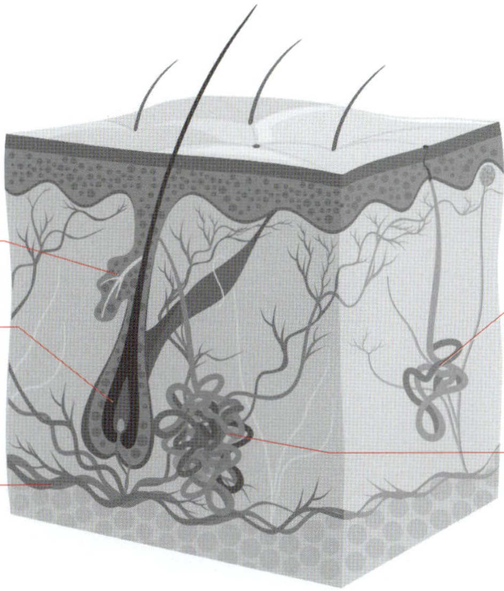

그림 2-11 피부의 부속기관

(출처: 교육부(2017). NCS 학습모듈)

1) 한선(sweat gland)

① 진피의 망상층과 피하지방층에 위치하며, 신경과 혈액은 한선에 풍부하게 분포해 있다.

② 땀샘이라고도 하며 땀을 만들어 피부 표면에 분비하고, 분비된 땀의 성분은 99%가 수분, 약 1%는 고형질인 염화나트륨, 요소, 유산, 황화물, 아미노산, 암모니아, 크레아틴, 요산 등을 함유한다.

③ 땀의 분비량은 체온의 변화, 근육의 활동상태, 자율신경의 자극상태에 따라 달라지고 하루

의 수분섭취량에 따라서도 달라지며, 성인의 경우 1시간에 약 30cc, 1일 약 700~900cc 정도의 땀을 분비한다.

④ 부교감신경계의 일부처럼 기능하며, 기능에 따라 소한선(에크린한선)과 대한선(아포크린한선)으로 나눌 수 있다.

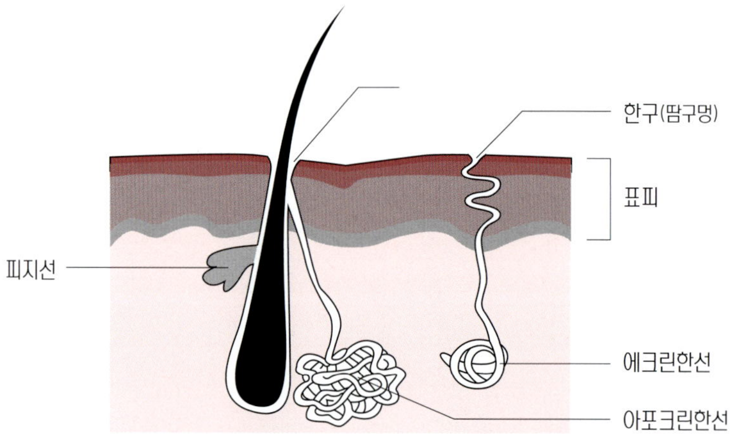

그림 2-12 에크린선과 아포크린선

(출처: 교육부(2017). NCS 학습모듈)

(1) 에크린선(ecrine sweat gland; 소한선)

① 거의 전신에 걸쳐 분포하며 손바닥, 발바닥 겨드랑이, 이마, 서혜부 등의 순으로 많다.

② 무색, 무취이며 pH 4.5 ~ 5.5의 약산성으로 세균번식을 억제한다.

③ 소변과 비슷한 성분으로 수분 99%, 염분 0.2~0.7% 정도이며, 불감성 발한으로 유산이 0.1% 정도이다.

④ 땀 배출은 노폐물 배설작용과 체온조절작용에 영향을 미친다.

(2) 아포크린선(apocrine sweat gland; 대한선)

① 모(毛)에 부속하여 존재하고 배설구는 모공에 개구되어 있으며, 겨드랑이 부분에 가장 많고 유두, 외이도, 항문주위, 비익, 하복부 등의 부위 순으로 있다.

② 땀의 농도가 진하고 유백색을 띤다.

③ 피부표면에서 박테리아의 분해 작용을 하며 산패한 버터와 같은 냄새가 난다.

④ 아포크린선(대한선)의 분포량 비율은 여성 〉 남성, 흑인 〉 백인 이다.

⑤ 유년기에는 볼 수 없고 신진대사가 왕성한 사춘기부터 청춘기를 거쳐 장년기까지 왕성하다가 나이가 들수록 감소한다.

2) 피지선(sebaceous gland)

(1) 피지선의 구조

① 한 개의 모낭을 중심으로 3~5개의 피지주머니가 모낭의 벽에 연결되어 있고, 피부표면의 모공을 통해 피지를 분비한다.

② 호르몬은 피지선에 영향을 미치는데, 남성호르몬인 안드로겐(androgen)은 피지분비를 촉진시키고 활성화시키는 반면에 여성호르몬인 에스트로겐(estrogen)은 피지분비를 억제시킨다.

③ 나이 때에 따라 피지 분비량이 달라지며, 사춘기 때는 성호르몬의 영향으로 피지분비가 많고 일반적으로 남성의 피지 분비는 80대까지, 여성의 피지 분비는 50대까지 유지되며 여성의 경우 폐경기를 맞이하면서 피지 분비량이 현격히 감소한다.

(2) 피지(sebum)의 기능

① 피지는 피지선에 만들어져 피부의 표면으로 스며 나오는 기름이다.

② 피지가 피부표면을 덮음으로써 피부에서 수분이 증발되지 않도록 한다.

③ 비타민E라는 항산화물질을 공급해 피부의 노화를 예방할 수 있다.

④ 피부의 면역작용을 하는 항체 면역글로불린 A를 함유하고 있어 세균이나 곰팡이와 같은 피부감염원으로부터 피부를 보호하는 역할을 한다.

⑤ 일반적으로 남성이 여성보다 얼굴 피부가 두껍고 얼굴에서 나오는 피지 분비량이 4배가 넘으며, 이는 남성이 여성보다 피부 노화가 느리게 진행되는 이유이기도 하다.

⑥ 피부의 모공이 막혀 피지 분비가 원활하지 않을 때에는 여드름을 유발하기도 한다.

3) 모발(hair, 털)

털은 생태학적으로 상피조직에서 생성되고 태아기 2개월부터 나타나며, 사람의 전신에는 약 130~140만개의 털이 있는데 이중 약 10만개 정도가 머리의 모발이다. 일반적으로 모발의 85~90%는 성장기이고 휴지기 모발이라 불리는 약 10~15%의 모발은 성장이 정지된 상태로 있다가 점차 자연스럽게 탈락된다. 모발의 방향을 모류라고 하며 정수리 부분에는 가마가 있어 일정한 방향을 가지고 있음을 볼 수 있다.

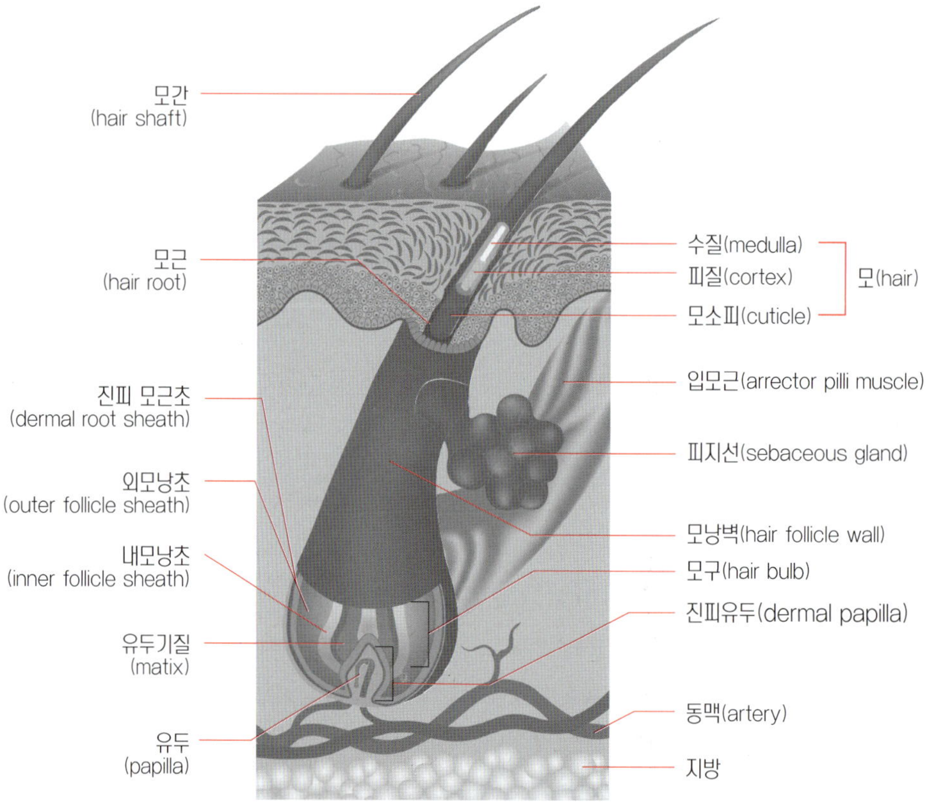

그림 2-13 모발 구조

(1) 털의 종류

① **긴 털**(장모) **:** 두발, 수염, 음모, 겨드랑이 모
② **짧은 털**(단모) **:** 눈썹, 속눈썹, 콧털, 귓털
③ **솜털 :** 신체의 털
④ **털이 없는 곳 :** 손바닥, 발바닥, 입술

(2) 모발의 역할

① 보호 작용

외부의 기계적 · 화학적 자극, 유해물질로부터 두피를 보호하며 심한 추위 또는 심한 더위 등의 기온 변화로부터 체온을 유지한다.

② 장식적 의미

외모를 장식하는 미용적인 기능을 한다.

③ 지각 작용

촉각이나 통각을 인지할 수 있다.

(3) 모발의 구조

① **모간**(hair shaft)

- 피부 표면 밖으로 나와 있으며, 비늘층과 섬유층으로 이루어져 있다.
- 모간은 외측에서 중심으로 향하고 모소피, 모피질, 모수질로 나눈다.

a. **모수질**(medulla)

- 털의 가장 안쪽에 위치하고, 비교적 부드러운 각화세포로 세로 모양의 방추형으로 되어 있다.
- 굵은 모발에서는 모수질이 많이 존재하는 반면에 가는 모발에서는 모수질이 존재하지 않을 수 있다.
- 모수질에는 모든 영양소, 색소세포, 공기 등이 함유되어 있다.

b. **모피질**(cortex)

- 모발의 80~90%를 차지하는 모수질과 모소피의 중간에 위치한다.

- 모수질과 같이 세로 모양의 긴 방추형 각화세포로 되어 있다.
- 모발색을 결정하는 과립상의 멜라닌 색소를 함유하고 있으며, 모발의 탄력성과 수축성을 담당한다.

c. **모소피**(cuticle; 모표피)
- 모발의 가장 바깥층으로 비늘층이라고 하며, 모발의 10~20%를 차지하고 케라틴으로 구성되어 있으며 기왓장을 겹쳐 놓은 것 같은 형태의 각질세포로 구성되어 있다.
- 모피질을 보호하는 역할을 하나 모소피가 무리한 자극이나 마찰로 다치면 모피질을 보호할 수 없게 된다.

② **모근**(hair root)

표피 바로 아래 위치한 모발 구조 부분으로 모낭에 에워싸여 있으며, 모근과 관계되는 주요 구조는 모낭, 모구, 모유두, 입모근이다.

a. **모유두**(hail papilla)
- 혈관과 림프관이 분포되어 있어 털에 영양공급을 하여 발육에 관여하며, 이곳을 통해 영양분이 모구에 전달된다.
- 작은 원추형으로 솟아 있고 모낭 아래에 위치하며 모근과 붙어 있다.
- 모유두가 건강하면 새로운 털이 자랄 수 있게 하는 모모세포를 지속적으로 생산할 수 있다.

b. **모구**(hail bulb)
- 모근 아래쪽에 위치하며, 모세혈관, 모유두, 모모세포 등이 위치한다.
- 이곳에서부터 털의 성장이 시작된다.

c. **모낭**(follicle)
- 모근을 둘러싸고 있으며 피부나 두피 내에 함몰되어 있는 주머니 모양을 하고 있다.
- 모발의 피부, 두께, 위치에 따라서 깊이가 다른 각각의 모낭을 가지고 있으며, 하나 혹은 그 이상의 피지선이 각각의 모낭에 연결되어 있다.

d. **입모근**(arrector pilorum muscle)
- 평활근으로 '털세움근'이라고도 하며, 모근의 경사면에 나타난다.
- 교감신경의 지배를 받아 피부에 소름을 돋게 하며, 입모근의 수축에 의해 털이 곤두서게 되면서 동시에 피지선이 압박되어 피지 분비가 촉진된다.
- 입모근은 눈썹, 속눈썹, 겨드랑이를 제외한 모든 부분에 존재한다.

(4) 모발의 구성성분

케라틴이 약 90%, 수분이 8~10% 그리고 소량의 지질로 구성되어 있다.

(5) 모발의 색깔

모발에 분포된 멜라닌색소(유멜라닌과 페오멜라닌)의 양에 따라 결정되며, 유멜라닌(eumelanin)은 흑갈색계통, 페오멜라닌(pheomelanin)은 적갈색계통과 관련되어 진다.

(6) 모발의 구분

① **직모**

단면은 둥근 원형으로 되어 있으며, 동양인의 모발 90% 이상이 직모이다.

② **파상모**

서양인의 완만한 웨이브 형태이다.

③ **축모**

흑인의 곱슬 머리카락 형태이다.

(7) 모발의 형태에 의한 구분

① **취모**(lanugo)

태아가 5개월 정도 되면서부터 나기 시작하여 부드럽고 수질이 없으며 전신에 분포한다.

② **연모**(vellus hair)

첫 번째 털갈이 후 나오며, 매우 부드럽고 수질과 멜라닌 색소도 없고 길이도 20cm를 넘는 것이 없다.

③ **종모**(terminal hair)

굵고 길며 멜라닌색소도 풍부하며 수질도 있다.

(8) 모발의 성장속도

모발의 성장속도는 내적요인인 개인의 영양상태, 호르몬 등의 영향과 외적요인인 기온, 일광조사량 등에 의해 영향을 받는다.

① 모발의 성장속도

0.2-0.5mm/ day (1개월 : 1-1.5cm)

② 모발의 수명

평균적으로 모발 3~6년, 수염 2~3년, 속눈썹 3~5개월

③ 모발의 탈모

평균적으로 하루에 50~100개 정도 탈모가 이루어진다.

(9) 모발의 성장주기

모발은 일정기간 성장을 거치다가 탈락되는 생리주기를 이루며, 모발의 각 모낭은 각기 독립적인 활동에 의해 동물의 털갈이처럼 일시에 탈모가 일어나지 않는다.

① **성장기**(anagen stage : 3-6년)

모근의 아래쪽 모구와 모유두가 결합되어 모발의 지속적인 성장이 일어나는 단계로 전체 모발의 80-90% 비율을 가지고 있다, 평균적으로 여성은 4~6년, 남자는 3~5년 정도이다.

② **퇴화기**(catagen stage : 1-1.5개월)

모근 아래쪽 모구와 모유두가 결합했던 것이 모구의 수축현상으로 모유두와 분리되면서 모발의 성장이 점점 느려지면서 퇴화하는 단계로 전체 모발의 1~2% 비율을 가지고 있다.

③ **휴지기**(talogen stage : 4-5개월)

모유두가 활동을 멈추고 모발을 두피에 머무르게 하는 시기이며, 활동이 멈춘 모낭이 수축되면서 모근 부분이 전체적으로 모낭의 상부쪽으로 밀려올라와있음으로써 브러싱과 같은 가벼운 물리적 자극으로 자연탈락 되는 단계로써 전체 모발의 10% 비율을 가지고 있다.

④ **발생기**(new agagen stage)

- 퇴화기에 분리되었던 모구부와 모유두가 다시 합쳐져 모낭 속에 있으면서 모발이 새롭게 나올 수 있도록 생장시키는 단계이다. 이 단계의 모발은 휴지기에 있던 모근 부위를 자연스럽게 위로 밀어 올리면서 탈모를 유발시킨다.
- 모발의 길이 성장은 하루 평균 0.2~0.5mm 정도, 1개월에 1~1.5cm 정도 자라며, 모발의 길이가 성장하는 속도는 나이, 두피 상태, 영양상태, 계절 및 시간대, 성별, 호르몬 등에 의해 각각 다르며, 모발은 한 가닥씩 다른 모발과 관계없이 독립적으로 자란다.

(10) 모발의 영양

머리카락에 있어서 가장 중요한 영양은 시스틴(cystine)이라는 아미노산이며, 그 외 요오드(I)는 발모촉진에 중요한 역할을 한다. 시스틴이 많이 함유한 식품에는 계란, 돼지고기, 고등어, 콩, 땅콩, 우유 등이 있다.

4) 조갑(nail)

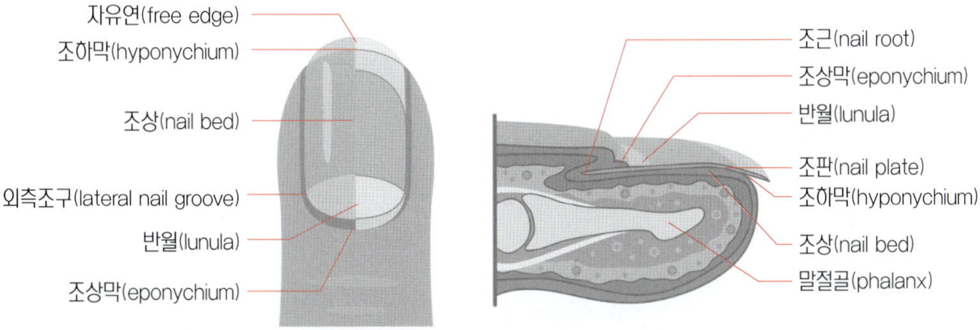

그림 2-14 조갑 구조

(1) 특성

① 표피의 각질층과 투명층이 변한 반투명의 각질 판으로 된 조갑과 조반월로 되어 있다.
② 성분은 케라틴이라는 단백질로 구성되어 있으며, 손톱의 뿌리 부분 아래에 손톱을 자라게 하고 생성시키는 모체 세포가 있다.
③ 손톱 밑에는 모세혈관과 신경말초가 많이 위치하고 있으며, 하루에 0.01mm씩 자라고 완전히 자라기까지는 4~6개월이 걸린다.
④ 일반적으로 건강한 손톱은 갈라짐이 없으며, 분홍빛이 도는 매끈한 표면이다.

(2) 작용

① 손 끝을 보호하며, 손가락에 힘을 더해주어 손가락을 사용하는데 도움을 준다.
② 기능적인 면에서 외부의 방어와 공격의 도구로 사용할 수 있으며, 장식의 기능도 가능하다.

CHAPTER 03

피부미용을 위한 해부생리학

1. 인체의 골격계 (human skeletal systems)

골격은 총 206개의 골격으로 구성되어 있으며, 여러 가지 뼈가 조합되어 인체의 기본형을 이루고 있다. 골격계는 머리와 골반 사이에 있는 척주가 몸통과 사지를 연결해주고 인체를 지지하고 지탱하는 기능을 하며, 근육과 함께 운동기능을 가짐으로써 생명유지를 위한 동적인 행위를 가능하게 해준다.

척주는 척추뼈와 척추 사이의 연골, 디스크가 모여 기둥을 만든 상태로 몸통의 축을 말하며, 척추는 뼈를 의미하고 목뼈(cervical vertebra; 경추), 등뼈(thoracic vertebra; 흉추), 허리뼈(lumbar vertebra; 요추), 엉덩이뼈(sacrum vertebra; 요추), 꼬리뼈(coccyx vertebra; 미추) 등 5가지로 구성되며, 주요 골격을 유지한다. 즉, 척추로 몸통이 이루어져 있고 그 몸통을 척주라고 한다. 척주는 유년기에는 약 33개로 구성되고 25세 때 천추와 미추가 한 개의 뼈로 융합되면서 성인의 척주는 26개의 척추 뼈로 구성된다. 척추를 구성하는 각각의 뼈를 살펴보면 목뼈(cervical; 경추) 7개, 등뼈(thoracic; 흉추) 12개, 허리뼈(lumbar; 요추) 5개, 엉덩이뼈(sacrum; 요추) 1개, 꼬리뼈(coccyx; 미추) 1개로 총 26개의 뼈로 이루어져 있다.

골(bone)은 뼈 각각을 지칭하는 것이며, 뼈가 관절계를 형성하여 운동 및 움직임 등 인체의 활동을 가능하게 한다. 관절은 우리 몸의 접히는 모든 부위에 존재하고, 연골은 연한 뼈라는 의미로 뼈와 뼈 사이에 있는 완충제 역할을 한다. 인대는 뼈와 뼈를 연결하여 관절을 형성하며, 콜라겐(collagen)이라는 섬유성 단백질과 엘라스틴(elastin)이라는 신축성이 강한 단백질로 구성되어 있다. 인대가 뼈 사이를 단단히 결합하기 때문에 관절의 안정성이 유지될 수 있다.

1) 골격의 구조

뼈의 단면을 살펴보면 바깥 부위는 공간이 없는 바탕질(matrix)로 채워진 치밀뼈(compact bone)가 있고, 안쪽은 목욕용 스펀지와 같이 구멍이 숭숭 성긴 해면뼈(spongy bone)로 이루어져 있다. 뼈는 신체 부위에 따라 길이와 모양이 매우 다양하다. 뼈는 사람이 모체 밖으로 나오기 전 태생기 동안 발생되어 이후 성인이 되면 대체로 성장이 끝난다.

① **치밀골**(compact bone)

치밀골은 뼈의 외부를 구성하는 치밀질의 뼈로서 뼈를 단단하게 한다. 긴뼈의 축과 다른 뼈의 바깥을 구성하며 밀집도가 높고 단단하다. 치밀뼈는 단단한 물질로 되어져 있어서 뼈를 치밀하게 만들어주며, 이 물질들은 하버스관(haversian canal)을 중심으로 동심원상으로 배열되어 있는 뼈층판이 원통 모양의 단위를 형성하는 것이 특징이다. 치밀뼈의 단위인 하버스계(haversian system)는 아주 미세한 실린더 형태의 단위를 구성한다. 뼈단위는 혈관 옆을 서로 평행하게 지나가며 충분한 산소와 영양분을 공급하기 위해 혈관이 들어 있어 뼈세포에 노폐물을 제거하는 데 관여한다. 성숙한 뼈세포 주위는 단백질섬유, 칼슘, 미네랄로 채워져 있다. 치밀골은 수평의 볼크만관과 함께 골원을 혈관과 신경으로 연결시키며 치밀골에 영양을 공급한다.

② **해면골**(spongy bone)

해면골은 엉성한 해면질로 되어 있으나 외부의 압력에 잘 견딜 수 있는 역학적 구조를 가지며 다공성 구조로 뼈를 가볍게 한다. 중앙부의 해면질에는 골소주라고 하는 가지 친 작은 기둥으로 이루어진 것이 특징이며, 골소주 사이에 불규칙하게 연결된 공간은 뼈의 무게를 감소시킨다. 골소주의 안쪽 공간을 골수가 차 있는 '골수강'이라고 한다.

2) 골격의 분류

인체를 구성하는 뼈는 여러 가지 모양에 따라 분류한다.

① **장골**(long bone)

뼈의 모양이 길고 긴축을 갖는 뼈로 전형적인 관상장골은 양쪽 끝부분의 골단과 가운데의 골간이 있다. 이와 같은 장골은 상완골, 척골, 요골, 대퇴골, 경골, 비골 등이 속한다.

② **단골**(short bone)

뼈의 넓이와 길이가 비슷하여 짧고 불규칙하게 생긴 뼈로 입방체모양이다. 이와 같은 단골은 수근골, 족근골 등이다.

③ **편평골**(flat bone)

뼈의 모양이 납작하고 편평한 모양으로 골수강이 없고 치밀골인 내판과 외판으로 구성된다. 이와 같은 편평골에는 두개골, 두정골, 후두골, 견갑골, 늑골, 흉골 등이 있다.

④ **불규칙골**(irregular bone)

뼈의 모양이 다양하며 불규칙적으로 생긴 뼈로 척추, 관골 등이 있다.

⑤ **함기골**(pneumatic bone)

뼈 속에 빈 공간이 형성되어 공기를 함유하고 있는 뼈로 전두골, 상악골, 접형골, 사골, 측두골 등이 있고, 비강과 교통하고 있어 부비동을 형성한다.

⑥ **종자골**(sesamoid bone)

근육의 건이나 관절낭에 속해있는 씨앗모양의 작은 뼈로 슬개골 등이 있다.

3) 인체 각 부위의 골격

(1) 두개골(skull)

성인의 두개골은 15종 23개의 뼈로 뇌두개골과 안면두개골 두 가지로 나뉜다. 뇌두개골은 뇌를 감싸고 보호해주며 뇌의 평형감각기와 청각감각기를 수용하고 보호하고 있으며, 6종 8개의 뼈로 되어 있다. 안면두개골은 안와, 비강, 구강을 형성하는 두개골로 구성되어 있으며, 9종 15개의 뼈로 되어 있다. 안면근육이 미소를 만들거나 찡그리도록 함으로써 사람의 감정을 밖으로 표현할 수 있다. 두개골은 하악골과 설골을 제외하고는 모두 봉합으로 연결되어 있는 섬유성 관절을 형성한다.

① **두개골 봉합**(skull suture)

일종의 뼈와 뼈를 연결하는 관절로서 머리뼈들 사이에 있는 섬유성 결합조직이다.

- 시상봉합 : 두정골과 두정골 사이의 봉합
- 관상봉합 : 두정골과 전두골 사이의 봉합
- 인상봉합 : 두정골과 좌, 우측두골 사이의 봉합

• 람다봉합 : 두정골과 후두골 사이의 봉합

② **뇌두개골**(neurocranium)

뇌를 둘러싸고 있는 머리뼈 부분이다.

a. **전두골**(frontal bone)

전면에서 두개강의 앞면을 이루며 1쌍의 안와, 이마, 눈썹 아래의 돌기 등을 형성한다. 전두골에는 공기가 함유된 한 쌍의 전두동이 있고 안와 아래에 후각신경을 수용하는 비강이 있으며 내부에는 비중격에 의하여 비강이 좌우로 나뉜다.

b. **두정골**(parietal bone)

두정골은 두개골 상면에 있는 한 쌍의 편평골이다. 두정골의 중심선에서 서로 만나 시상봉합을 형성하며, 전두골과 만나는 곳에서 관상봉합이 형성된다. 후두골과 만나는 곳에서는 람다봉합을, 측두골과 만나는 곳에서는 인상봉합의 형태로 결합한다.

c. **측두골**(temporal bone)

측두골은 두개골 옆쪽과 두개바닥의 일부를 이루는 한 쌍의 뼈로써 평형, 청각기의 중요 부분을 수용하고 있다

(2) 척주(vertebral column)

몸의 중심을 이루고 있는 척주는 중추신경에서 나가고 들어오는 정보를 전달한다. 신생아는 32~35개, 성인은 26개의 척추골과 각 척추골 사이에 형성된 23 개의 섬유연골인 추간원판으로 이루어져 있다. 척주는 위치에 따라 경추 7개, 흉추 12 개, 요추 5개, 5개의 천추가 1개로 융합된 천골, 3~6개의 미추가 1개로 융합된 미골로 이루어져 있다.

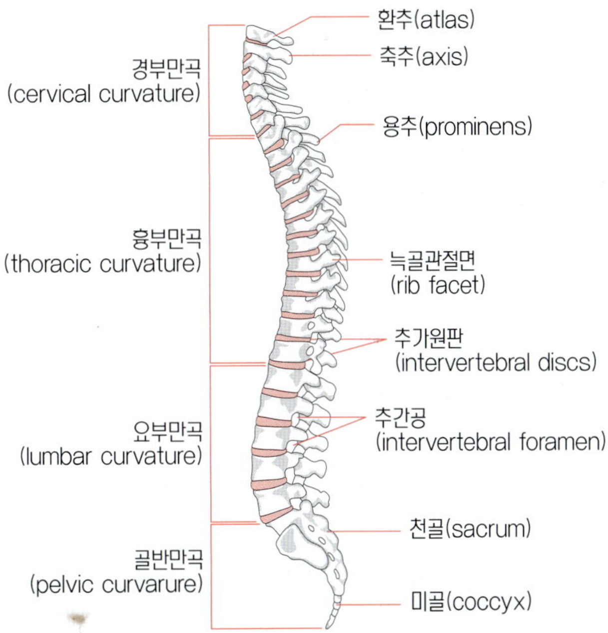

그림 3-1 척추

① 경추

경추는 7개의 척추로 구성되어 있으며 목 부위를 지탱하는 역할을 한다. 제1경추를 환추, 제2경추를 축추라 부르는데 나머지 다른 경추들과는 다른 기능을 수행한다. 제 7경추를 융추라 하며 극돌기가 경추 중에서 가장 길기 때문에 촉지가 가능하여 위치를 산정하는 기준이 된다.

② 흉추

흉추는 12개의 척추로 구성되어 있으며 경추보다는 크고 요추보다는 작은 전형적인 추골 모양이다. 흉추의 특징은 늑골과 결합하는 상하늑골와가 있어 늑골의 늑골두와 관절을 이루게 되며, 횡돌늑골와는 늑골결절과 관절을 이룬다. 제 11, 12 흉추는 횡돌기와가 없어 늑골과 결합하지 않고 있다. 극돌기는 갈고리처럼 길게 늘어져 아래쪽을 향하여 급한 경사를 이루고 있다.

③ 요추

요추는 5개의 척추로 구성되어 있으며 신체의 체중을 지지하는 부위이므로 하중을 많이 받을 수 있도록 추체가 크고 무거운 덩어리를 이루고 있다. 횡돌기공과 늑골와가 없어 경추와 흉추와의 구별이 쉬우며 늑골이 유합하여 변형된 횡돌기는 늑골돌기라고 한다. 요추는 추골 중에 가장 강하게 이루어져 있는데 이는 요추에 척추가 받는 하중과 대부분의 스트레스가 영향을 미치기 때문이다.

④ 천골

천골은 5개의 천추가 융합되어 1개의 천골이 된 것이다. 천골의 구조는 역삼각형 형태이며, 앞면에서 오목하게 보이며 뒷면에서 볼록하게 보인다. 표면은 매끈하고 천추가 합쳐진 흔적으로 4개의 횡선이 있으며, 그 양쪽으로 천골신경과 혈관이 통과하는 4쌍의 천골공이 있다. 천골의 위쪽은 제 5요추와 관절을 이루는 천골저라고 하며 천골의 아래쪽은 미골과 연결되어 천미관절을 형성하는 천골첨이 있다. 천골의 외측면에는 귀바퀴 모양의 날개인 이상면이 있어 장골의 이상면과 천장관절을 이루어 골반을 형성한다.

⑤ 미골

미골은 전체적으로 삼각형 구조이며 크기가 작고 불규칙한 형태의 미추 3~5개가 합쳐져서 1개의 미골을 형성한다. 제1미추의 미골각은 천골의 천골첨과 연결되어 천미관절을 이룬다.

(3) 얼굴두개골(viscerocranium)

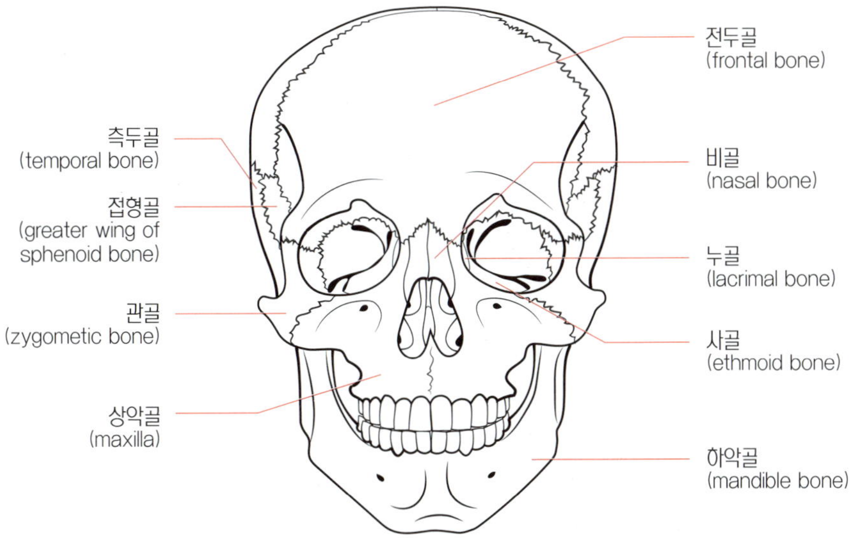

그림 3-2 얼굴 두개골의 정면

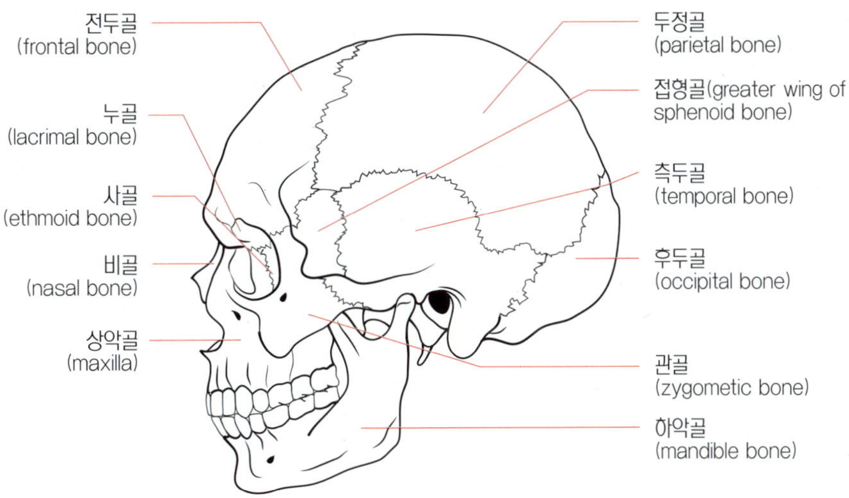

그림 3-3 얼굴 두개골의 측면

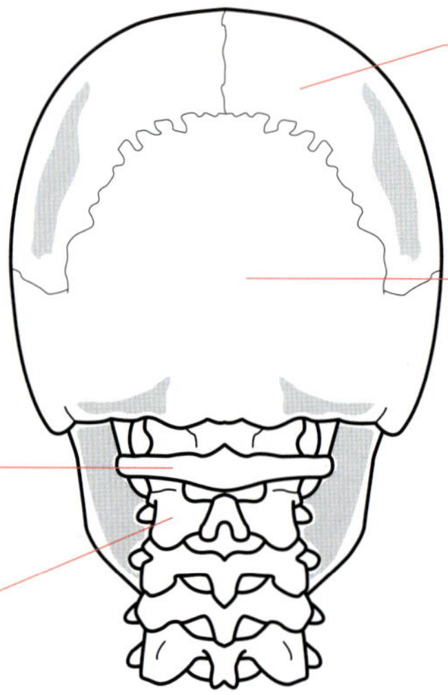

그림 3-4 얼굴 두개골의 후면

2. 인체의 근육계(muscular system)

근육계는 인체가 움직일 수 있도록 하는 수축성이 강한 조직으로써 인체의 여러 부위를 움직이며, 근육이 위치하는 부위에 따라 그 역할이 다르다. 심장을 구성하는 근육과 내장을 구성하는 근육은 의식적인 통제가 아닌 자율적 신경의 지배하에 움직임을 조절하고, 그 밖의 대부분 근육은 신경조직을 통해 조절된다.

인체에서 근육이 차지하는 비중은 약 40~45% 정도이며, 인체의 근육계는 약 650여개 의 근육들로 이루어져 있다. 우리 몸을 구성하는 근육계를 크게 분류하며 구조적인 면에서 몸통과 사지, 피부 바로 아래에 위치하여 뼈와 뼈 사이에 붙어 있는 골격근육, 심장벽을 이루고 있는 심장근육, 위 · 방광 · 자궁등의 내장 기관의 움직임을 조절하는 내장근육으로 나눌 수 있다.

1) 근육의 형태와 기능

(1) 골격근(skeletal muscle; 가로무늬근)

뼈에 붙어있는 근육으로 뼈대근육이라고도 하며, 성숙한 성인의 골격근은 약 660여개로 구성되어 있으며 이는 체중의 약 45%정도를 차지한다.

① 세포의 모양은 길고 원통형이거나 튜브와 비슷한 모양이다.
② 가로무늬가 배열되어 있고 움직임, 자세유지, 관절을 보호한다.
③ 의식적인 통제가 가능하여 수의근(voluntary muscle)이라 한다.

(2) 내장근(visceral muscle; 민무늬근)

① 튜브(관), 기관지, 혈관 통로를 형성한다.
② 줄무늬가 보이지 않아 비횡문근(non-striated muscle)이라고도 하며, 평활근(smooth muscle) 이라고도 한다.
③ 의식적인 통제가 불가능하여 불수의근(involuntary muscle)이라 한다.

(3) 심장근(cardiac muscle; 심장근육, 가로무늬근)

① 심장에만 구성되며 신체에 혈액을 보내는 기능을 한다.
② 심장근은 골격근과 같이 가로무늬가 있는 근육이다.
③ 의식적인 통제가 불가능하여 불수의근(involuntary muscle)이라 한다.
④ 심방(atrium)과 심실(ventricle)의 심장근육층(myocardium)을 이루고 있다.

2) 얼굴의 근육

얼굴근육은 얼굴의 피부 바로 아래에 밀착되어 있으며 피부와 뼈의 중간에 위치한다. 얼굴 표정은 신경계 중 제 7뇌신경의 영향을 받아 얼굴 신경을 조절하면서 얼굴표정을 자유롭게 연출한다. 우리 몸의 다른 부위에서는 근육이 뼈와 뼈 사이를 관절을 통해 연결해서 뼈를 움직여 운동을 하도록 하는 반면에 얼굴근육은 뼈 사이를 연결하지 않고 근육과 근육, 혹은 뼈와 근육 사이를 연결하는 경우가 많다. 운동의 역할이 아닌 여러 가지 표정을 짓는데 도움이 되므로 표정근육이라고도 한다.

얼굴관리를 하는 피부미용 전문가로서 얼굴의 표정을 조절하는 얼굴근육에 대한 이해가 반드시 숙지되어야 한다. 얼굴관리 중 다루어지는 얼굴근육은 크게 입, 코, 눈과 이마, 귀로 향하는 근육들 그리고 넓은목근(광경근) 등의 5가지 그룹으로 나누어 본다.

피부미용 얼굴관리를 위한 매뉴얼테크닉 수행 시 힘을 가하는 방향은 항상 근육의 시작점으로부터 종착점을 향해야 하므로 머리, 얼굴, 목 등에 위치한 수의근에 대해 어디에 위치하며 어떤 역할을 하는지 잘 알고 있어야 한다.

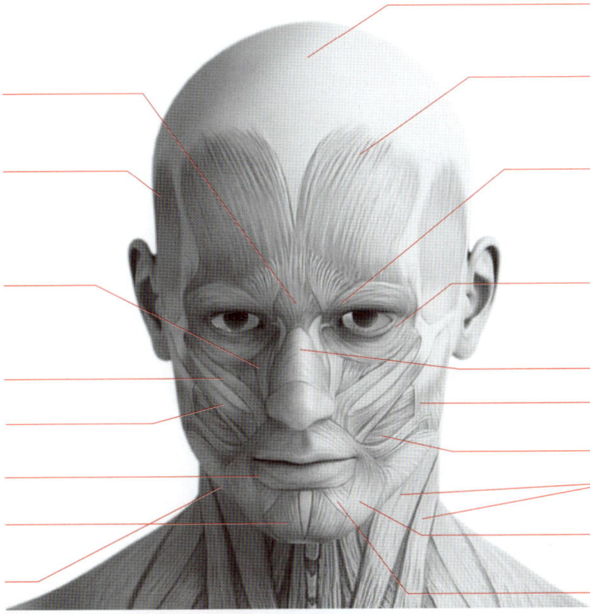

그림 3-5 얼굴 정면근육

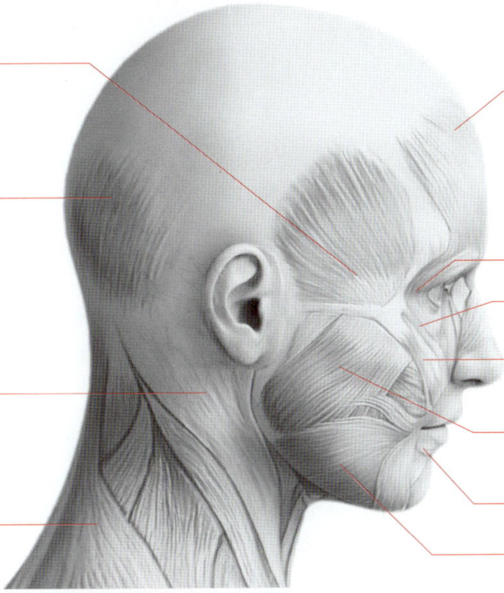

그림 3-6 얼굴 측면근육

(1) 얼굴(안면) 근육의 분류

① 이마 근육

- 후두전두근(뒤통수이마근) : 두개골의 상부를 차지하는 넓은 근육이다.
- 후두근(뒤통수근) : 머리 뒷부분에 위치한다.
- 전두근(이마힘살근) : 눈썹에서 머리 앞부분에 걸쳐있고 눈썹을 치켜 올리고 두피를 앞으로 잡아당겨서 이마를 가로지르는 주름을 만든다.

② 눈 주위근

- 안륜근(눈둘레근) : 눈 주위를 둥글게 싸고 있는 안구 둘레의 평탄한 근육으로 눈꺼풀을 닫거나 열거나 하는 작용을 한다.
- 추미근(눈썹 주름근) : 미간에 주름을 형성하는 작용을 하며 피부를 아래로 또는 앞으로 잡아당기거나 주름지게 한다. 걱정스런 표정을 지을 때 눈썹 사이에 천(川)자와 같은 세로 방향의 주름을 만든다.

③ 코의 근육(비부의 근)

- 비근(코주위근) : 콧구멍주위의 근육을 말한다.
- 횡부, 익부, 비중하체근의 3부분이 있으며, 이 중 횡부는 코를 좁게 하여 얼굴을 찡그리게 하며 콧구멍을 넓히거나 좁히는 작용을 한다.

④ 입의 근육

- 상순거근(위입술올림근) : 세 부분으로 구성되어 있으며. 입술의 윗부분을 감싸주고 입술을 닫았다, 열었다 할 수 있게 한다.
- 구각하제근(입꼬리내림근) : 아랫 입술을 바깥쪽으로 당기는 일을 하며 혐오감을 나 타낸다. 아랫입술을 아래로 당기는 작용을 한다.
- 협근(볼근) : 볼 근육으로 입안의 압력을 유지하며 입을 다물어 화난 표정을 짓는 작용과 뺨을 압박한다. 입에 바람을 넣어 볼록 튀어나오게 한다.
- 구각거근(입꼬리올림근) : 밑턱 피부의 깊은 곳에 있으며 아랫 입술을 위로 올리는 역할을 한다.
- 이근(턱끝근) : 턱 끝에 위치하며 턱 끝에 주름을 지게 한다.
- 구륜근(입둘레근) : 입 둘레에 위치한다. 입둘레근이 수축하면 입을 다물게 되고, 입 술을 내밀고, 먹고, 마시고 빨고, 말하는 작용을 한다.
- 소근(입꼬리당김근) : 입꼬리당김근은 입 양끝을 옆으로 또는 양옆 대각선 위쪽으로 당기어

웃는 표정을 연출 할 수 있다.

- 협골근(눈둘게근) : 협골에서 입술 가장자리까지 뻗어 있다.

⑤ **귀의 근육**

- 상이개근 : 귀 위쪽에 위치한다.
- 후이개근 : 귀 뒤쪽에 위치한다.
- 전이개근 : 귀 앞쪽에 위치한다.

⑥ **넓은목근**(광경근)

- 가슴과 어깨 근육에서 턱 양쪽까지 뻗어있는 넓은 근육이다.

⑦ **흉쇄유돌근**(목빗근)

- 몸짓과 가슴뼈에서부터 귀 뒤쪽의 관자놀이 뼈까지 뻗어 있다.

⑧ **저작근**(씹기근육)

- 두개골에서 하악골에 걸쳐있는 4가지의 근육으로 아래턱을 끌어올리고 또한 좌우로 움직여 음식을 씹는데 관여한다. 저작근은 머리근육과 달리 얼굴신경이 아닌 삼차신경의 제 3가지(하악신경)에 의해 지배된다.
- 교근(깨물근) : 하악각 외측면에 정지하는 두껍고 강한 근육으로 볼 부위의 중앙에 위치한다. 양측이 수축하면 턱이 닫혀 씹는 기능을 한다.
- 측두근(관자근) : 하악골의 근육돌기에 정지하는 강한 근육으로 입을 벌리고 다무는데 협동작용을 한다. 턱을 움츠리고 올리고 닫는다.

3. 인체의 신경계(nervous system)

신경계는 많은 신경세포로 구성되어 있으며, 뉴런이라고 하는 신호전달의 가장 기본이 되는 세포가 있다. 뉴런은 세포 중심의 핵이나 미토콘드리아 등이 있는 신경세포체와 거기서 뻗어 나온 섬유형태의 돌기인 가지돌기와 축삭돌기로 구성되어 있다. 이 중 축삭돌기는 매우 가늘고 길게 뻗어 있어 흔히 축삭돌기를 신경섬유라고 한다.

1) 신경계의 구성

신경계는 가장 크게 중추신경계와 말초신경계로 구분한다.

(1) 중추신경계(central nervous system)

① 중추신경계는 들어온 자극을 종합해서 반응을 생성하는 신경계이다.

② 척추동물에서 중추신경계는 뇌와 척수에 해당한다.

③ 중추신경계는 주로 연합뉴런으로 구성되어 있다.

(2) 말초신경계(peripheral nervous system)

① 말초신경계는 자극과 반응을 전기신호의 형태로 전달한다.

② 말초신경계는 신경섬유의 형태로 감각기관과 근육, 내장 등을 중추신경계와 이어 준다.

③ 말초신경계는 자극을 받아들여 중추신경계에 전달하는 감각뉴런과 중추신경계에서 만들어진 반응을 몸 곳곳에 전달하는 운동뉴런으로 구성되어 있다.

④ 말초신경계는 의식적 조절이 가능한 체성신경계(somatic nervous system)와 의식적 조절이 불가능한 자율신경계(autonomic nervous system)로 구분한다.

⑤ 자율신경계는 교감신경계(sympathetic nerve)와 부교감신경계(parasympathetic nerve)로 나뉘며, 이 둘은 서로 반대되는 작용을 한다.

- 교감신경계(sympathetic nerve)는 갑자기 발생한 위급 상황에 신체가 노출될 때 바로 상황에 대처하는 역할을 한다. 교감신경이 강해지면 근육의 세 동맥이 확장되고 심장박동수가 빨라지며 피부와 소화관의 세 동맥은 수축하여 혈압이 상승한다. 또한 동공이 확대되고 항문

과 방광을 담담하고 있는 조임근육이 수축된다. 모낭벽에 연결된 입모근(털세움근)도 교감신경의 영향을 받아 털이 쭈뼛 서고 땀의 분비량도 많아진다.

- 부교감신경계(parasympathetic nerve)는 신체의 에너지를 보존한다. 심장박동수가 감소하며 동공 수축, 소화관의 연동운동과 분비샘의 분비가 증가, 항문과 방광의 조임근은 이완되고 방광벽이 수축한다

2) 얼굴과 목의 신경

얼굴과 머리 부위의 주요 신경은 주로 뇌신경으로부터 나오며, 그 중 매뉴얼테크닉 적용 시 영향을 받는 뇌신경은 제 5뇌신경(삼차신경, trigeminal nerve), 제 7뇌신경(얼굴신경, facial nerve), 제 11뇌신경(더부신경, accessory nerve)이다.

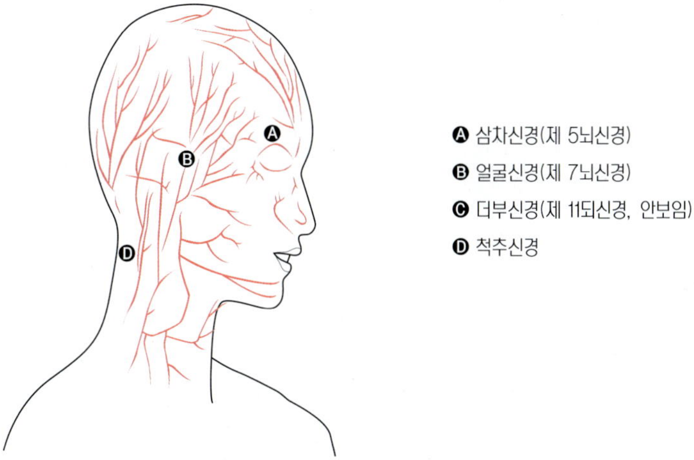

그림 3-7 얼굴과 목의 신경

(1) 제 5뇌신경(nerve trigeminus)

제 5뇌신경은 가장 큰 뇌신경으로 귀 앞의 신경절에 위치하며 지각근과 운동근으로 되어 있으며, 안면신경, 상악신경, 하악신경의 3개의 영역으로 분류된다.

① 안면신경(facial nerve)

감각신경으로 이마, 윗 눈꺼풀, 코의 피부와 두피에 분포되어 있다.

- 안와상신경(supraorbital nerve) : 이마, 두피, 누썹, 눈꺼풀의 피부에 영향을 미친다.
- 활자상신경(troclear nerve) : 눈 사이나 코의 위쪽 옆에 있는 피부에 영향을 미친다.
- 활자하신경(oculomotor nerve) : 코의 막과 피부에 영향을 미친다.
- 비신경(olfactory nerve) : 코 끝과 아래쪽 옆에 영향을 미친다.

② **상악신경**(maxillary nerve)

감각신경으로 얼굴의 측면 아래 눈꺼풀, 윗입술, 상악의 치아, 코와 뺨에 분포 되어 있다.

- 협골신경(zygomatic nerve) : 관자놀이, 이마 옆과 뺨 윗부분의 피부에 영향을 미 친다.
- 안와하신경(infraorbital nerve) : 아래 눈꺼풀, 코 옆, 윗입술과 피부에 영향을 미 친다.

③ **하악신경**(mandibular nerve)

운동신경으로 하악의 치아, 아래턱에 작용하여 음식물을 씹는 역할을 하는 저작근의 조절에 관여한다.

- 이개측두신경(auriculotemporal nerve) : 귀 바깥쪽과 관자놀이 위에서 두개골의 정 수리까지의 피부에 영향을 미친다.
- 이신경(mental nerve) : 아랫입술과 턱의 피부에 영향을 미친다.

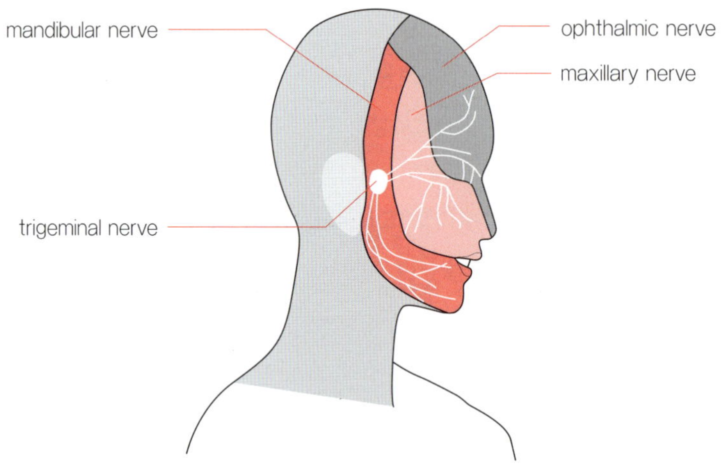

그림 3-8 제 5뇌신경(삼차신경, trigeminal) 영역

(2) 제 7뇌신경(nerve facialis)

제 7뇌신경은 대부분 안면 근육의 움직임을 담당하는 신경으로 일부는 운동신경의 역할을 하고 일부는 감각신경 즉, 미각이나 얼굴의 일부분, 바깥 귀길 주변의 감각의 기능을 맡고 있으며, 귀 주변에서 시작하여 표정근으로 연결되어 나누어진다. 주요 가지는 측두신경, 관골신경, 협신경, 악하신경, 경신경이다.

제 7뇌신경의 주요 기능은 눈꺼풀 근육을 포함한 얼굴을 움직이는 근육의 기능이며, 이 중 중간신경은 혀의 앞 2/3 부분을 차지하는 미각기능, 바깥귀길 주변 피부의 감각신경을 담당하는 감각기능 그리고 침샘, 눈물샘의 일부를 담당하는 분비기능을 맡고 있다.

① **후이개신경**(posterior auricular nerve) : 두개골 밑의 귀 뒤에 있는 근육에 영향을 미 친다.
② **측두신경**(temporal nerve) : 관자놀이 이마 옆부분, 눈썹, 눈꺼풀, 빰 윗부분에 있는 근육에 영향을 미친다.
③ **관골신경**(zygomatic nerve) : 빰 윗부분의 근육에 영향을 미친다.
④ **협신경**(buccal nerve) : 입의 근육에 영향을 미친다.
⑤ **하악신경**(mandibular nerve) : 턱 끝과 아랫입술 근육에 영향을 미친다.
⑥ **경신경**(cervical nerve) : 목의 옆 부분에 영향을 미친다.
⑦ **대후두신경**(great occipitals nerve) : 머리 뒷 부분에 있으며, 머리 정수리의 두피에까지 영향을 미친다.

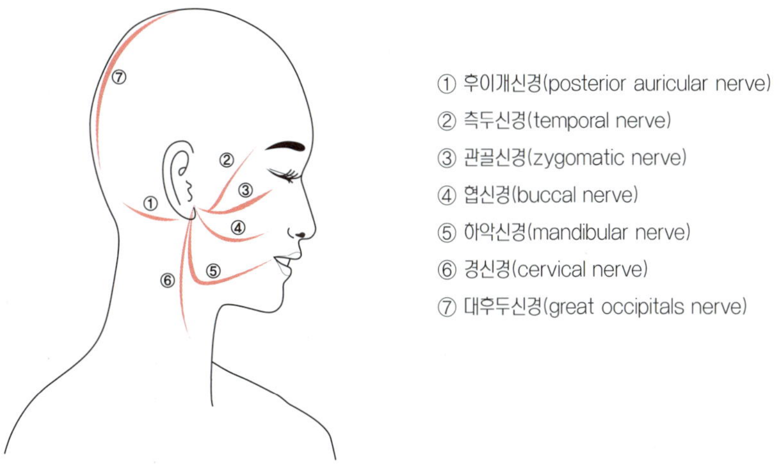

그림 3-9 제 7뇌신경의 주요 가지

(3) 제 11뇌신경(더부신경, accessory nerve)

제 11뇌신경은 목 근육의 움직임과 상체 등 부위 근육의 움직임에 관여하며, 특히 흉쇄유돌근과 승모근의 움직임을 담당한다.

① **대후두신경**(great occipitals nerve) : 머리 뒷 부분에 있으며, 머리 정수리의 두피에 까지 영향을 미친다.

② **소후두신경**(lesser occipitals nerve) : 두개골 밑에 위치하며 이 부분의 두피와 근육 에 영향을 미친다.

③ **대이개신경**(great auricular nerve) : 목의 옆 부분에 위치하며 귀 바깥쪽과 앞 · 뒤쪽 부분에 영향을 미친다.

④ **피신경**(cutaneous nerve) : 목의 옆 부분에 위치하며 목의 앞쪽과 옆쪽에서 흉골이 위치한 부분까지 영향을 미친다.

⑤ **경신경총**(parotid gland plexus) : 흉쇄유돌근의 후연에서 피하에 나타나며 목덜미와 그 인접의 피부, 근육을 지배하는 신경총이다.

4. 인체의 혈관계(blood vascular system)

혈관계는 혈액을 순환시키는 맥관계(vascular system)를 가리키고 심장(heart), 동맥(artery), 정맥(vein)과 모세혈관(capillary)으로 이루어진다. 심장은 혈관계에 일정한 흐름을 일으키는 펌프 역할을 하고 심장벽 근육이 일정한 리듬으로 수축하는 것과 내부의 판장치가 함께 되어 혈액이 일정한 방향으로 흐르며, 신체 각 부위에 혈액을 공급하는 원동력이 된다. 동맥(artery)은 심장에서 내보내는 혈액을 신체의 전반에 골고루 보내는 혈관이고 정맥(vein)은 반대로 신체 각 부위로 부터의 혈액을 심장으로 되돌려 보내기 위한 혈관이다. 동맥과 정맥의 사이에는 모세혈관(capillary)이 그물모양으로 분포되어 있어 신체 각 부분의 조직과의 사이에 물질 교환이 이루어진다. 혈액 순환에는 심장과 폐를 또는 폐순환(또는 소순환)과 심장, 신체 각 부분과의 사이의 체순환(또는대순환)이 있다

1) 혈액의 구성

혈액은 인체에서 하나의 조직으로 분류되며, 다른 조직들과 마찬가지로 혈액은 세포와 다양한 물질을 함유하고 있다. 성인의 체중 7~8%정도를 차지하며 세포와 세포조각으로 구성된 고체 성분인 혈구(blood cell) 45%, 액체 성분인 혈장(blood plasma) 55%로 구성되어 있다. 고체 성분들은 혈장이라는 액체에 섞여 전신을 돌아다닌다.

(1) 혈액의 고체 성분

혈액의 고체 성분 중 대표적으로 적혈구, 백혈구, 혈소판이 있으며, 이는 뼈 속에 있는 적색골수에서 만들어진다. 적색골수는 성인의 경우에 특정 뼈에서만 존재하고, 소아의 경우에 모든 뼈에 존재하며 줄기세포가 존재하는 곳으로 계속 분열하면서 모든 형태의 혈구를 만들어 낸다.

(2) 혈액의 액체 성분

① 혈액 중의 액체 성분을 혈장이라고 하며, 이 혈장은 매우 다양한 물질의 운반 매개체 역할을 한다. 가장 큰 역할은 체온 유지이이며 근육에서 발생된 열과 대사 과정 중 발생된 열을 보관하여 전신에 분배한다.

② 혈장에는 중탄산과 같은 완충제가 들어있어 혈액의 pH를 유지시켜 준다. 포도당과 아미노

산 등을 수송하기도 하고, 요소와 같은 질소 노폐물을 운반하여 신장을 거쳐 소변으로 배출시킨다.

③ 혈액 중 가장 많은 유기분자 물질은 혈장 단백질이며, 혈장 단백질은 간에서 생성되어 다양한 물질을 운반하는데 쓰인다.

④ 혈장 단백질은 알부민, 글로불린, 피브리노겐으로 구성되어 있으며, 이 세 가지 단백질은 인체 내에서 매우 중요한 역할을 한다.

- 알부민은 삼투압에 관여
- 글로불린은 알파, 베타, 감마로 구성됨.
  알파와 베타는 철분과 콜레스테롤 운반
  감마 글로불린은 항체 생성, 면역 작용
- 피브리노겐은 혈액 응고와 관련(활성화 시 혈전 생성)

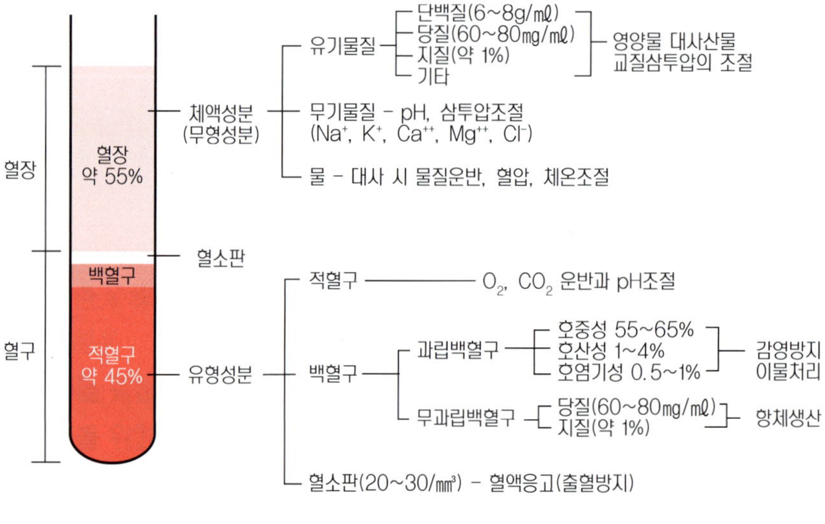

그림 3-10 혈액의 구성 성분

(출처: 교육부(2017). NCS 학습모듈)

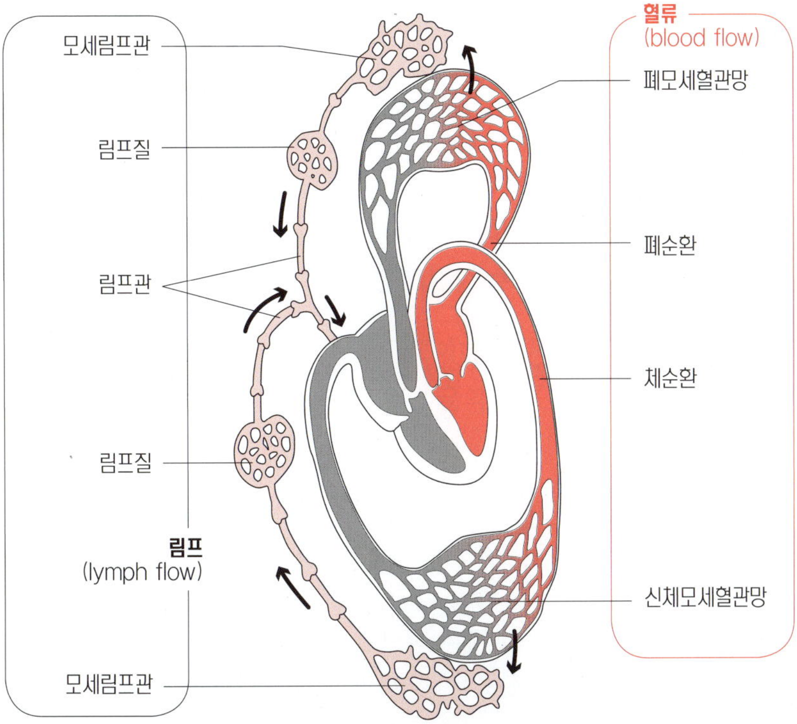

그림 3-11 혈액과 림프의 순환 구조

(출처: 교육부(2017). NCS 학습모듈)

2) 피부 순환의 구조

(1) 피하 혈관 : 동맥계, 정맥계

피하(조직)층에 흐르는 혈관은 다른 부위의 혈관에 비해 굵은 편이며, 이 굵은 혈관으로 가지를 치듯 갈라져 피하조직 내의 결합조직망을 따라 상부층까지 수직으로 올라가 결국 진피층까지 이르게 된다.

(2) 진피 심층의 혈관 : 동맥계, 정맥계

피하(조직)층과 진피층의 경계 부위(plexus dermique profond : 진피 심층 혈관총)에 존재하는 혈관으로 이 혈관으로부터 직경 3~4mm 굵기의 더 가는 혈관이 가지를 쳐서 진피 내부를 통과하여 상부를 향해 수직으로 올라간다. 진피 심층의 혈관은 진피층에 존재하는 결합조직, 모낭, 피지선, 한선에 영향을 미친다.

(3) 진피 상층부 혈관 : 동맥계, 정맥계

진피층 중에서 상부층에 있는 유두층 부위(plexus dermique superficielle : 진피 상층 혈관총)에 위치하며 모세혈관 형태로 가늘게 갈라져 유두층의 볼록면 아래 부분에 동맥계와 정맥계가 서로 만나서 연장선을 이루어 모세혈관 고리를 형성한다.

3) 얼굴의 혈관

얼굴의 피부는 매우 얇고 다른 부위에 비해 더 많은 혈관이 분포하여 혈관들이 잘 보인다. 다른 신체 부위에 비해 얼굴이 자주 붉어지는 것은 모세혈관을 확장시켜 혈류량이 증가하게 하는 자율신경계에 의해 발생한다.

피부에 있는 많은 수의 혈관들은 자율신경의 조절을 받아 굵기가 늘어나기도 하고 줄어들기도 한다. 자율신경이 자극을 받아 혈관의 굵기가 늘어나면 이때 늘어난 혈관을 통해 많은 양의 혈액이 흘러가게 되어 피부가 붉게 나타난다.

(1) 머리, 얼굴, 목 부분의 동맥(정맥)

총경동맥(common cartoid artery) 은 머리, 얼굴, 목에 혈액을 공급하는 주된 공급원으로 목 양옆에 있으며 외경동맥(external carotid artery)과 내경동맥(internal jugular vein) 으로 나누어진다. 내경동맥은 뇌, 안구, 눈꺼풀, 이마를 흐르고 외경동맥 은 머리, 얼굴, 목의 표면 부분에 흐른다.

외경동맥은 머리, 얼굴, 목의 각 부분에 혈액을 공급하는 수많은 분지로 나누어진다. 피부미용사가 특별히 관심을 가져야 하는 동맥은 외상악동맥, 전측두동맥, 후두동맥, 후이개동맥 등이다.

머리, 얼굴, 목으로부터 심장으로 돌아오는 주된 정맥은 내경정맥과 외경정맥의 두 개의 정맥으로 목의 양옆을 흐른다.

① 외경동맥

얼굴과 목의 상부부위에 혈액을 공급하는 주요 혈관으로 총경동맥에서 갈려서 목의 앞부분, 얼굴, 두개 등 몇 개의 가지로 나누어지면서 각기 다른 곳으로 혈액을 공급한다. 그 주요가지에는 안면동맥(facial artery), 후두동맥(occipital artery), 천측두동맥(superficial temporal artery)이 있다.

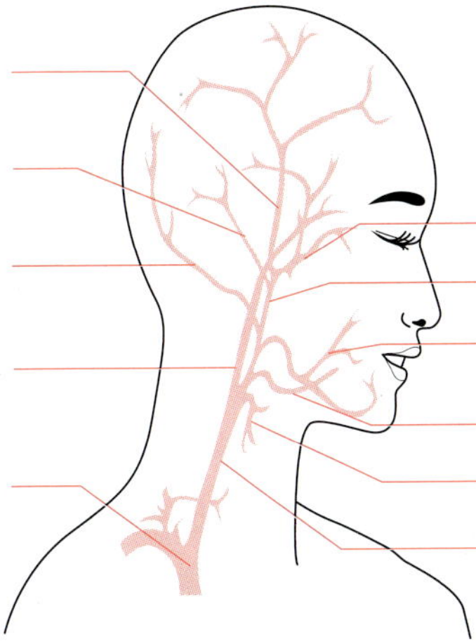

그림 3-12 머리, 얼굴,목, 부분의 동맥(정맥) : 측면

② 내경정맥

얼굴 목의 주요 정맥으로 얼굴정맥(facial vein)과 후하악정맥 (retromandibular vein)으로 나누어진다.

- 얼굴정맥은 두피와 얼굴의 정맥혈로 얼굴의 정맥에 모였다가 목 부위에서는 내경 정맥에 합류된다.
- 후하악정맥은 후두부위와 턱의 정맥혈이 합류되어 목에 분포하는 정맥으로 내경정맥과 외경정맥이 있으며, 이 둘은 완두정맥(brachiocephalic vein)에서 합류 하여 상대정맥(superior vena cava)이 되어 심장으로 간다.

5. 인체의 림프계(lymphatic system)

림프계는 조직에 열려 있는 개방형 제2의 순환계이다. 림프절에서 만들어진 백혈구 등의 면역 세포는 림프계를 순환하면서 우리 몸을 공격하는 감염성 질병이나 외부 물질로부터 신체를 보호한다. 골격근의 수축 등에 의한 낮은 압력으로 림프가 순환하며, 이러한 낮은 압력으로 정맥처럼 흐름이 느리고 역류를 방지하기 위한 판막이 존재한다.

전신에 분포되어 있는 가느다란 모세림프관은 하나 둘씩 모여서 점점 굵어지며 오른쪽 상반신의 림프는 우림프관으로, 그 밖의 다른 부위의 림프는 흉관으로 모인다. 이렇게 모인 림프는 쇄골하정맥으로 흘러들어 혈액과 합류하게 되며 소장에서 흡수된 지방은 림프에 녹아서 혈액을 이동하다가 이 단계에서 혈관계 안으로 되돌아간다.

1) 림프계의 구성

림프계는 혈관과는 다른 종류의 순환계로 림프(lymph), 림프관(lymphatic vessel), 림프절(lymph node)로 구성되어 있다.

(1) 림프(lymph)

림프는 골수에서 만들어지며, 모세 혈관에서 나온 혈장이 림프관으로 들어가 림프가 된다. 전신에 두루 분포되어 있으며 신체 대사에 중요한 물질로 물, 전해질, 노폐물, 모세 혈관에서 빠져나온 단백질로 구성되어 있다.

혈관에서 조직으로 배출된 후 재흡수 되지 않은 조직액으로써 맑고 투명하나 때때로 노란색을 띠며, 혈액보다 점성이 덜하며 알칼리성 용액이다. 소장에서는 지방의 흡수 로 인하여 우윳빛처럼 하얗다.

- 림프는 림프 기관으로 들어온 물질을 이동시킨다.
- 조직 사이에 과도하게 축적된 액을 제거한다.
- 조직 사이에 과도하게 축적된 액을 심장으로 되돌리게 한다.
- 병원체의 침입으로부터 몸을 보호하는 중요한 역할을 한다.

(2) 림프관(lymphatic vessel)

림프가 이동하는 통로로 림프절을 서로 연결하며, 구조적으로는 정맥과 비슷하지만 혈관에 비해 벽이 얇다.

- 림프를 림프절로 운반하는 역할을 한다.
- 정맥과 동일한 림프관 판막이 있어 림프의 역류를 방지한다.

(3) 림프절(lymph node)

림프절의 형태는 완두콩 또는 달걀의 형태를 지닌 2차 면역기관으로써 전신에 걸쳐 분포하며, 림프에 의해 운반되는 항원에 대한 면역반응이 일어나는 면역기관이다. 림프절은 림프관을 통해 상호 연결되어 있으며 주변 조직으로부터 들어오는 항원을 가장 먼저 만나게 된다. 림프절을 지나는 림프에 의해 운반된 외부물질과 종양세포들은 대식세포와 수지상세포에 의해 걸러지게 된다. 림프절에는 많은 양의 림프구가 있으며 림프에 의해 운반된 항원들이 림프구들을 만나 제거될 수 있도록 구성되어 있다.

- 림프 속의 미생물 및 이물질, 유해 미립자 등을 여과하고 탐식하는 방어 기능을 한다.
- 여과된 체액을 재흡수하여 40% 정도까지 림프액을 농축한다.
- 림프절에 있는 많은 양의 림프구는 항체를 생성하여 특수한 면역 항원에 대한 면역 반응을 한다.
- 인체가 흡수할 수 없거나 제거할 수 없는 물질들을 저장한다.

(4) 림프순환(lymphokinesis)

골격근의 수축 등에 의한 낮은 압력으로 림프가 순환하며, 정맥처럼 흐름이 느리고 역류를 방지하기 위한 판막이 있으며 이러한 흐름은 심장쪽으로 이동하게 된다.

2) 얼굴 림프절

얼굴의 림프 마사지를 정확하게 수행하기 위해서는 림프절의 배치를 알아두는 것이 필 수이다. 얼굴과 목에는 여러 개의 림프절과 그 림프절을 연결하는 림프관이 아주 많다. 피부미용사는 모세 림프관 하나하나의 흐름에 신경 쓰지 않아도 된다. 단, 림프액의 원활한 배출을 위해 림프절의 흐르는 방향을 숙지하고 림프마사지 시 이를 활용한다.

① 후두림프절(occipital lymph node):후두와 목의 상부의 림프흐름에 관여
② 후이개림프절(posterior auricular lymph node):두정부와 귀의 뒷면
③ 전이개림프절(parotid lymph node):이마, 윗 눈거풀, 눈 아래, 귀의 앞면
④ 악하림프절(submandibular lymph node):눈아래(내측), 코, 윗입술, 볼, 턱의 뒤쪽
⑤ 이하림프절(submental lymph node):아랫입술, 턱의 앞쪽
⑥ 귀뒷쪽림프절(profundus lymph node):귓볼 아래에서 시작하며 흉쇄유돌근이 시작하는 부위의 림프흐름에 관여
⑦ 추골돌기림프절(vertebra prominens lymph node):일곱 번째 경추에 위치한 림프절로 어깨 윗부분의 림프 흐름에 관여
⑧ 쇄골림프절(terminus lymph node):우림프총관과 흉관이 합쳐져 다시 혈액의 일부가 되는 위치인 쇄골 밑의 정맥으로 림프의 최종 위치

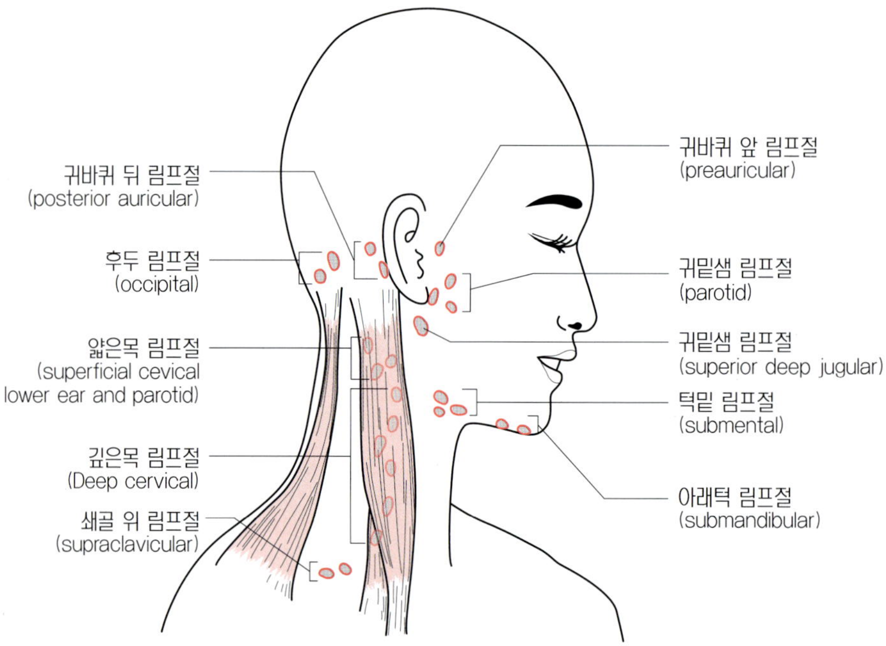

그림 3-13 얼굴과 목 부위의 림프절

(출처: 교육부(2017). NCS 학습모듈)

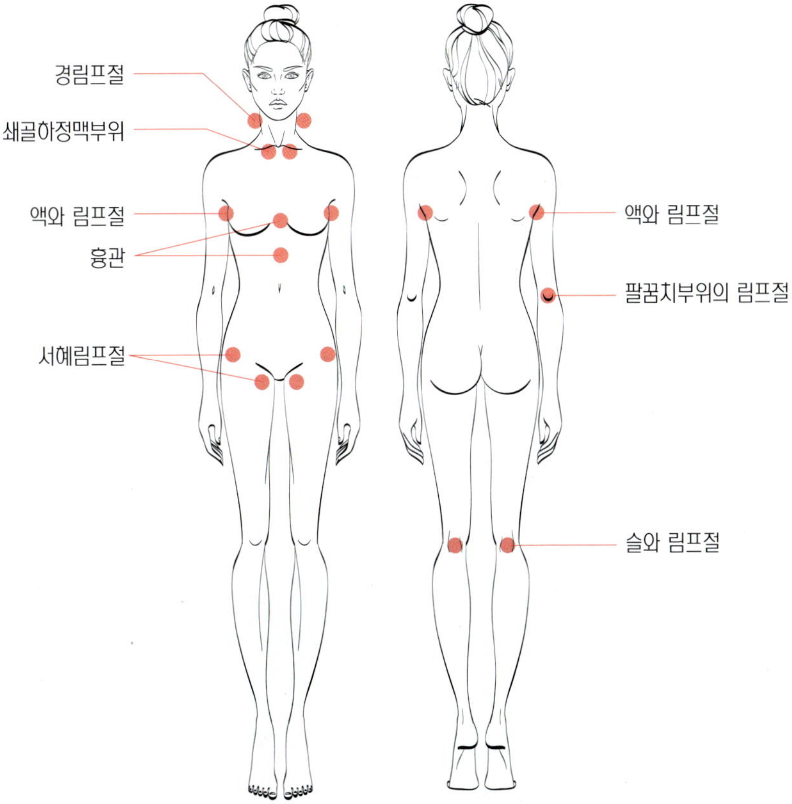

그림 3-14 전신의 림프절

6. 인체의 경혈점(acupuncture point; 에너지 포인트)

경혈요법은 피부미용에서 부분적으로 도입하여 일반 매뉴얼테크닉의 관리 시 '간접효과'의 목적으로 사용되기도 하고 경혈요법만으로 피부미용 경락 매뉴얼테크닉을 구성할 수도 있다. 실제로 일반 피부미용 관리를 진행하면서 얼굴의 특정 부위를 중지나 엄지 등으로 압력을 가하며 지그시 눌러 주는 동작을 시행하게 되는데, 이것이 바로 경혈요법의 일부를 일반 매뉴얼테크닉 관리에 접목한 것이다.

경혈점을 자극할 때는 적당한 압을 이용하여 지그시 누르거나 주무르는 방법으로 손 전체나 중지(가운데손가락) 끝을 이용한다. 얼굴은 민감한 곳이기 때문에 힘을 지나치게 가하지 않도록 하며 차분하고 천천히 각 경혈점을 누르는 힘의 방향과 수직이 되게 하여 약 3초간 1회씩 적용한다.

피부미용 영역에서 에너지 포인트(energy point)는 경혈을 의미한다.

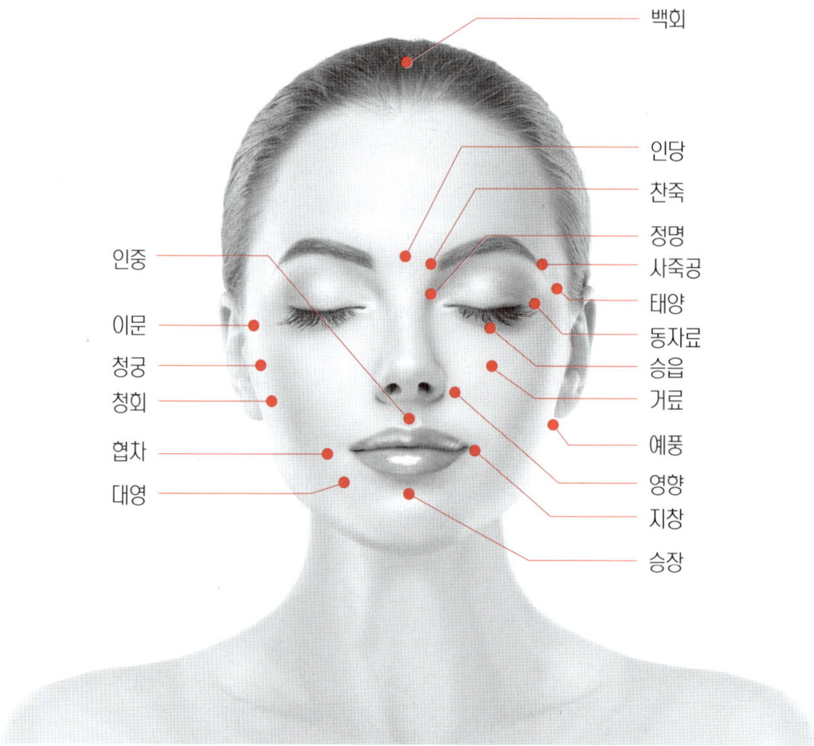

그림 3-15 얼굴 경혈점(에너지 포인트)

1) 얼굴 경혈점의 에너지 효과

① **백회** – 머리는 모든 양기(陽氣)가 모이는 곳이다. 백병을 모두 주관하므로 '백회(百會)'라고 한다. 머리가 아프거나 눈이 아찔하거나 가슴이 답답하고 현기증이 나는 등 신경을 진정시키는 효과가 있다.

② **찬죽** – 눈썹 머리 부위의 움푹 들어간 곳이며 머리가 아프거나 눈이 붉으면서 붓고 아플 때 효과가 있다.

③ **정명** – 양 눈의 안쪽 눈초리의 밖에 있으며 주로 양 눈이 붉게 충혈 되거나 눈초리 가 가렵거나 눈물이 많을 때 눈을 맑게 하는 효과가 있다.

④ **동자료** – 눈의 정화는 동자에 있으므로 눈알을 동자라고 부른다. 외측 눈꼬리 뼈의 들어간 곳이다. 열을 내리고 눈을 밝게 하는 작용이 있다.

⑤ **승읍** – 열을 식히며 눈을 맑게 하고 눈물을 그치게 하는 효과가 있다.

⑥ **사백** – 눈 중앙 바로 아래 약 3cm 떨어진 곳에 있다. 머리를 맑게 하고 눈을 밝게 하는 효과가 있다.

⑦ **거료** – 콧망울 외측에서 약 2cm, 사백 바로 아래에 있는 급소로 눈의 피로, 볼의 붓 기를 가라앉히는 효과가 있다.

⑧ **영향** – 콧망울 바로 옆으로 코가 막힌 것을 뚫어서 후각을 회복시키고 얼굴의 상반부를 상쾌하게 만든다.

⑨ **수구(인중)** – 코 아래와 입의 위에 중앙에 위치하며 어금니를 굳게 다물고 있거나 입과 눈이 삐뚤어지거나 얼굴이 부었을 때 효과가 있다.

⑩ **지창** –입술 끝의 외측에서 약 1cm되는 곳에 있다. 안면 통증이나 뺨이 붓는 데 효과가 있다.

⑪ **승장** – 입술 아래 정중선에서 움푹 들어간 곳에 있어서 마치 진액을 담는 그릇과 같다는 의미로, 열을 내리고 정신을 맑게 해주는 효과가 있다.
→ ⑨, ⑩, ⑪은 입 주위의 주름을 예방하는 효과가 있다.

2) 후두부위 경혈점의 에너지효과

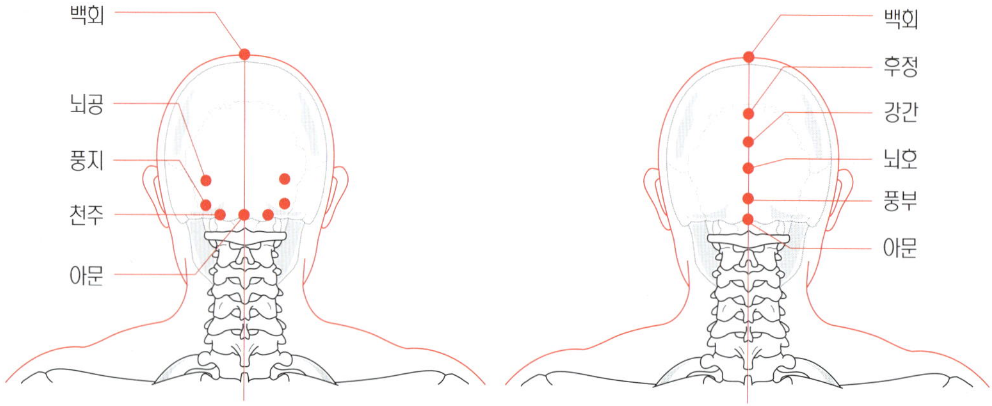

그림 3-16 후두의 경혈점

① **아문** – 독맥과 양유맥이 만나는 혈로서 혀가 뻣뻣하여 말을 잘 못할 때, 뒷머리가 아프거나 뻣뻣할 때 효과가 있다.

② **천주** – 머리뼈를 지탱하는 위치이며, 머리가 아프거나 코가 막히거나 목구멍이 부 을 때 효과가 있다. 뒷덜미가 뻣뻣하거나 어깨와 등이 아픈 것에 주로 적용한다.

③ **풍지** – 풍기(風氣)가 뇌로 들어가는 요충지로 머리를 맑게 하고, 눈을 밝게 하는 중요한 부위이다.

④ **예풍** – 이 혈은 귓불 뒤쪽에 감추어져 움푹 들어간 곳에 있다. 귀가 울리거나 치아가 아프거나 볼이 붓거나 턱관절이 불편할 때 효과가 있다.

⑤ **완골** – 귀 뒤의 튀어나온 뼈에 위치하고 머리가 아프거나 밤을 자지 못하거나 볼이 부을 때 효과가 있다.

CHAPTER

04

피부미용 관리를 위한 준비 및 위생

공중위생법 시행규칙 제 14조(업무범위)와 한국산업인력공단의 피부미용 수행직무에 의거한 피부미용사의 업무를 정확히 행할 수 있도록 숙지하여 관리한다.

1. 피부미용 관리를 위한 준비

고객이 피부미용 관리를 받는 동안 정신적, 육체적으로 최대한 긴장을 풀면서 휴식과 재충전을 통하여 에너지를 얻게 할 수 있으며, 이를 위해 가장 편안하게 심신을 이완시킬 수 있도록 환경적인 요소와 심리적인 요소 등을 배려해야 한다.

환경적인 요소는 따뜻하고 고요한 분위기 조성을 위해 관리실 내부의 온도를 조절하고, 조명은 간접조명으로 준비하며, 심리적인 요소로는 전문적이고 체계적인 피부미용 영역의 지식과 기술 향상으로 전문 관리사로서의 확신성과 신뢰성을 고객에게 심어주고 그로 인해 고객이 요구하는 바를 편안하게 표현하고 정확히 수용될 수 있는 분위기를 조성하고 배려하는 것이 중요하다.

먼저 고객의 관리계획을 수립하고, 그에 따른 관리 도구, 장비의 체크, 적용 제품 등의 피부미용 관리를 위한 제반요소를 점검한다.

① 고객의 차트를 미리 확인하고 고객 상담 시 체크하였던 주의사항 및 금기사항을 꼼꼼히 점검한다.
② 피부미용 관리 목적과 관리 방법, 관리 시간 등 관리 프로그램을 정확히 점검한다.
③ 피부미용 관리를 위한 조용하고 개인적인 공간으로 준비한다. (실내조명, 공기, 온도, 음향 점검)
④ 관리실의 베드커버 위생 및 정리 상태를 확인하고 고객의 취향에 맞게 베드 온도 조절이 가능한지 점검한다.

⑤ 작업 시 사용할 웨건(정리대)에 관리할 제품을 체크하고 정리한다.
⑥ 관리를 위한 도구, 장비의 이상 상태를 체크하고 사용할 제품의 이상 유무를 확인한다.
⑦ 고객이 예약한 시간 최소 10분 전에 관리에 필요한 제반 사항을 다시 한 번 점검하고 준비한다.

2. 피부미용 관리실 위생관리

고객이 관리를 받는 동안 신체적 · 정신적으로 안정감을 주기 위하여 작업장을 편안하고 위생적으로 제공하도록 하며, 피부 미용에 관련된 비품과 관리사의 위생 또한 철저하게 준비한다.

1) 위생관리의 필요성

고객의 피부를 직접적으로 접하는 피부미용 관리는 무엇보다도 소독과 위생이 필수이므로 피부미용 관리실에서 사용되는 기기와 도구, 소모품 등 모든 물품을 위생적으로 관리, 소독해야 하며 이를 지키지 않아 발생되는 문제가 없도록 해야 한다.

2) 작업장 내의 위생관리

① 피부미용 관리실에서 고객 접객 및 피부미용 관리 시 내부의 모든 것들이 청결하고 위생적이어야 하며 정리 · 정돈이 잘 되어 있어야 한다.
② 관리실 내부의 환기 시설이 잘 되어 있어야 한다.
③ 관리실 내부의 냉 · 난방 시설 및 필터의 청결 상태가 위생적으로 잘 갖추어져야 한다.
④ 관리실은 고객의 피로감을 고려하여 간접 조명(75LUX 이상)으로 한다.
⑤ 고객이 관리를 받는 동안 다른 관리실 또는 외부 대기실 소음이 들리지 않도록 방음 시설이 잘 되어 있어야 한다.
⑥ 필요 시 냉 · 온수를 사용할 수 있어야 한다.
⑦ 휴지통에 뚜껑이 있는 것을 사용하며 항상 정리되어 비치되어야 한다.
⑧ 사용하는 기구와 비품들은 자비 소독법, 자외선 소독기, 고압 멸균기 등으로 완벽히 살균 · 소독할 수 있어야 한다.
⑨ 기기의 부품과 브러시 등은 사용 후 곧 바로 중성 세제로 세척하여 자외선 소독기에 넣어 소독하여 보관한다.

3. 소독의 종류 및 방법

1) 소독의 정의 및 분류

분류	정의
소독	사람에게 해를 끼치는 병원성 미생물을 사멸시켜 더 이상 감염 및 증식이 일어나지 않도록 하는 것을 말한다.
살균	모든 미생물을 사멸시키나 멸균과는 달리 포자는 사멸되지 않고 남아 있는 것을 말한다.
멸균	포자를 포함한 모든 미생물을 강한 살균력으로 완전 사멸 또는 제거하는 것을 말한다.
방부	미생물의 발육과 생식을 저해시켜 음식물의 부패나 발효를 방지하는 것을 말한다.
감염	병원체가 장기 내에 침입하여 증식하는 상태를 말한다.
오염	음식물에 병원체가 부착된 상태를 말한다.

2) 피부미용실에서 사용하는 소독의 종류 및 방법

(1) 실내 및 도구 · 기구 소독

'공중위생관리법 제 5조 및 시행규칙 별표 3'을 근거하여 피부미용 관리실에서는 피부미용기구 및 도구의 종류 · 재질 및 용도에 따른 구체적인 소독 기준 및 방법을 달리 적용해야 한다.

(2) 소독방법의 종류

소독의 분류		소독방법	적용
가열 소독법	건열 멸균법	섭씨 100℃ 이상의 건조한 열에 20분 이 상 쐬어 준다.	도구, 기구 소독
습열 소독법	자비소독법(열탕 소독법)	섭씨 100℃ 이상의 물속에 10분 이상 끓여 준다.	식기류, 의료소독
	유통증기 멸균법	섭씨 100℃ 이상의 습한 열에 20분 이상 쐬어 준다.	식기류, 도자기류
자연 소독법	자외선 멸균법	1㎠당 85㎼ 이상의 자외선을 20분 이상 쬐어 준다.	자외선소독기 적용
화학적 소독법	석탄산수 소독	석탄산수(석탄산 3%, 물 97%의 수용액을 말한다)에 10분 이상 담가 둔다.	도구, 기구 소독 실내 소독
	크레졸 소독	크레졸수(크레졸 3%, 물 97%의 수용액을 말한다)에 10분 이상 담가 둔다.	화장실 소독
	에탄올 소독	에탄올수용액(에탄올이 70%인 수용액을 말한다. 이하 이 호에서 같다)에 10분 이 상 담가 두거나 에탄올 수용액을 머금은 면 또는 거즈로 기구의 표면을 닦아 준다.	도구, 기구 소독, 손 소독으로 가장 많이 사용됨

(3) 소독 시 주의 사항

① 소독할 물건의 성질에 유의하여 적당한 소독약이나 소독법을 선택하여 실시한다.

② 병원 미생물의 종류와 멸균 · 살균 또는 소독의 목적과 방법, 그리고 소독 시간 등을 미리 염두에 둔다.

③ 소독약은 장기간 보관이 어려우므로 사용할 때마다 필요한 양에 따라 조금씩 새로 만들어서 쓴다.

④ 약품에 따라 독성을 구별하고 직원들에게 약품에 대한 취급 방법을 교육시키며, 밀폐해서 냉암소에 보관한다.

⑤ 라벨(label)은 약품명, 사용 날짜, 유통기간이 잘 확인될 수 있도록 정확하게 명시하여 다른 것과 구별한다.

(4) 피부미용 관리실의 소독제의 구비 조건

① 적은 양이라도 살균력이 강해야 한다(미량이라도 효과가 클 것).

② 물품의 부식성 · 표백성이 없어야 한다.

③ 용해성이 높고 안정성이 있어야 한다.

④ 침투력이 강해야 한다.

⑤ 경제적이고 사용 방법이 간편해야 한다.

⑥ 독성이 약하여 인체에 해가 없어야 한다.

⑦ 불쾌한 냄새가 없어야 한다.

3) 피부미용 관리 기구의 소독

① 해면

미온수에 세재를 풀고 헹군 다음 통풍이 잘되는 곳에 말린 뒤 자외선 소독기에 넣어 소독한다.

② 스파출라

세척한 후 70% 알코올 솜으로 닦고 자외선 소독을 한다(나무재질은 일화용으로 사용).

③ 타월

고압증기멸균을 하거나 삶는 것이 좋다.

④ 볼, 브러시

중성세제를 풀어 깨끗이 세척한 후에 자외선소독기를 이용하여 소독한다(자외선이 잘 조사되도록 겹쳐지지 않게 넣는다).

⑤ 니퍼, 푸셔, 큐티클, 가위

70% 알코올에 20분간 담근 후 사용한다.

⑥ 확대경, 우드램프

사용 전후에 70% 알코올로 닦아주고 렌즈나 유리 부분에 얼룩이 생기지 않도록 마른 천으로 잘 닦아주고, 먼지가 쌓이지 않도록 청결상태를 유지한다.

⑦ 스티머

스티머 사용 시에는 깨끗한 증류수나 정제수를 이용하고, 사용 후 스티머의 수조 내부는 세재로 씻지 않고 물과 식초의 비율 10 : 1로 희석해서 세척한다. 그렇게 함으로써 열 가열판 스티머 스테인레스 스틸의 석회를 제거할 수 있다.

⑧ **미용기기의 부속도구**

헤드 부분을 중성세제에 세척하고 알코올에 20분간 담근 후 자외선 소독기에서 소독한다.

4. 피부미용 관리사의 준비사항

1) 공중위생관리법상 피부관리사의 준수사항

① 점 빼기, 귀볼 뚫기, 쌍꺼풀수술, 문신, 박피술 등과 같은 행위를 하지 않는다.
② 화장품 사용 시 스파츌라로 덜어서 사용하고 뚜껑을 반드시 닫아둔다.
③ 바닥에 떨어진 물건들은 반드시 소독한 후에 사용한다.
④ 일회용품은 손님 1인에 한하여 사용한다.
⑤ 장비와 도구들은 사용하기 전 꼭 위생처리하며 위생 상태를 확인한다.

2) 일반적 준비사항

관리사는 고객을 관리하기 전에 반드시 고객 차트를 통해 신체의 전반적인 상황 및 주의사항 등을 체크해야 한다. 만약 신체의 특이 사항 또는 질병이 있는 경우에는 전문의와 상담 후에 피부미용 관리를 진행해도 되는지 결정 하는 것이 바람직하다.

① 관리를 시작하기 전에 고객의 목적, 관리 방법, 기타 요소 등을 충분히 파악하여야 하며, 만일 조금이라도 정확하지 않다고 판단되거나 잘 모르는 것이 있을 때는 상급 관리자와 반드시 의논한다.
② 관리 중 사용하는 모든 기기 및 제품은 항상 청결하고 위생적으로 준비한다.
③ 관리하기 전에 반드시 유니폼과 명찰을 단정하게 착용하고 관리실 청결 상태를 꼼꼼히 체크하고 준비한다.
④ 관리 매뉴얼을 임의로 변경하지 않으며 매뉴얼에 따라 관리를 수행한다.
⑤ 관리실에서 이동 시 아무리 바빠도 뛰어 다니지 않으며 직원들끼리 큰소리로 이야기 하지

않는다.

⑥ 관리 중 사용하는 뜨거운 기기는 충분히 시간을 주어 식히도록 하고 항상 안전에 유의한다.

⑦ 관리 전 제품은 관리하고자 하는 고객에게 맞게 세팅되었는지 재확인하고 이물질에 오염되지 않도록 주의한다.

⑧ 관리가 끝나면 사용하였던 기기는 지체 없이 곧바로 깨끗하게 세척 · 소독하여 지정된 장소에 보관하고, 사용했던 제품은 상태를 확인하고 청결하게 정리정돈 한다.

3) 피부미용 관리사 위생관리

관리가 이루어지는 작업장 안에서 직원 위생은 피부미용사로서 가장 기본적 의무이다. 외적인 부분만이 아닌 내적인 부분까지 예의를 갖추어 청결한 상태로 고객에게 긍정적인 이미지를 전달해주는 직무이기도 하다. 따라서 피부미용 관리실에서 고객 응대 및 관리를 진행하는 피부미용 관리사의 복장 및 개인위생은 항상 청결하고 단정해야 한다.

■ 다음은 관리사가 지켜야 하는 개인적 위생관리 사항이다.

① 관리 시 구취나 체취 또는 지나친 향수를 뿌려 향이 과하게 나지 않도록 주의한다.

② 관리 전 · 후 수시로 손을 깨끗이 씻는다.

③ 관리 전 · 후 알코올이나, 알코올 솜으로 반드시 손 소독을 한다.

④ 관리 중 자신의 머리카락을 포함하여 관리 제품과 관련 없는 다른 제품을 만지지 않는다. 만약 만지는 경우 반드시 소독을 하고 다시 관리한다.

⑤ 관리사의 손톱은 짧고 끝이 매끄러워야 하며 칼라가 짙고 화려한 네일 에나멜을 바르지 않는다.

⑥ 관리사는 복장, 언어, 표정 등이 전문 피부미용 관리사로서 적합한 이미지를 유지한다.

⑦ 관리 중 착용하는 신발은 편하되 소리가 나지 않는 것을 권장한다.

⑧ 긴 머리는 단정하게 묶어 관리 중 흘러내리지 않게 하고, 메이크업은 지나치게 화려하지 않은 자연스러운 메이크업 정도를 권장한다.

⑨ 관리 중 목걸이, 반지와 팔찌 등의 장신구를 착용하지 않는다.

⑩ 관리 중 껌, 캔디, 기타 음식물을 씹는 행위는 절대 허용되지 않는다.

CHAPTER 05 피부미용 상담 및 분석

고객 상담 시 1차적으로 문진법을 통하여 고객 카드를 꼼꼼하게 작성하고 시진법 및 피부분석 기기를 활용하여 피부 상태를 체크하여 고객의 피부유형을 정확히 분석한다. 정확한 피부분석이 이루어져야 고객의 피부 유형에 적합한 피부 관리 계획표를 작성하고 효과적인 피부미용 관리를 기대할 수 있다.

- 피부유형과 관리 목적이 일치해야 한다.
- 피부유형과 사용할 관리 제품이 일치해야 한다.
- 피부분석표와 관리내용이 일치해야 한다.
- 적절한 홈케어(자가 관리) 조언을 기재하여 연계성을 유지해야 한다.

그림 5-1 고객 상담 및 피부미용 관리 계획 진행 과정

1. 고객 상담

상담을 통해서 고객의 기본 정보와 방문 동기 및 목적, 고객의 요구사항을 정확히 파악을 할 수 있다. 고객 상담은 관리자와 고객과의 상호 이해를 바탕으로 형성되는 중요한 과정이므로 상담이 이루어지는 동안 고객이 관리자에게 전문성에 대한 신뢰성을 느낄 수 있도록 진심을 다하여 전문가로서 고객 상담에 최선을 다해야 한다. 긍정적이고 효과적인 상담은 고객의 요구사항을 정확히 파악하여 이에 적합한 관리 계획을 수립하는데 기반이 된다.

1) 고객 상담의 목적

① 고객에 대한 개인정보(상황 및 환경)를 파악할 수 있다.
② 고객의 요구를 정확히 파악할 수 있다.
③ 고객의 피부 상태 및 피부 문제점을 확인할 수 있다.
④ 상담 결과에 따라 고객에게 알맞은 관리계획을 세울 수 있다.

2) 고객 상담을 위한 피부미용 관리사의 조건

① 상담의 기본은 진심으로 이루어져야 한다.
② 경청할 때와 말할 때의 비율을 70:30 으로 잡는다.
③ 고객의 눈높이를 맞추어 융통성 있는 상담을 할 수 있어야 한다.
④ 전문가로서 전문 분야의 지식과 많은 임상경험을 갖추어야 한다.
⑤ 고객이 원하는 것을 최대한 존중한다.
⑥ 고객 상담 후 고객이 답(Yes 또는 No)을 보낼 때 까지 기다리는 자세가 필요하다.
⑦ 고객 상담 중 고객의 반응이 부정적 또는 No가 나올 수 있다는 것을 항상 염두 한다.

3) 고객 상담 방법

고객이 관리실에 처음 방문했을 때 문진법을 통하여 고객카드를 자세히 작성한다. 이를 통하여 고객에 대한 여러 가지 정보를 파악하고 기록함으로써 고객이 무엇을 요구하는지 파악할 수 있고 이후 고객에게 적합한 관리 프로그램을 설계하여 추천할 수 있다.

① 분리된 상담실에서 진행하며 너무 많은 시간을 소요하지 않는다.
② 피부미용 관리 계획에 의해서 완성되는 트리트먼트 결과를 강조하고 효과에 대해 충분히 이해시킨다.
③ 일반 제품과 특수 제품의 차이, 일반 관리와 특수 관리의 차이를 충분히 설명하고 이해하여 고객이 직접 선택할 수 있도록 한다.
④ 피부미용 관리 프로그램을 설명하고 효과를 얻기 까지 소요되는 기간을 충분히 설명하고 이해시킨다.
⑤ 피부 관리와 연계된 홈 케어 프로그램의 시너지 효과를 이해시킨다.
⑥ 가능한 상담 후 첫 번째 피부 관리가 이루어지도록 진행한다.

2. 피부분석

고객은 자신의 피부가 어떤 상태이고 무엇이 문제인지 또한 건강하고 아름다운 피부를 유지하기 위해 어떻게 관리해야 하는지에 대해 궁금해 하기 때문에 정확한 피부분석을 통해 현재 고객의 피부 상태를 객관적으로 알려주고, 피부 상태에 따라 고객의 피부 유형에 적합한 피부 관리 계획을 수립한다. 고객의 피부 분석을 통해 고객의 피부를 전체적으로 정확하게 파악하고 평가하는 과정은 피부미용 관리사가 해야 될 가장 중요하고도 어려운 과정이다.

피부 유형을 파악하기 위해서 문진과 견진, 촉진 등의 일반적인 방법이 사용되며, 피부자체의 분석을 위해서 유 · 수분 측정기, pH 측정기, 스킨 스캐너, 우드램프 등의 분석기기가 활용된다.

1) 일반 분석

(1) 문진(고객관리 차트 작성)

고객의 피부 관리 계획 수립 전 고객에게 질문한 답변에 의해 자료를 얻어서 관리 전 판독하는 방법으로 질문을 통하여 고객의 피부 유형과 피부 상태와의 관련성을 파악할 수 있다.

문진 사항은 고객의 연령, 성별, 직업, 과거의 병력과 현재의 질환, 알레르기 유무, 사용하고 있는 약제, 현재 사용하고 있는 화장품, 스트레스 유무와 홈 케어, 생활습관과 식생활 주거/직장의 환경 유무를 작성할 수 있도록 준비되어 있다.

■ 고객관리 차트 기록사항

고객의 피부분석에 앞서 주로 문진(問診)으로 개인의 신체적 · 심리적 · 환경적 정보를 수집하여 피부유형 파악과 관리프로그램 계획 시 기초 자료로 활용할 수 있다.

① 고객 명

고객의 이름을 기재한다.

② 생년월일

피부분석 시 참고가 되는 중요한 요소이며 광노화, 조로피부 여부를 확인하는 자료로 사용하며 고객의 나이를 기록한다.

③ **직업**

생활환경에 따라 피부상태 및 체형에 미치는 영향이 크므로 근무형태를 기록하고 주부의 경우, 가정 생활환경과 라이프 스타일 등을 체크한다.

④ **연락처**

휴대전화번호 등 연락하기 가장 쉬운 번호를 기입한다.

⑤ **주소**

고객정보 관리 시 기초 자료화를 위해 연락가능한 주소를 기록한다.

⑥ **방문동기**

광고, 지인소개 또는 스스로 왔는지 관리실을 선택하고 방문하게 된 루트나 계기를 알아본다.

⑦ **개선하고 싶은 피부 문제점**

고객의 주요 방문 목적이 되므로 고객의 생각대로 체크하고, 피부의 개선점이 여러 개 나올 경우, 가장 우선으로 희망하는 개선 사항을 먼저 체크한다.

⑧ **병력사항**

피부 이상증, 당뇨, 심장병, 혈압이상, 간질 등의 질병과 수술 경험 유무, 특히 체내 금속 유무를 알아본다.

⑨ **식습관 및 다이어트**

시사의 규칙성과 식사량에 대해 체크하고 영양소 섭취는 피부 상태와 밀접한 관련성이 있으므로 좋아하는 음식의 종류, 기호식품, 섭취 방식, 인스턴트식품 섭취 정도, 하루 물의 섭취량과 다이어트 경험을 체크한다.

⑩ **운동**

운동량은 혈액순환과 노폐물 배출에 영향을 미치므로 운동여부, 운동의 종류, 운동의 강도 및 빈도를 체크한다.

⑪ **흡연, 음주 및 수면**

커피, 알코올 등의 섭취량과 흡연 유무 및 수면의 정도를 체크하고 피부 상태와의 관련성을 파악한다.

⑫ 알레르기

특정 알레르기 증상이 있는지 여부와 원인 물질에 대해 체크한다. 특히 화장품의 특정 성분에 대한 알레르기가 있는 경우 원인을 상세히 기록하여 피부 관리 시 부작용을 미리 예방한다.

⑬ 생리주기, 피임과 출산의 경험 유무

⑭ 스트레스

고객의 스트레스 정도와 예민함의 정도를 체크하고, 피부 관리 시 관리실 환경과 분위기 조성에 고려하여 적용한다.

⑮ 현재 복용약물

항생제, 수면제, 진통제, 피임약 등의 복용여부를 체크하고 특히, 피임약 복용은 호르몬과 관련성이 깊으므로 정확히 체크한다.

⑯ 사용화장품

현재 사용 중인 화장품의 종류와 사용 시기, 사용 습관에 따른 피부상태와의 관련성을 체크한다.

⑰ 피부 관리 경험

고객의 피부 관리 경험은 고객이 무엇을 요구하는지를 파악하는데 중요한 자료가 될 수 있으며, 피부 관리의 지속성과 연계성으로 활용할 수 있다.

표 5-1 고객관리 차트의 예시

고객 정보			Date : 20 . .
고객번호		상담자	
고객명	(남/여)	생년월일	(양/음)
주소			
직업		연락처	
결혼여부	기혼 / 미혼	출산년도 / 자녀수	
기본사항			**특이사항**
방문 동기			
피부 문제점			
피부 개선점			가장 1순위 기록
병력	유( ) 무		
복용약물	유( ) 무		
알레르기	유( ) 무		
일일 식습관	식(끼) / day		
기호식품			
다이어트경험	유( ) 무		
스트레스	유( ) 무		
운동	Yes(종목:) No		
수면시간	시간 / day		
생리주기	정상 약간불순 불순 폐경		
사용 중 기초화장품			
피부관리 습관			
피부관리 경험	유(만족도 :) 무		
기타 참고사항			

(2) 견진

얼굴 관리를 본격적으로 시작하기 전에 안면 클렌징 후 육안으로 직접 보거나 확대경, 우드램프 등을 통하여 피부를 판독하는 방법이다. 견진은 피부의 유·수분 함유상태와 피부의 조직상태, 피부의 투명도, 각질 상태, 피부질환 등의 상태를 파악하여 체크한다.

(3) 촉진

피부 관리 부위에 손이나 기구 등으로 만져보거나 눌러봄으로써 피부를 판독하는 방법으로 피부상태를 알 수 있다. 촉진으로 피부의 예민 정도, 탄력성, 피부 조직의 두께, 피부결 등을 알 수 있다. 촉진 시 고객의 피부를 과하게 만져 눌러보는 것은 고객에게 불편함을 느끼게 할 수 있으므로 주의한다.

2) 기기를 이용한 분석

(1) 확대경(magnifying glass)

확대경을 통해 피부의 조직도 및 문제성피부의 상태를 조금 더 세밀히 알아볼 수 있다. 예민 피부의 정도와 여드름피부 압출 시 사용하면 효과적이다. 확대경 사용 시 확대경 불빛으로 인한 시력을 보호하기 위해 화장솜이나 정용 아이패드를 사용하여 고객의 눈을 보호한다.

- **사용방법**

① 메이크업을 클렌징한 후 사용한다.
② 클렌징 후 아이패드(eye pad)를 눈에 올려놓는다.
③ 진단하고자 하는 부위에 적당한 거리를 두고 진단한다.

(2) 우드램프(wood lamp)

자외선램프를 통해 육안으로 보기 힘든 모공, 피지 색소침착, 트러블, 민감도 등의 피부상태를 서로 다른 색깔로 표시되어 보여줌으로 피부상태를 조금 더 표면적으로 보여줄 수 있다. 우드램프 사용으로 고객의 현재 피부상태를 상호 관찰하여 진단하고, 상담함으로써 고객의 이해도를 돕는데도 도움이 된다.

• **사용방법**

① 측정 환경의 조명은 어둡게 한다.(암실 환경)

② 안면을 깨끗하게 클렌징 한 후 사용한다.

③ 사용 전 반드시 아이패드(eye pad)를 눈에 올려놓는다.

④ 우드램프가 안면에 가깝게 닿지 않도록 주의하고 촬영을 통해 피부상태를 찍어놓는다.

⑤ 자외선램프를 통한 안면 부위별 색상에 따라 피부상태를 파악한다.

표 5-2 우드램프를 이용하였을 때 나타나는 피부 상태

우드램프로 보는 피부진단법			
피부 상태	우드램프의 색상	**피부 상태**	우드램프의 색상
각질	흰색	정상 피부	푸른빛의 흰색 형광, 청백색
피지, 여드름	주황색	지성 피부	오렌지, 분홍색
색소침착	암갈색	건성 피부	연보라색
비립종	노란색	민감성 피부	진보라색
먼지, 이물질	흰색 형광색	노화 피부	암적색

(3) 유분측정기(sebumeter)

유분 측정기를 통해 피부의 유분함유량을 측정하기 위한 기기이다. 측정 헤드 부분에 묻은 피부에 빛을 통과시켜 광도를 측정하여 측정부위의 정확한 유분 함유량을 측정할 수 있다. 정확한 측정을 위해 실내온도와 습도를 적정히 맞추어 측정하는 것이 정확성을 높여준다.

• 사용방법

① 측정할 부위를 깨끗이 클렌징 한다.

② 표준화된 상태에서 측정을 시작한다.

③ 측정 부위에 기기헤드 부분을 대고 30초 간 눌러준다.

④ 화면에 나타난 유분량(mg/㎠) 수치를 통하여 피부 1㎠당 유분량을 확인한다.

• 주의 사항

① 측정 부위는 같은 부위를 반복 측정 시 피지가 닦여서 유분 값이

정확히 측 정 되지 않으므로 같은 부위를 반복하여 측정하지 않는다.

② 측정 시 적정 실내 환경은 실내 온도 20~22℃, 습도 50~60%에서 측정한다.

③ 세안 후 화장품을 도포하지 않고 30분이 경과된 후 측정한다.

(4) 수분측정기(corneometer)

수분 측정기는 피부의 수분 양을 측정하는 기기로 기기마다 다를 수 있으나 대략 0 ~ 100의 단위로 표기되며, 기기창에 숫자가 나타나는데 숫자가 높을수록 수분 전도계수가 높다. 각질층의 수분은 15~25%가 정상 피부이며, 10% 아래로 떨어지면 건성 피부이다.

- 사용방법

① 측정할 부위를 깨끗이 클렌징 한다.

② 표준화된 상태에서 측정을 시작한다.

③ 측정 부위에 기기헤드 부분을 대고 30초 간 눌러준다.

④ 화면에 나타난 % 수치를 통하여 피부의 수분 상태를 확인한다.

- 주의 사항

① 한 번 수분이 닦인 피부는 수분 함량이 정확히 측정되지 않으므로 같은 부위를 반복 측정하지 않는다.

② 측정 시 적정 실내 환경은 실내 온도 20~22℃, 습도 50~60%에서 측정한다.

③ 세안 후 화장품을 도포하지 않고 30분이 경과된 후 측정한다.

(5) 피부 pH측정기(pH meter)

피부의 산성도와 알칼리도를 분석해주는 측정기기이다. pH를 분석해 주는 기기로써 측정 부위의 산성도와 알칼리도를 분석하여 피부의 예민도를 측정할 수 있다. 측정은 탐침을 증류수에 씻은 후 물기를 적당히 제거한 후 측정 부위에 탐침을 눌러 접촉시키면 화면에 pH수치가 표시된다.

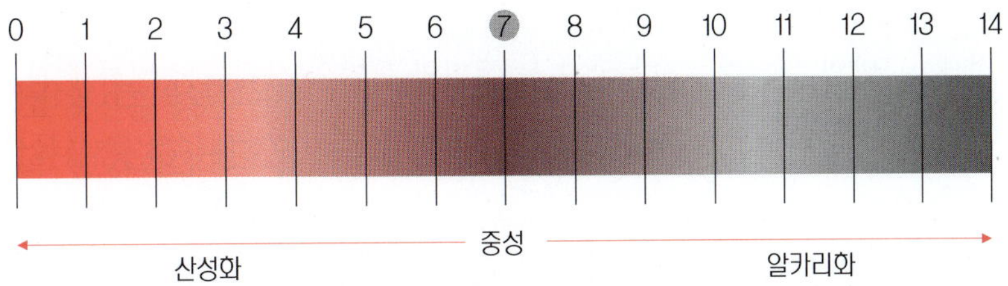

그림 5-2 pH정도 (출처: 교육부(2017). NCS 학습모듈)

● 피부의 pH

피부의 pH란 땀과 피지가 혼합되어 피지를 덮고 있는 막의 pH를 말한다. 피부의 pH는 각질층에 존재하는 천연보습인자이다. 아미노산, 젖산염, 무기염 등이 피지선과 땀샘에서 분비되는 세포간 지질 성분과 땀이 혼합되어 pH 4.5~5.5 정도의 일정한 상태를 유지하고 있다. 피부의 이상적인 pH는 4.9~7.4이며, 얼굴의 이상적인 pH는 5.2~5.8정도이다. 이것은 성별, 인종에 따라 달라진다.
피부의 산성막은 미생물의 증식을 막아 자극이나 감염으로부터 보호를 해준다. 피부의 산성도는 성인 남성의 경우 여성보다 낮고, 표피 부분이 진피 부분에 비해 더 산성을 나타낸다. 또한 지성피부가 건성피부보다 낮고, 어린이나 노인의 피부에 비해 신진대사가 왕성한 20대~30대의 피부가 더 산성이다.
피부의 pH는 피부의 수분 손실(증발)을 방지하고, 외부의 수분 변화에 민감하지 않는다. 또한 약산성으로 세균으로부터 피부를 보호한다. 피부가 알칼리성으로 기울면 저항력이 약해진다.

(6) 스킨 스코프(skin scope)

① 피부와 모발을 측정하는 기기로 실물의 800배 정도 확대하여 분석할 수 있는 기기로 피부의 주름 상태, 모공 크기, 피지량, 색소 침착, 각질, 피부결 등을 정확하게 관찰할 수 있는 기기이다.

② 피부 측정 진단기를 카메라로 찍어 컴퓨터에 연결된 모니터를 통해 고객과 함께 피부 상태를 확인할 수 있어 고객에게 신뢰도를 줄 수 있다.

③ 피부와 두피는 50배율로 모발과 모근은 200~300배율로 관찰 가능하다.

(7) 현미경(microscope)

① 스킨스코프의 일종으로 휴대의 편리성과 공간 제약의 한계성을 보완한 기기 이다.

② 피부 표면의 조직, 모공 크기, 색소 침착, 유분과 수분 분포 정도, 각질 상태 등을 정밀하게 관찰할 수 있다.

③ 두피 상태, 모발의 큐티클, 모발 굵기 등 두피와 모발의 상태도 정밀하게 관찰 가능하다.

④ 휴대가 가능하면 다양한 기능, 크기, 저렴한 가격이 장점이다.

3) 피부분석 시 유의사항

① 피부의 상태는 개인의 신체적 특성, 정신적 특성, 유전적 특성, 개인 식습관 스타일 등의 내적 요인과 환경적 인자, 화장품의 사용법 및 피부를 관리하는 방식 등의 외적요인에 의하여 결정되므로 같은 피부유형이라도 개인적 상황을 꼼꼼히 체크하여 살펴야 한다.

② 피부는 계절이나 건강상태에 따라 변화가 매우 다양하므로 피부의 상태와 연관성을 가지고 주의 깊게 살펴보아야 하며 전문적인 세안단계가 끝난 후에 피부 분석을 실시한다.

③ 확대경이나 우드램프를 사용할 때는 얼굴을 깨끗이 세안한 후 반드시 아이패드로 눈을 덮어 보호하며 진행한다.

④ 외관 관찰 시 피부 상태에 대한 비슷한 느낌을 받더라도 각 개인에게는 감수성의 차이가 있다는 점을 감안하여 항상 세부적인 부분까지 꼼꼼히 체크해야 한다.

4) 피부분석 카드 작성

일반 분석 중 문진(問診)을 통한 고객의 신체적 · 심리적 · 환경적 정보를 수집하여 기본 자료로 활용하고, 다양한 피부분석 방법을 통해 객관적이고 정확한 고객의 피부유형 및 피부상태를 파악한다. 피부분석 카드는 고객의 피부 상태에 적합한 피부 관리 계획을 세우는데 기초자료로 활용한다.

표 5-3 피부 분석 시 사용하는 피부증상에 대한 용어

용어	의미
면포 (comedo)	피지의 과잉분비로 피지막이 정상보다 두꺼워져 모공이 막히기 직전의 단계로 피지, 각질세포, 박테리아가 서로 엉켜서 모공을 통해 밖으로 나오지 못하고 정체되어 있다.
블랙헤드 (black head)	개방성 면포로 화이트 헤드가 점점 커지면서 압력에 의해 모공이 개방되고 피지가 밖으로 나와 산화되어서 피부 밖으로 보이는 끝이 검게 보인다.
화이트헤드 (white head)	모공이 폐쇄되어 있는 면포로 모공이 닫힌 상태로 피지가 피부 내에 갇혀 있어 압출 시 하얗게 나온다.
구진 (papule)	모낭 벽이 파손되어 붉게 부풀어 솟아오른 상태를 말한다.
농포 (pustule)	구진이 더 진행되어 악화되고 노란색 농이 약간 차있으며 표면 위에 융기처럼 올라와 있다. 농포의 주변부는 홍반을 띄기도 한다.

용어	의미
결절 (tuber)	농포가 더 악화되어 크고 단단한 농(고름)덩어리가 피부 표면이 아닌 피부 안쪽으로 깊이 파고들어가 자리를 잡으며 만졌을 때 매우 통증이 있고 딱딱하게 느껴지며 주변 피부보다 어두운 색을 띠고 있다.
기미 (melasma)	멜라닌 색소가 과다 생성되어 색소 침착으로 나타나는 형태를 말한다.
주근깨 (freckle)	황색, 흑색, 갈색의 색소성 반점이 마치 작은 깨를 뿌려 놓은 듯이 불규칙한 모양으로 나타나는 형태를 말한다.
오타모반 (nevus of Ota)	멜라노사이트가 피부 깊숙이까지 들어 있어 피부를 검푸르게 보이게 하는 점의 일종으로 삼차신경이 분포하는 눈 주위의 피부에 청색의 반점이 나타나는 형태를 말한다.
쿠퍼로즈 (couper rose)	모세혈관 확장, 혈관 벽이 확장되어 피부가 붉게 보이는 상태를 말한다.
로사시아 (rosacea)	모세혈관이 확장되면서 거미줄처럼 혈관망이 얼굴 특정 부위에 나타나는 형태를 말한다. 주로 구진이나 농포가 함께 나타나며, 흔히 코 주위에 발생한다.
켈로이드 (keloid)	피부의 상처 재생 과정에서 콜라겐이 과하게 증식되어 피부표면 위로 튀어나온 형태를 말한다.
백색증 (albinism)	선천성 색소 결핍으로 멜라닌 세포는 정상적으로 있지만 색깔이 없는 멜라닌을 생산하여 나타나는 것을 말한다..
백반증 (vitiligo)	멜라닌 세포의 결핍으로 인한 여러 가지 크기 및 다양한 형태의 백색반이 피부에 나타나는 것을 말한다.
섬유종(쥐젖) (fibroma)	각질 형성 세포와 아교질 섬유의 증식으로 생긴 섬유 덩어리를 말한다.
한관종 (syringoma)	에크린 땀샘의 분비관이 막혀 피부 위로 융기된 연한 노란빛이나 살색을 띠는 구진과 같은 형태로 나타난다.
비립종 (milium)	모공에 쌓인 각질세포와 노폐물이 뭉쳐서 만들어진 작은 각질 주머니 형태로 나타나며 한관종과 유사한 모양이다.

표 5-4 피부미용 관리계획을 세우기 전의 피부분석 카드의 예시

피부분석카드			**Date : 20 . .**	
고객번호		상담자		
고객명	(남/여)	생년월일	(양/음)	
피부분석 자료				
피부유형	□ 정상	□ 건성	□ 지성	□ 복합성( )
피부결	□ 상	□ 중	□ 하	□ 기 타( )
피지분비	□ 부족	□ 정상	□ 과다	□ 기 타( )
모공상태	□ 잘 안보임	□ 약간 보임	□ 잘 보임	
피부보습	□ 좋음	□ 보통	□ 나쁨	□ 아주 나쁨
피부탄력	□ 좋음	□ 보통	□ 나쁨	□ 아주 나쁨
피부주름	□ 잔주름	□ 표정주름	□ 기 타( )	
피부민감도	□ 보통	□ 예민	□ 매우 예민	
색소침착상태	□ 결핍	□ 과잉	□ 없음	□ 기타( )

피부증상 체크

면포 (블랙/화이트)	•/∘
구진	●
농포	◉
결절	●(+)
색소침착	∷
반점	⊖
흉터	⊗
쿠퍼로즈	♯
로사시아	≣
비립종	⊡
켈로이드	∽
기타	

5) 피부 분석에 따른 피부유형 특징

피부 유형은 기후나 계절 등의 외부적 환경요소와 개인의 건강, 수면, 스트레스, 영향상태 등의 내부적 환경요소에 의해 다양하게 변화 할 수 있다. 이러한 여러 요소들을 기반으로 피부 유형을 크게 분류해보면 보습 상태에 따라 일반건성, 표피건성, 진피건성으로 나눌 수 있고, 각화 상태와 피지 분비 정도에 따라 정상피부, 지성피부, 건성피부, 복합성 피부로 나눌 수 있다.

기초 얼굴 관리 실습을 위한 피부 유형은 각화 상태와 피지 분비 정도를 기준으로 분류하여 기본적인 피부 유형의 특징을 살펴보고 각각의 유형별 적합한 피부 관리를 실시한다.

표 5-5 피부유형 특징

피부 유형	특징
정상피부 (normal skin)	① 정상피부는 유·수분이 적절히 조화를 이룬 가장 건강하고 이상적인 피부이다. ② 각질의 수분도가 10~15%이며, 피부색이 맑고, 땀샘과 피지선의 기능이 원활하여 과하지도 부족하지도 않은 상태이다. ③ 각화주기에 맞춰 정상적인 각화 탈락이 일어나므로 각질층의 상태도 좋고 피부트러블이나 잡티, 색소침착도 등이 거의 없다. ④ 모공이 미세하고 탄력이 좋아 피부의 결도 좋으며, 표피의 신진대사가 원활하여 촉촉하고 부드러우며 윤기가 흐른다.
지성피부 (oily skin)	① 지성피부는 주로 젊은 층이나 남성에게 많이 볼 수 있는 피부 유형으로 피지막이 두껍게 형성되어 번들거리고, 피지가 과하며 피부 트러블이 자주 발생한다. ② 피지가 과하게 존재하는 반면 각질의 수분도가 10% 이하이다. ③ 부분적으로 면포(comedo)가 육안으로 보이며, 피부 표면의 모공이 넓고, 피부조직이 두꺼워 굵은 주름도 있다. ④ 피부색은 칙칙하며 피지의 과다 분비로 각질층의 피부가 두껍고 피부의 결이 울퉁불퉁하며 거칠다. ⑤ 피부 내부에서 분비되는 과한 피지로 피부에 유분이 겉돌아 화장이 쉽게 잘 지워진다.
(일반) **건성피부** (dry skin)	① 건성피부는 유·수분이 부족한 피부이다. ② 피지선과 땀샘의 기능 저하로 피부 표면에 피지량과 수분량이 적어 피부가 건조하며 유연성이 없고 갈라지거나 트는 현상이 자주 발생한다. ③ 피부 각질의 수분도가 10%이하이며, 부분적으로 각질이나 비듬이 자주 일어난다.

피부 유형	특징
(일반) **건성피부** (dry skin)	④ 피부의 모공이 매우 작아 거의보이지 않아 피부가 섬세해 보이나 잔주름이 쉽게 생길 수 있고, 피부 건조함으로 각질이 하얗게 보여 피부가 푸석푸석해 보인다. ⑤ 세안 후 심하게 당기며, 외부 자극에 손상을 받기 쉬워 민감성 피부나 모세혈관 확장 피부로 전환되기 쉽다.
표피 건성피부 (epidermal dry skin)	① 모공이 클 수도 있으며 예민하고 각질이 잘 일어나며 소양감이 심하다. ② 피부의 건성화가 피부 표면에서 일어난다. ③ 건성피부이면서 피부조직이 얇아 보이지 않는다. ④ 표정주름이 잘 나타나지 않는다. ⑤ 표피 건성이 진피 건성으로 진행되면 피부 당김과 늘어짐이 급격하게 나타난다.
진피 건성피부 (dermal dry skin)	① 피부 표면이 거칠어 보이고 피부 당김이 매우 심하게 나타난다. ② 지성피부에서 볼 수 있는 깊은 주름이 보인다. ③ 피부 탄력성이 떨어져서 눈꺼풀, 눈 밑, 뺨, 입, 턱 등의 피부의 처짐 현상이 두드러지게 나타난다. ④ 건조함으로 인한 색소침착이 형성되어 기미, 잡티가 나타난다. ⑤ 화장이 피부에 밀착되지 않고 들뜨며 푸석해 보인다.
복합성피부 (combination skin)	① 두 가지 이상의 피부 특징이 나타나는 유형으로 T-존과 U-존의 피지 분비량의 밸런스가 깨져서 나타난다. ② 요즘 외부 환경 요소에 의해 거의 대부분사람이 복합성 피부의 특징을 가지고 있다. ③ T-존 부위는 피지가 과하게 분비되어 번들거림이 있고 모공이 넓으며, 특히 코 부위에 블랙헤드가 자주 발생한다. ④ U-존 부위는 모공이 작고 매우 건조하여 눈가에 잔주름이 쉽게 생기고, 입가에는 하얀 각질과 버짐과 같은 현상이 보인다. ⑤ 얼굴 전체의 피부 톤과 피부의 결이 고르지 못하다.
여드름피부 (acne skin)	① 여드름은 심상성 좌창 또는 면포라고도 한다. ② 남성 호르몬의 영향을 받아 피지가 과잉 분비된다. ③ 각질이 모공 입구에 쌓여서 피지가 밖으로 빠져나오지 못하고 모공 속에 쌓이면서 피지와 노폐물이 섞여 모낭에 검고 흰색의 면포를 만든다.

피부 유형	특징
여드름피부 (acne skin)	④ 세균 및 박테리아에 의하여 산화되며 여드름균이 번식되어 농포가 발생한다. ⑤ 얼굴, 볼, 이마에 많이 발생하는 모낭 염증인 사춘기 시절의 여드름은 가슴이나 등에 생기는 경우가 있으며, 남성호르몬의 영향으로 일정기간 동안 왕성한 피지분비로 인해 생성 되었다가 자연스럽게 사라진다. ⑥ 여드름의 다양한 원인들 중 유전적인 원인이 83%이다. ⑦ 여드름을 유발시키는 중요한 요인 중의 하나로 남성호르몬의 과잉분비나 여성호르몬의 균형이 이뤄지지 않았을 때 발생하며 이때 피지 분비량이 정상인보다 많다.
노화피부 (geroderma skin)	① 표피층의 수분 결핍으로 피부가 얇아지므로 보호기능이 저하되어 자극에 약하다. ② 진피층의 콜라겐과 엘라스틴의 저하로 피부 탄력성이 떨어지고 굵고 잔주름이 많이 형성된다. ③ 랑게르한스세포의 숫자가 감소하므로 면역력이 떨어져 세균감염의 확률이 높아진다. ④ 피지분비가 현저히 감소하고 세포재생이 느리다. ⑤ 이미 생성된 멜라닌의 탈락이 원활히 이뤄지지 않아 검버섯 및 색소침착이 잘 된다. ⑥ 죽은 각질 세포들이 떨어져 나가지 못하고 정체되어 있다. ⑦ 땀샘의 기능이 점점 떨어지면서 땀의 분비량이 줄어들게 되어 체온을 조절하기 어렵다.
민감성피부 (sensitive skin)	① 피부는 얇고 탄력성이 떨어지며 얇은 피부를 통해 모세혈관이 피부표면에 쉽게 보여진다. ② 표피층은 외관상 실핏줄이 보이기도 한다. ③ 피부조직이 섬세하며 모공은 육안으로 거의 확인할 수 없고 피부가 건조하여 당김 현상이 심하다. ④ 피부가 조그마한 자극에도 붉어지거나 따가움을 느낀다. ⑤ 외부에 대한 저항력이 약하다. ⑥ 색소침착이 잘 생길 수 있다.

피부 유형	특징
민감성피부 (sensitive skin)	⑦ 온도변화에 민감하게 반응하여 주로 볼부분이 빨개진다. ⑧ 신체가 예민한 상태이거나 알레르기 체질인 경우가 많이 발생한다. ⑨ 표정에 의한 표정주름이 잘 생긴다. ⑩ 환경과 계절의 변화에 민감하여 소양증을 나타낸다. ⑪ 생리전후나 출산전후, 갱년기 여성에게서 두드러지게 나타난다.
색소침착피부 (pigmented skin)	① 기미는 만성적이며 자외선에 의한 긴장상태에서 생성되고 스트레스나 신체 질환도 원인이 된다. ② 주근깨는 유전적 영향이 크게 미치며, 정신적 스트레스나 신체 내부의 질병으로 인해 주근깨가 더 많이 늘어나지는 않는다. ③ 기미는 여성 호르몬의 영향으로 임신 전후에 나타나기도 하나 주근깨는 호르몬의 영향을 받지 않는다.

6) 피부유형별 관리방법

피부 유형	관리 방법
정상피부 (normal skin)	① 현재의 건강하고 이상적인 피부상태를 유지하기 위해 정기적으로 피부 관리를 진행한다. ② 다양한 요인에 의해 또는 노화가 진행됨에 따라 현재의 피부상태가 예민해지거나 건성피부의 유형으로 변할 수 있으므로 항상 정기적인 관리에 신경 쓴다. ③ 현재 피부 상태의 유·수분 밸런스가 깨지지 않도록 주기적인 각질 제거와 영양공급 등의 홈케어에 꾸준히 신경 쓴다. ④ 피부노화를 촉진하는 과한 물리적 자극과 알칼리성이 강한 세안, 세정제 등으로 인한 피부변화에 주의한다.
지성피부 (oily skin)	① 지성피부는 밤새 분비된 과도한 피지 제거를 위해 반드시 아침마다 물 세안이 아닌 세안제를 이용하여 피부의 청결 상태를 유지한다. ② 여름철은 다른 피부 유형보다 더 과한 피지가 분비되므로 여름철 피지 관리에 더욱 신경 쓴다. ③ 이중세안을 기본적으로 하며, 정기적인 딥클렌징제 사용으로 피부의 과각질화가 발생하지 않도록 신경 쓴다.

피부 유형	관리 방법
지성피부 (oily skin)	④ 과한 피지 분비로 인해 피지 컨트롤만 신경을 쓰게 되면 자칫 수분이 부족해질 수 있으므로 적절한 수분 공급에도 신경 쓴다. ⑤ 주 2회 정기적이고 규칙적인 각질제거와 수분팩, 영양팩 관리에 신경 쓴다. ⑥ 지성피부는 문제성 피부타입(여드름)으로 쉽게 변할 수 있으므로 이를 방지하기 위해 수렴화장수, 오일프리(oil free) 제품 등 지성용 제품을 꾸준히 사용한다.
건성피부 (dry skin)	① 건성피부는 아침세안으로 미온수를 사용하여 피부의 건조를 막아주고 세안 후 빠른 수분을 공급한다. ② 건성피부는 세안 후 기초제품을 바르지 않으면 피부가 매우 심하게 당기므로 세안 후 지체 없이 곧바로 기초제품을 도포하여 건조함을 예방한다. ③ 피부에 부족한 유 · 수분을 충분히 공급해줄 수 있는 보습기능과 영양성분이 풍부한 제품을 사용한다. ④ 건성피부는 강한 알칼리제품 사용을 억제한다. ⑤ 주 1회 또는 주 2회(심한 건성) 정도 각질제거를 권장하며, 빈번한 각질제거로 인한 피부 손상에 주의한다. ⑥ 여름철 에어컨, 선풍기 사용, 겨울철 히터 사용은 피부를 더 건조하게 악화시키므로 지나친 사용을 자제한다. ⑦ 음주, 흡연은 등의 기호식품은 건성피부를 더 악화시킬 수 있으므로 주의한다.
복합성피부 (combination skin)	① 복합성피부는 T-존과 U-존부위의 피부 특징이 서로 판이하게 다르므로 부위에 따라 차별화된 관리를 한다. ② 복합성 피부 관리의 주목적은 T존의 과한 피지량, U존의 부족한 피지량에 대해 피지분비를 정상화시켜 얼굴 전체의 유 · 수분 밸런스를 갖도록 한다. ③ T존은 주 1~2회 딥클렌징을 실시하고, 나머지 부위는 2주에 1회 정도 딥클렌징을 실시한다. ④ U존의 부분적으로 건조한 부위는 보습제와 영양성많이 함유된 수분에센스, 모이스춰 크림, 영양크림 등을 사용하고, T존 부위는 오일프리(oil free) 제품, 머드팩, 퓨러파잉팩 등을 사용하여 밸런스를 맞춰 준다. ⑤ 주로 T-존 부위는 지성타입, U-존 부위는 건성타입으로 피부에 맞는 제품을 사용하여준다. (예) T-존 : 지성용 팩, U-존 : 유 · 수분이 많은 제품 팩) ⑥ 적얼굴 전체의 유 · 수분 밸런스를 유지하기 위해 화장수나 유액, 크림을 사용할 때 T존과 U존을 구별하여 적당량 조절하여 사용한다.

피부 유형	관리 방법
여드름피부 (acne skin)	① 내부질환인 변비, 위장장애 등의 관리를 우선한다. ② 화장품류는 산뜻하고 가벼운 액상타입을 선택한다. ③ 피지제거를 위한 너무 잦은 세안은 피부의 보호막을 파괴하여 민감하고 건조하게 할 수 있으므로 유의한다. ④ 알코올 성분이 일정량 들어 있는 제품을 사용하여 피부를 청결하게 유지 · 관리한다. ⑤ 당류, 지방, 자극성이 있는 음식물의 섭취는 피한다. ⑥ 초기 단계에서는 정기적인 마사지와 팩에 주력하여 수렴화장수로 마스크한다. ⑦ 여드름은 순환장애로도 발생되므로 원활한 신진대사를 위해 등 마사지를 실시한다. ⑧ 유분기가 많은 크림타입의 클렌징 제품은 여드름을 악화시킬 수 있으므로 밀크 타입 또는 젤 타입을 선택하여 클렌징 한다. ⑨ 자극이 적은 효소나 가벼운 스크럽 등을 이용하여 딥클렌징을 하여 모공 입구를 청결히 해준다. ⑩ 각질제거 및 박테리아 활동 억제를 위해 A.H.A, 살리실산, 산화아연, 황 등의 성분이 기준치 적정 농도로 첨가된 제품을 사용한다.
노화피부 (geroderma skin)	① 중성화장수로 차가운 스프레이를 분사하여 피부를 긴장시킨다. ② 메이크업 상태에 따라 클렌징 제품을 사용한다. ③ 피부가 얇거나 모세혈관이 확장된 피부는 브러쉬 사용을 금한다. ④ 피부탄력과 근육이완을 위해 규칙적인 마사지와 팩을 시행한다. ⑤ 콜라겐과 각종 비타민이 함유된 영양제품 및 히알루론산과 같이 피부 보습에 뛰어난 제품을 사용하며 피부기능 회복에 중점 관리한다. ⑥ 자외선 차단제를 꼼꼼하게 바르고 심신의 안정을 취하여 스트레스를 잘 관리한다. ⑦ 불규칙한 생활습관을 개선하고 규칙적인 운동과 바른 식습관을 갖는다. ⑧ 충분한 수분 섭취를 위해 하루 8잔 이상의 물을 마신다. ⑨ 노화피부 관리를 위한 기능성제품을 사용하고 유 · 수분이 많이 함유된 화장품 사용과 기초손질을 충분히 한다.

피부 유형	관리 방법
민감성피부 (sensitive skin)	① 세안 시 적정 물은 미온수가 적합하며, 미온수의 온도는 30~35℃ 정도이다. ② 부드러운 밀크타입의 클렌징 제품을 사용한다. ③ 진정효과와 보습효과가 있는 앰플을 사용한다. ④ 화장품의 선택 시 pH 밸런스와 보습에 중점을 두고 무색소, 무향, 무자극 화장품을 선택한다. ⑤ 지나친 유분제품은 피부자극을 줄 수 있으므로 피한다. ⑥ 면역력을 강화시켜주는 가벼운 림프마사지로 피부에 자극을 주지 않는다. ⑦ 스트레스는 피부의 저항력을 감소시키므로 스트레스나 과로를 금하며 균형 있는 영양섭취를 한다. ⑧ 냉 · 난방, 사우나, 스팀 타월과 같은 급격한 온도변화를 피한다.
색소침착피부 (pigmented skin)	① 색소침착이 생기지 않도록 자외선의 노출을 피하여 피부를 철저하게 보호한다. ② 미백기능이 있는 고기능성 화이트닝 에센스나 크림으로 수분공급을 해준다. ③ 정상적으로 각질이 탈락하지 못하면 피부의 신진대사를 방해하고 다른 화장품의 유효성분의 흡수를 방해하므로 딥클렌징을 한다. ④ 피부의 각질을 충분히 연화시키기 위해 10~15분 정도 스팀을 쐬게 한 후 가벼운 필링을 진행했을 때 효과적이다. ⑤ 재생앰플, 비타민 C원액을 침투시킨다. ⑥ 정기적인 피부 관리로 신진대사를 높이고 모세혈관의 활동을 활발하게 한다.

3. 피부분석 후 피부관리 계획표 작성

피부미용 관리 전에는 전문적인 피부분석이 반드시 선행되어야 하며, 피부분석을 실시한 날짜와 피부분석을 진행한 관리자를 정확히 기입한다. 피부분석은 고객의 피부의 상태를 정확히 파악하여 1인 맞춤형 피부 관리를 계획하는데 있다. 촉진, 시진, 기기를 이용한 분석법 등 다양하고 과학적인 방법을 활용하여 피부상태를 파악하고 이에 따라 올바른 피부 관리법을 결정하고 계획하여 건강하고 이상적인 피부 상태를 기대한다.

■ 피부관리 계획표 작성 시 주의사항

① 피부유형과 피부관리 목적이 일치하다.
② 피부유형과 사용할 관리제품이 일치하다.
③ 피부분석표와 관리 방법, 관리 내용이 일치하다.
④ 적절한 자가관리 조언(홈케어)을 기재한다.

1) 건성피부 관리 계획표

<table>
<tr><th></th><th colspan="2">관리계획 차트 (care plan chart)</th></tr>
<tr><td rowspan="2">관리목적
및
기대효과</td><td>목적</td><td>· 피지분비를 활성화시키고, 수분을 충분히 공급하여 피부의 건조 현상을 개선한다.</td></tr>
<tr><td>효과</td><td>· 잔주름 및 피부 노화를 예방한다.
· 피부를 촉촉하고 윤기 있게 해준다.
· 피부 건조에 의한 피부 문제점을 개선한다.</td></tr>
<tr><td>고객 관리
계획</td><td colspan="2">1. 관리 회수
주 2회 영양관리를 집중적으로 한다.
2. 클렌징
건성용 크림타입을 사용하여 부드럽게 클렌징 한다.
3. 딥클렌징
2주에 1회 정도 AHA(10%)를 이용해 각질 관리를 한다.
4. 매뉴얼테크닉
너리싱(nurishing) 크림을 이용해 가벼운 핸들링으로 관리하되 자극적인 마찰은 피한다.
5. 팩
주 1~2회 보습력이 뛰어난 수분팩과 영양팩을 이용하여 관리한다.
6. 마무리
보습력이 뛰어난 기초제품과 고농축 에센스 · 앰플과 아이크림, 영양크림을 바르고 자외선차단제로 마무리 한다.</td></tr>
<tr><td>자가관리
조언
(홈케어)</td><td colspan="2">1. 세안
오전에는 미온수 세안, 저녁에는 클렌징로션을 이용한다.
2. 기초제품 조언
알코올이 적게 함유된 유연화장수를 사용하고, 영양이 풍부한 팩제를 이용하여 주 1회씩 영양팩을 한다.
3. 생활 습관 조언
· 너무 뜨거운 물이나 차가운 물 세안을 자제한다.
· 햇빛, 강한 바람, 한냉, 강한 열을 주의한다.
· 냉 · 난방은 습도가 낮아져 공기가 건조해지므로 주의한다.
· 눈가와 입가의 매일 아침과 저녁에 아이크림을 바른다.</td></tr>
</table>

2) 정상피부 관리 계획표

<table>
<tr><th></th><th colspan="2">관리계획 차트 (care plan chart)</th></tr>
<tr><td rowspan="2">관리목적
및
기대효과</td><td>목적</td><td>· 현재의 건강한 피부상태를 유지할 수 있도록 정기적이고 규칙적인 피부 관리를 한다.</td></tr>
<tr><td>효과</td><td>· 피부를 맑고 투명하게 유지시킨다.
· 혈액순환을 촉진시켜 피부 노화를 지연시키고, 건강한 피부상태를 오래 유지할 수 있도록 한다.</td></tr>
<tr><td>고객 관리
계획</td><td colspan="2">1. 관리 회수
주 1회 보습 관리 및 영양관리를 한다.

2. 클렌징
클렌징로션을 이용하여 부드럽게 클렌징 한다.

3. 딥클렌징
주 1회 규칙적으로 딥클렌징제를 이용하여 자극 없이 각질관리를 한다.

4. 매뉴얼테크닉
조조바(hohoba) 오일 또는 너리싱(nurishing) 크림을 사용하여 관리를 통해 혈액 순환을 촉진시킨다.

5. 팩
주 1회 규칙적으로 수분팩과 영양팩을 이용하여 전체적인 유 · 수분 밸런스를 유지시켜 준다.

6. 마무리
보습력이 뛰어난 기초제품과 아이크림, 수분크림을 바르고 자외선차단제로 마무리 한다.</td></tr>
<tr><td>자가관리
조언
(홈케어)</td><td colspan="2">1. 세안
오전에 미온수 세안, 저녁에 이중 세안을 하고, 주 1회 딥클렌징제를 이용해 각질 관리를 한다.

2. 기초 제품 조언
계절에 따라 제품의 보습도를 조절하여 사용하며 영양이 풍부한 팩제를 이용하여 주 1회씩 영양팩을 한다.

3. 생활 습관 조언
충분한 수분 섭취, 규칙적인 식사와 운동, 충분한 수면 관리에 신경 쓴다.</td></tr>
</table>

3) 지성피부 관리 계획표

	관리계획 차트 (care plan chart)
관리목적 및 기대효과	목적 · 과도한 피지분비량을 조절한다. · 노화된 각질 제거를 통해 모공 속 노폐물을 깨끗이 제거하여 피부를 맑게 한다. 효과 · 피부 트러블을 예방하고 피부에 청량감을 부여한다. · 피지 분비 조절을 통해 모공 확장을 예방한다. · 과도한 피지분비로 인한 피부 칙칙함을 개선한다.
고객 관리 계획	**1. 관리 회수** 주 2회 피부정화를 위한 각질관리를 규칙적으로 한다. **2. 클렌징** 오전, 오후 클렌징 제품을 이용한 이중 세안을 하고, 피지와 모공 속 노폐물을 깨끗이 정리한다. **3. 딥클렌징** 고마쥐, 또는 스크럽제를 이용하여 피부의 노화된 각질뿐만 아니라 모공 속 피지를 제거한다. **4. 매뉴얼테크닉** 천연오일을 이용해 각질을 용해 · 제거하고 혈액순환을 촉진 시킨다. **5. 팩** 피지 흡착력이 좋은 지성용 팩제인 클레이나 머드팩을 적용하여 생리적 기능의 정상화를 도와준다. **6. 마무리** 알코올 함유가 일정 수준 있는 수렴화장수로 정리하고, 수분 제품으로 보습 케어를 한다.
자가관리 조언 (홈케어)	**1. 세안** 이중 세안을 하고, 주 1~2회 스크럽제로 딥클렌징을 한다. **2. 기초제품 조언** 수렴작용이 있는 화장수와 젤 타입 또는 유분감이 없는 가벼운 느낌의 기초제품 사용하고, 주 1~2회 지성피부전용 팩을 사용하여 과도한 피지 분비를 억제한다. **3. 생활습관 조언** 기름 성분이 많은 음식이나, 자극적인 음식, 과한 음주, 인스턴트 음식을 자제하도록 한다.

4) 복합성피부 관리 계획표

<table>
<tr><th></th><th colspan="2">관리계획 차트 (care plan chart)</th></tr>
<tr><td rowspan="2">관리목적
및
기대효과</td><td>목적</td><td>· 얼굴 (T존과 U존)부위별 맞춤형 유 · 수분 관리를 통해 피부 생리활성을 정상화 시킨다.</td></tr>
<tr><td>효과</td><td>· 노화된 각질을 제거하여 거친 피부를 고르게 한다.
· 부분적(T존)으로 과잉 생성되는 피지를 조절한다.
· 부분적(U존)으로 부족한 수분과 영양을 공급한다.</td></tr>
<tr><td>고객 관리
계획</td><td colspan="2">1. 관리 회수
주 2회 각질관리와 보습, 영양관리를 교차 실시한다.

2. 딥클렌징
주 1회, T존과 U 존을 부위별로 다르게 적용하거나, 효소를 전체적으로 적용한다.
· T- zone : 스크럽, 고마쥐
· U- zone : AHA(건조), 예민(효소)

3. 매뉴얼테크닉
천연오일을 사용하여 거친 피부를 자극 없이 진정시키며, 피지분비량을 정상화 시켜 유 · 수분 밸런스를 맞춘다.

4. 팩
주 1회, T- zone :지성용 팩, U - zone : 영양 팩 관리한다.

5. 마무리
얼굴 부위별 수분과 유분을 적절히 공급하여 얼굴 전체의 유 · 수분 밸런스가 이루어지도록 한다.</td></tr>
<tr><td>자가관리
조언
(홈케어)</td><td colspan="2">1. 세안
이중 세안을 하고, T-zone은 스크럽제(또는 효소)를 주2회. U- zone은 일반 폼클렌저를 사용하여 세안한다.

2. 기초제품 조언
수분함량이 높은 기초제품을 사용하고, T- zone과 U- zone 부위에 적용제품을 각각 다르게 하여 사용한다.

3. 생활습관 조언
보습력이 강한 팩으로 주 2회 적용하며, 충분한 수분 섭취, 규칙적인 식사와 운동, 충분한 수면 관리에 신경 쓴다.</td></tr>
</table>

4. 고객의 자가관리(홈케어)를 위한 화장품의 이해

1) 화장품의 정의

화장품을 뜻하는 코스메틱(cosmetics)은 그리스어로 '코스메티코스(kosmetikos)'에서 유래한 말로써 프랑스어 '코스메띠끄(cosmetique)'가 가장 유사한 발음이다. 영어권으로 넘어가 '코스메틱(cosmetics)'이 되어 현재 전 세계적으로 사용하는 화장품의 단어로 정착하였다. 화장품이 본격적으로 사용되기 전 원래 향취 발산을 목적으로써 한 향료 제품과 피부 청결 및 보호, 수렴, 미화를 주목적으로 하는 화장품을 통틀어서 향장품으로써 사용 하였다. 그러나 최근 향장품 사용 증가와 제조기술이 점점 발달되면서 향료 제품과 향장품의 뚜렷한 구분 없이 화장품으로 불리고 있었던 것을 2000년 7월 1일에 '화장품 법'이 '약사법'에서 독립하여 전문화된 화장품 법을 갖추게 되었고, 이후 수차례의 개정을 통해 현재에 이르고 있다.

(1) 화장품의 구분

① 화장품

"화장품"이란 인체를 청결 · 미화하여 매력을 더하고 용모를 밝게 변화시키거나 피부 · 모발의 건강을 유지 또는 증진하기 위하여 인체에 바르고 문지르거나 뿌리는 등 이와 유사한 방법으로 사용되는 물품으로서 인체에 대한 작용이 경미한 것을 말한다. 다만, 「약사법」 제2조 제4호의 의약품에 해당하는 물품은 제외한다. (화장품법 2조1항)

② 의약품

의약품은 일반인이 아닌 질병을 가진 환자에게 진단 및 치료 목적으로 사용되는 것을 말한다.

③ 의약외품

의약외품은 일반이 사용하는 물품 중에서 약리적 효과의 작용이 있으나 부작용이 허용되지 않는 물품을 말하며 여드름 치료제, 제한제, 육모제, 염모제, 제모제 등이 해당된다.

(2) 기능성 화장품

의약품이 아닌 화장품으로써 제품의 기능에 따라 효능과 효과가 강조된 특정 기능이 강화된 화장품을 말한다.

화장품법에 따르면 기능성 화장품은 다음과 같이 분류된다.

① 피부의 미백에 도움을 주는 제품
② 피부의 주름 개선에 도움을 주는 제품
③ 피부를 곱게 태워주거나 자외선으로부터 피부를 보호하는 데에 도움을 주는 제품
④ 모발의 색상 변화 · 제거 또는 영양공급에 도움을 주는 제품
⑤ 피부나 모발의 기능 약화로 인한 건조함, 갈라짐, 빠짐, 각질화 등을 방지하거나 개선하는 데에 도움을 주는 제품

(3) 화장품의 3대 기능

① 보호 기능 : 피부 수분증발 억제
② 보습 기능 : 피부 유 · 수분 공급
③ 활성 기능 : 피부 영양공급

(4) 화장품의 조건

① 안전성

불특정 다수의 사람들을 대상으로 장기간 지속적으로 사용하는 동안 피부에 대한 자극, 알러지, 독성 등 인체에 대한 부작용이 없어야 한다.

② 안정성

제조 직후부터 화장품을 끝까지 다 사용하는 동안 화장품의 변색, 변취, 변질되거나 분리되는 일이 없어야 하며, 미생물의 오염도 없어야 한다.

③ 사용성

화장품을 피부에 도포 시 발림성, 친화성, 지속성, 흡수성, 퍼짐성이 좋아야 하며, 사용방법이 간편하고 용기의 사용이 편리하여야 한다.

④ 유효성

사용 목적에 적합한 기능을 충분히 나타낼 수 있는 원료 및 제형을 사용하여 피부의 보습, 노화 억제, 자외선 차단, 미백, 세정 작용 등이 우수해야 한다.

2) 화장품의 원료

화장품은 여러 성분의 배합에 따라 제품의 종류와 기능, 제형의 변화가 다양하게 나타난다. 화장품의 배합은 수성원료와 유성원료, 두 성질의 원료를 결합시켜주는 계면활성제를 중심을 구성된다. 이들 원료는 과학기술의 발전과 다양한 소비자의 개성 있는 요구, 화장품 기능이 업그레이드되면서 천연물, 합성물, 생물공학을 이용한 새로운 화장품 성분들이 개발되었다. 원료로 사용되어지는 성분들도 다양화되면서 화장품의 특정 효능을 부여하여 안정적이고 기능적으로 만들어 사용할 수 있도록 화장품이 제조되고 있다.

화장품의 여러 원료 중에 가장 기본 베이스가 되는 수성원료와 유성원료, 계면활성제에 대해 살펴본다.

(1) 수성원료(water)

물에 녹는 성분으로 화장품 제조 시 제품의 용매 역할을 한다.

① **정제수**(water, Aqua)
- 화장수, 크림, 로션 등의 기초물질로 사용
- 물에 불순물이 전혀 없는 깨끗한 정제수 사용

② **에탄올**(ethanol)
- 무색이며 특유한 냄새를 가지고 있고 물과 잘 혼합되는 성질
- 화장품에 사용되는 에탄올은 변성제(프로필렌글리콜, 부탄올)을 첨가하여 만든 변성 에탄올(specially-denatured, SD-alcohol) SD-에탄올 40을 사용
- 청량감, 수렴효과, 소독작용이 있으며, 화장수, 향수 등에 많이 사용

③ **글리세린**(glycerin)
- 보습제의 대표적 원료로 무색 · 무취의 액체
- 물과 에탄올에 용해되며 수분 흡수력이 우수
- 크림이나 유액 등 유화 제품의 원료로 수분증발을 억제하고 점도 유지

(2) 유성원료(oil)

① 식물성 오일

식물의 꽃, 잎, 열매, 껍질 및 뿌리 등에서 추출하여 피부에 대한 자극은 없으나 피부 흡수가 늦고 부패되기 쉽다.

a. 올리브 오일(olive oil)

- 올리브 열매를 냉동 압착하여 추출한 오일
- 식물유 중에서 비교적 흡수가 좋고 에탄올에 잘 녹음
- 마사지 오일, 선탠오일, 에몰리언트 크림 등에 사용

b. 피마자 오일(castor oil)

- 피마자(아주까리)의 종자에서 추출
- 친수성이 높고 점성이 크며 광택이 우수
- 염료의 분산성이 높아서 립스틱의 오일베이스로 주로 사용

c. 아보카도 오일(avocado oil)

- 아보카도 열매껍질을 압착하여 추출
- 지방산의 구성은 올레인산(77%)과 리놀레인산(11%)
- 비타민 A, B2, D, E가 함유되어 있어 건성 피부에 특히 효과적
- 크림, 유액 제품 및 마사지 오일, 유화용오일 등에 사용

d. 아몬드 오일(almond oil)

- 아몬드 씨에서 추출하며, 화장품에 사용되는 것은 Sweet Almond Oil
- 민감한 피부와 유아 피부에 유연 효과
- 크림, 로션의 에몰리언트제, 마사지 오일 등에 사용

e. 마카다미아 너트 오일(macadamia nut oil)

- 마카다미아의 열매를 압착해서 얻은 오일
- 지방산 조성이 인체의 피지와 유사하여 피부 친화성이 우수
- 사용감과 산화 안정성이 우수
- 크림, 로션 등의 유액 제품이나 립스틱 등에 사용

f. 맥아 오일(wheatgerm oil)

- 밀 배아에서 추출하고 비타민 E를 함유
- 항산화 작용, 기초, 메이크업, 모발화장품에 광범위 하게 사용

② 동물성 오일

동물의 피하조직이나 장기에서 추출하며 피부 친화성이 좋고 흡수가 빠르며, 정제한 것을 사용한다. 식물성 오일에 비해 냄새와 색 등 변질이 쉬운 단점을 가지고 있어서 특수한 효과를 내기 위해 사용한다.

a. 밍크 오일(mink oil)

- 밍크의 피하지방에서 추출하며, 촉감이 가볍고 피부 친화성이 좋음
- 유분감이 없으며 건조하고 거친 피부에 사용되고 특히 겨울철에 좋음
- 유아용 오일, 선탠오일, 각종 크림, 모발 제품에 사용

b. 난황 오일(yolk oil)

- 계란 노른자에서 용매 추출하여 얻은 오일
- 레시틴 스테롤, 비타민 A를 함유
- 피부 탄력을 부여하여 민감성 피부용 유화제

c. 스쿠알란 오일(squalane oil)

- 심해 상어간유에서 추출한 오일
- 산화되기 쉬우므로 수소를 첨가하여 탄화수소 전환한 스쿠알란($C_{30}H_{62}$)을 사용
- 인체 피지와 유사한 구성으로 피부에 대한 친화성이 높고 안전하며 화학적으로 불활성오일
- 크림, 밀크 로션 등 기초화장품에 널리 사용

③ 광물성 오일

광물성 오일은 대개 석유에서 얻어지며 정제가 쉽고 무색, 무취에 가깝고 잘 변질되지 않는 특징이 있다. 또한, 화학적으로 안정하고 유화하기 쉬워 광범위하게 사용되고 있으나 피부 부작용의 가능성이 있어 단독으로 광물성 오일을 사용하지 않고 다른 유성 원료와 함께 사용한다.

a. 유동파라핀(liquid paraffin)

- 미네랄 오일(mineral oil)이라고 부르며, 석유 원유를 250~300℃에서 분별 증류하여 고형 파라핀을 제거한 오일

- 피부 표면에서 수분의 증발을 억제하고 사용 감촉을 부드럽게 해주어 크림이나 유액 제품 등에 다양하게 사용
- 마사지 크림으로 활용되며 메이크업 제거가 용하기 때문에 클렌징 크림에 많이 사용

b. **바세린**(vaseline)
- 페트로라튬(petrilatum)이라고도 하며, 석유 원류를 진공 증류하여 얻어지는 물질
- 고형 파라핀과 액상 유동파라핀이 콜로이드(colloid) 상태로 혼합되어 있는 물질
- 크림이나 립스틱 등에 사용

④ **합성오일**(synthetic Oil)

화학적으로 합성한 오일로 다른 오일에 비해 쉽게 변질되지 않으며 사용감이 좋다.

a. **실리콘 오일**(silcone oil)
- 실록산 결합(-Si-O-Si)을 가진 유기규소 화합물의 총칭
- 무색, 투명 냄새가 거의 없으며 퍼짐성이 우수
- 피부 유연성과 매끄러움, 광택을 부여
- 색조 화장품의 내수성과 모발 제품의 자연스러운 광택을 부여

(3) 왁스(wax)

왁스는 기초화장품과 메이크업 화장품에 널리 사용되며 립스틱과 같이 제품을 고형화하거나 광택을 부여하고 제품의 사용감 향상을 위해 사용되고 있다.

① **식물성 왁스**

a. **카르나우바 왁스**(carnauba wax)
- 카르나우바 야자나무의 잎에서 추출
- 식물성 왁스 중 녹는 온도가 가장 높음(80 ~ 86℃)
- 크림, 립스틱, 탈모제 등에 사용

b. **칸델리라 왁스**(candelilla wax)
- 칸데릴라 식물의 줄기에서 얻어지며 녹는 온도가 68~72℃
- 립스틱의 부서짐을 예방하고 광택을 내는 효과로 사용

② 동물성 왁스

a. 밀랍(bees wax)

- 꿀벌의 벌집에서 꿀을 채취한 후 벌집을 열탕에 넣어 분리한 왁스
- 보조 유화제로 사용되며, 립스틱의 경도 조절용으로도 사용

b. 라놀린(lanolin)

- 양털에서 추출하며 피부의 수분 증발 억제
- 보습력을 지닌 피부 유연제로 정제도가 낮을 경우 피부 트러블 유발
- 피부에 대한 친화성, 부착성, 흡수성이 우수

(4) 고급 지방산(higher fatty acid)

지방산은 동물성오일의 주성분이며 일반적으로 R-COOH 등으로 표시되는 화합물로 천연오일과 밀랍 등에 에스테르류로 함유되어 있다.

① **라우린산**(lauric acid)

- 야자유, 팜핵유 비누와 분해에서 얻은 혼합지방산을 분리하여 얻음
- 수용성이 크고 거품이 풍부하게 생기므로 화장비누, 클렌징 폼 등의 세안료에 사용

② **미리스틴산**(myristic acid)

- 팜핵유를 분해하여 얻은 혼합지방산을 분리하여 얻음
- 거품량은 적으나 거품이 조밀하며 기포성도 우수한 편이므로 클렌징 폼 등에 라우린산과 적절한 비율로 혼합하여 사용

③ **팔미틴산**(palmitic acid)

- 팜유나 우지 등을 비누화하거나 고압하에서 가수분해하여 얻음
- 스테아린산과 함께 알칼리로 비누화하여 보조 유화제로 사용
- 크림류의 사용감을 개선할 목적으로 사용

④ **스테아린산**(stearic acid)

- 우지나 팜유를 팜유화하거나 가수분해하여 얻음
- 고급지방산 중 화장품에 가장 널리 사용되는 원료
- 알칼리로 중화하여 보조유화제 또는 안료의 분산력이 우수하므로 안료의 분산제로 사용

(5) 고급알코올(higher alcohol)

천연유지에서 얻거나 왁스, 고급지방산 또는 석유 등에서 합성하여 얻을 수 있다. R-OH의 구조로 탄소 6개 이상의 1가 알코올을 총칭한다. 화장품의 점도를 조절하고 유화를 안정화시키기 위한 유화보조제로 첨가하여 사용하고 있다.

① **세틸알코올**(cetyl alcohol)
- 세탄올이라고 하며 백색 띠며 크림류 등의 유화 제품의 경조를 주며 유화의 안정화를 위하여 사용

② **스테아릴알코올**(stearyl alcohol)
- 유화 제품에 세틸알코올과 혼합하여 사용
- 유화안정화, 점도 조정제로 사용

③ **이소스테아릴 알코올**(isostearyl alcohol)
- 다른 오일과 함께 사용성이 좋으며 에틸 알코올에 용해하고, 유화제품의 보조유화제로 사용

(6) 계면활성제(surfactant)

계면이란 기체와 액체, 액체와 액체, 액체와 고체가 서로 맞닿은 경계면이다. 계면활성제는 서로 다른 성질의 계면 장력을 완화시키며, 한 분자 내에 물을 좋아하는 친수성기(hydrophilic group)와 기름을 좋아하는 친유성(lipophilic group)기를 함께 갖는 물질로써 물과 기름처럼 서로 섞이지 않은 경계면에서 활동할 수 있는 분자이다.

그림 5-3 계면활성제의 분자구조

화장품에 사용되는 계면활성제는 물과 기름을 서로 혼합할 때 계면 장력을 낮추는 데 이때 많은 량의 오일 성분이 수상에 골고루 퍼져있는 상태를 유화제, 많은 량의 워터 베이스에 적은 량의 오일 성분이 녹아 들어간 상태를 가용화제, 안료를 분산시키기 위하여 사용되는 분산제, 세정을 목적으로 하는 세정제로 주로 사용된다.

표 5-6 계면활성제의 분류

피부 유형	관리 방법
음이온성계면활성제 (anionic surfactants)	· 피부 자극이 강하며 세정작용 및 기포형성 작용이 우수하여 세정제품에 주로 이용 · 용도는 비누, 샴푸, 클렌징 폼 등에 주로 사용
양이온성계면활성제 (cationic surfactants)	· 살균 및 소독작용이 우수하며 정전기방지 효과 · 용도는 헤어린스, 헤어트리트먼트 등에 주로 사용
양쪽성계면활성제 (amphoteric surfactants)	· 한 분자 내에 양이온과 음이온을 동시에 가짐 · 알칼리에서는 음이온, 산성에서는 양이온의 특성을 지님 · 피부 안전성이 좋고 세정력, 살균력, 유연 효과 · 용도는 저자극 클렌저, 베이비샴푸 등으로 사용
비이온계면활성제 (nonionic surfactants)	· 피부에 대한 자극이나 독성이 적음 · 유화력, 습윤력, 가용화력, 분산력 등이 우수 · 용도는 화장수의 가용화제, 크림의 유화제, 클렌징 크림의 세정제 등으로 사용

(7) 보습제(moisturizer)

보습제는 수분을 보충하여 피부의 건조함을 막아주고 피부의 촉촉함과 유연함을 유지하게 만드는 물질이다. 피부에 있어서 보습은 세포를 빠르게 재생할 수 있게 하여 피부의 탄력성을 높여주고 주름을 억제하여 피부노화를 지연시킨다. 화장품에 사용되는 보습제 성분은 폴리올류, 천연보습인자(NMF) 성분 및 수분 함유율이 높은 고분자보습제 물질 등이 있다.

① 보습제가 갖추어야 할 조건

- 적절한 보습능력이 있을 것
- 온도나 습도 등 외부환경 변화에 쉽게 영향을 받지 않을 것
- 피부 친화성이 좋을 것
- 다른 성분과의 혼용성이 좋을 것
- 응고점이 낮을 것
- 휘발성이 없을 것

② 보습제의 종류

a. 천연보습인자(NMF)

- 각질층에 존재하는 수용성 성분
- 피부의 수분 증발을 억제하고 건조함을 막아주는 기능
- 구성성분 : 아미노산, 젖산, 요소, 지방산, 폴리펩타이드, 히알루론산, 솔비톨, 콜라겐, 엘라스틴

b. 고분자보습제(유도체)

- 히알루론산 ; 고분자 물질로서 보습제로 널리 사용
- 콘드로이친 황산염 :
- 콜라겐 : 우수한 보습 능력과 물 결합력이 탁월한 원료로 피부 관리제품에도 많이 활용되는 성분이나 물에 녹지 않고 분자량이 커서 피부 깊숙이 침투가 용이하지 않아 효소에 의해 가수분해하여 피부흡수율을 높인 가수분해 콜라겐을 이용하여 화장품 제조에 사용

c. 폴리올(다가 알코올)

- 글리세린(glycerine), 프로필렌글리콜, 1,3 부틸렌글리콜 등 알코올이 사용되며 글리세린은 보습제의 가장 주된 성분으로 피부보호 및 각질층에 수분을 공급하는 기능

(8) 방부제(preservatives)

방부제란 세균이 더 이상 성장하지 못하도록 하거나 확산을 막기 위해 필요한 물질로 화장품의 변질을 방지하고 순도를 유지하기 위해 첨가되며 인체에 해가 없어야 하며 첨가제로 인해 품질 손상에 주의해야 한다. 화장품 제조 시 들어가는 방부제는 제품의 종류 및 특성 그리고 제품 속에 존재할 수 있는 미생물의 종류와 특성에 따라 결정된다.

① 방부제의 종류

a. 파라벤류(parabens)

- 피부에 대한 자극이 적어 화장품에 사용되고 있는 대표적인 방부제
- 미생물 억제 효과에 대한 적용 범위가 넓으며 메틸파라벤과 부틸파라벤을 2:1의 비율로 섞어 사용하여 피부 자극은 낮추고 방부효과는 크게 높임

b. 이미다졸리디닐 우레아(imidazolidinyl urea)

- 무색무취의 백색 분말로 넓은 pH 영역에서 효과적
- 독성이 적어 기초화장품이나 순한 세정제에 많이 사용하며, 단독으로 사용하지 않고 파라벤류에 대한 보조 방부제로 사용

c. 페녹시에탄올(phenoxyethaanol)

- 무색 담황색의 투명한 액체로 미생물의 세포벽을 파괴하거나 세포막의 성질을 변화시켜 번식을 억제
- 파라벤류와 혼합하여 사용하면 효과적
- 메이크업 제품에 주로 이용

② 방부제 조건

- pH 변화에 대한 항균력 유지
- 다양한 종류의 미생물에 효과적
- 일반적인 화장품 성분에 용해성 우수
- 안정성이 높고 피부 자극이 없어야 함
- 화장품에 작용하여 향, 색, 성분 등에 미치는 영향이 없어야 함
- 용기의 재질에 변형이나 손상이 없어야 함

(9) 색소(pigmenst)

색소는 색을 내기 위해 첨가하는 물질로 화장품에 배합되어 시각적 효과를 부여한다. 주로 메이크업 제품에 다량 배합되어 제품의 특성에 맞게 색을 덮어씌워 표현하고자 하는 색채를 통해 아름다움을 연출할 수 있도록 한다.

① 유기합성 색소(organic synthesis pigments)

a. 염료(dyes)

- 물 또는 오일, 알코올 등의 용제에 녹으며 착색
- 빛을 반사, 차단하는 능력 우수
- 화장품 자체에 시각적인 색상을 부여
- 화장품의 용기 또는 포장 및 첨부문서에 기재하여 하는 사항

b. **레이크**(lakes)

- 무기안료의 색조가 선명하지 못한 것을 보완한 안료
- 수용성 염료를 금속 침전물로 부착시킨 불용성 물질
- 내산성, 내알칼리성이 약함

c. **유기 안료**(organic pigments)

- 물이나 오일 등 용매에 녹지 않는 유기합성 색소로 대부분 분말형태
- 무기안료에 비해 빛깔이 선명하고 착색력이 우수
- 내광성 및 내열성이 떨어지나 레이크에 비하면 우수한 편
- 유기용제 녹아 색이 번짐

② **무기 안료**(inorganic pigments)

a. **백색안료**(white pigments)

- 생산량이 가장 적음
- 파우더류의 원료로 사용되는 물질
- 이산화티탄, 산화아연

b. **체질안료**(extender pigments)

- 자체가 색을 내는 것이 아니라 색조를 조절하고 퍼짐성이나 피부 부착력과 같은 사용성을 향상시키며 광택성 등을 조절
- 탈크, 카오린, 마이카

c. **착색안료**(coloring pigments)

- 메이크업 화장품 중 볼연지, 립스틱, 마스카라 등의 포인트 화장품의 다양한 색채를 표현
- 산화철류, 산화크롬, 코칭, 감청

표 5-7 염료와 안료의 비교

염료	안료
물이나 오일에 잘 녹는다.	물이나 오일에 녹지 않는다.
화장품에 시각적인 색상효과를 부여하기 위해 사용	빛을 반사 및 차단하는 능력이 우수

③ **천연색소**(natural pigments)

- 동물, 식물 및 미생물에 의해 얻어지는 색소
- 안정성이 높으며 색조가 선명하고 약리효과를 가짐
- 합성색소에 비해 착색력, 내광성, 내열성, 내약품성 등이 약해 많이 사용하지 않음

④ **진주광택 안료**(nacreous pigments)

- 립스틱, 눈 화장품 등 메이크업 화장품에 진주광택 또는 메탈감을 부여하기 위해 사용
- 규칙적으로 빛을 평형하게 다량 반사하여 진주광택을 내는 색채
- 물고기 비늘을 많이 사용하여 왔으나 최근에 운모티탄을 주로 사용

(10) 산화방지제(antioxidant)

화장품을 장시간 사용하거나 뚜껑을 열어두면 공기 중의 산소와 결합하여 산패가 된다. 화장품의 산패는 악취가 나거나 피부에 자극을 주고, 사용감이 현저히 떨어지는 등 제품의 품질이 저하시킨다. 산화방지제는 화장품의 산화 및 부패를 막아 품질의 상태가 변화되지 않게 하고, 안정성을 지킬 수 있도록 적당한 산화방지제의 종류 및 함량을 선택해야 하며, 화장품 제조 시 산화를 일으키는 불순물을 제거할 수 있도록 한다.

① **토코페릴아세테이트**(tocopheryl acetate)

- 대표적인 산화방지제 중의 하나로 비타민E 유도체
- 피부노화방지와 혈행 촉진 등의 기능

② **부틸하이드록시톨루엔**(butyl hydroxy toluene, BHT)

- 물에는 녹지 않으나 유지와 유기용매에 녹음
- 내열성과 내광성이 우수
- BHA와 혼합 사용 시 안정도를 증가

③ **부틸하이드록시아니솔**(butyl hydroxy anisole, BHA)

- 물에는 녹지 않으나 유지와 유기용매에 녹음
- 유지에 대한 강한 산화방지 효과
- 내열성을 좋으나 내광성은 약함
- BHT와 혼합 사용 시 안정도를 증가

(11) 금속이온봉쇄제(sequestering agent)

화장품에 금속이온이 포함되어 있으면 변취 또는 변색의 원인이 되고 사용감을 떨어드린다. 금속이온봉쇄제는 이와 같은 금속이온이 활동하지 못하도록 첨가는 물질로 EDAT와 Sodium citrate가 대표적이다.

① **에칠렌디아민 테트라아세트산**(ethylenediamine tetraacetic acid, EDAT)
- 금속이온에 의한 침전을 방지하기 위해 화장수와 유화 제품에 사용
- 물에는 용해되지만 에탄올에는 용해되지 않음

② Sodium citrate
- 금속이온에 의한 침전을 방지하고 산화 방지를 위해 사용
- pH의 완충제로 사용

(12) 폴리머(polymer)

폴리머는 점증제, 피막 형성제, 보습제, 계면활성제 등으로 사용되는 수용성 고분자 물질을 말한다.

① **점증제**

화장품의 점성을 증가시키는 고분자물질

a. 무기점증제

점토 광물로서 마그네슘 실리케이트

b. 유기점증제

- 천연고분자

  잔탄검, 펙틴, 전분, 카라기닌, 알긴산 등이 있으며, 잔탄검이 대표적으로 많이 사용하고 잔탄검은 포도당을 발효시켜 얻은 미생물 유래의 검으로 온도에 대한 변화는 적지만 미생물에 오염되기 쉬움
- 반합성고분자

  카르보시메틸셀룰로오스가 대표적이며, 유화 안정성을 지닌 투명한 점성용액을 형성
- 합성고분자

  카르복시비닐폴리머와 폴리비닐피롤리돈 등이며, 카르복시비닐폴리머는 점성이 높은 투명

한 겔을 형성하며 미생물에 대한 오염이 천연검에 비해 적어서 가장 많이 사용

② **피막 형성제**

- 폴리비닐알코올(PVA : polyvinyl alcohol)
  주로 팩에 이용되며, 피막을 형성
- 폴리비닐피롤리돈(PVP : polyvinylpyrrolidone)
  피막 형성 기능과 부착성을 가지고 있어 샴푸나 헤어세팅제 등에 사용
- 니트로셀롤로오스(nitro cellulose)
  단단한 피막을 형성하는 성질이 있어 네일 에나멜에 사용

(13) 향료(fragrance)

향료는 화장품에 좋은 향을 부여하거나 좋지 못한 냄새를 중화하기 위해 첨가는 물질이다. 향은 자체의 향이 주가 되는 향수 제품도 있지만 다양한 화장품에 사용하여 화장품의 보조적 기능 및 제품의 부가가치를 높이고 원료의 특수한 냄새를 마스킹하는 목적으로 사용된다.

① **천연향료**

식물의 꽃이나 잎, 과일의 껍질에서 추출한 식물성 향료와 사향노루, 향유고래 등 동물에서 추출한 동물성 향료를 말한다.

a. 식물성 향료

피부에 대한 자극과 독성이 있어 알레르기가 생길 수 있으나 가격이 싸고 종류가 다양하며, 식물의 꽃, 과실, 종자, 목재, 줄기, 껍질 등에서 추출한 향료

b. 동물성 향료

알코올로 향의 원료를 추출하며 생산량이 적어 값이 바싸고 사용량이 적은 편이나 피부자극과 독성이 없어 피부에 안전

- 사향(musk)
  사향노루의 냄새 주머니를 건조한 것으로 무스콘(muscon)이라는 향료 원료 사용
- 시벳(civet)
  사향고양이의 항낭에서 분비물을 추출하여 제조한 향
- 용연향(ambergris)
  향유고래의 배설물로 제조된 향으로 주원료는 엠브레인(ambrein)

- 카스토레움(castoreum)
  비버(beaver)의 분비물로 제조한 향

② 합성향료

합성향료는 정유, 석유, 콜타르, 유지를 베이스로 화학적 합성에 의해 만들어지는 향료로 베이스원료나 합성 방법에 따라 벤젠계, 인조사향계, 테르펜계로 나눈다.

a. 벤젠(benzene)계 합성향료

- 방향성이 강하고 콜타르나 석유 화학계의 원료로부터 화학합성이 되며 합성이 곤란한 것은 단리향료를 원료로 하다.
- 쿠말린(coumalin) : 크레졸에서 합성한 마른 잎의 향긋한 향기
- 바닐라(vanillin) : 바닐라 방향과 비슷하며 식품향료로 사용
- 페닐에틸알코올(phenylethyl alcohol) : 스틸렌(stillen)에서 합성한 장미향의 향료로 로즈계 조합에 주로 사용
- 헬리오트로핀 : 천연에서 존재하지 않지만 헬이오트로핀의 꽃향기와 비슷한 향을 내며 화정유 조합에 주로 사용

b. 인조사향계 합성향료

- 천연사향의 원료인 무스콘과 유사한 무스크향을 가지는 향료로 합성
- 고급비누나 화장품 조합에 사용
- 시클로펜타카노이드, 에틸렌브라시레이트 등

c. 타르펜(tarpene)계 합성향료

- 이소프렌(C_5H_8)을 구성단위로 하는 중합체로 이루어지는 탄화수소 및 그 유도체의 총칭
- 게라니올(geraniol), 시트로넬롤(citronellol) : 장미와 유사한 향이며 조합향료의 하나
- 시트랄(citral) : 레몬과 같은 상쾌한 향으로 이오논의 제조원료로 사용
- 보르네올(borneol) : 훈향(薰香), 방충용의 용도로 사용되며 값이 저렴하여 비누향료로 많이 사용
- 멘톨(menthol) : 박하유의 주요 원료로 추잉껌, 치약의 청량감을 향상

3) 화장품의 제조기술

화장품을 제품으로 만들어 사용하기 위해서는 기본적인 구성요소로 수성원료, 유성원료, 계면활성제 등을 혼합한다. 서로 다른 성질과 상태의 원료를 용도에 맞게 잘 섞고 조합하여 하나의 제품을 만들기 위해서 계면활성제는 필수적이다. 제품의 사용감과 필요한 유효성을 얻기 위해서 화장품 제조기술인 가용화, 분산, 유화 과정이 적용된다.

(1) 가용화(solubilization)

① 잘 녹지 않는 비교적 소량의 물질을 계면활성제로 수용액 중에 투명하게 용해시키는 것
② 화장품 제조 시 물에 용해되지 않는 원료를 가용화하기 위해서 주로 비이온계면활성제를 사용
③ 종류: 화장수, 에센스, 향수, 헤어 토닉, 헤어 리퀴드 등

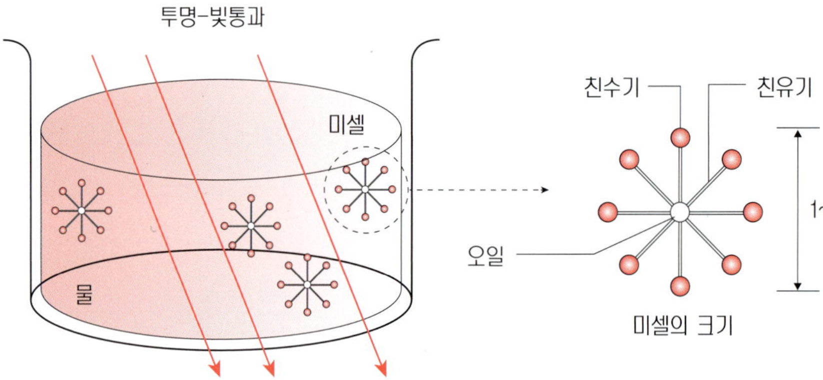

그림 5-4 가용화기법

(2) 분산(dispersion)

① 물과 같은 수상 또는 오일과 같은 유상에 미세한 고체 입자를 골고루 섞어야 할 때 계면활성제를 사용하여 분자가 균일하게 혼합되어 있는 상태
② 계면활성제는 고체입자의 표면에 흡착되어 원료끼리 뭉쳐지거나 뭉치는 것을 방지해주는 역할
③ 종류: 립스틱, 마스카라, 파운데이션, 네일 폴리시

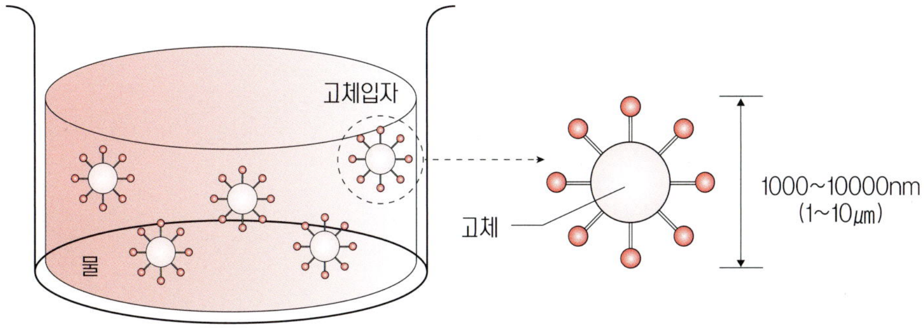

그림 5-5 분산기법

(3) 유화(emulsion)

① 물과 오일처럼 서로 섞이지 않는 두 물질을 안정된 상태의 혼합된 물질로 만들기 위해 첨가해야 하는 것을 유화제라고 함

② 물과 오일처럼 서로 섞이지 않는 성질이 다른 두 물질을 계면활성제를 첨가하여 혼합시키면 우윳빛처럼 불투명한 백탁화 현상이 생김

③ 오일이 물에 입상 형태로 분산되어 있거나, 물이 오일에 분산된 상태

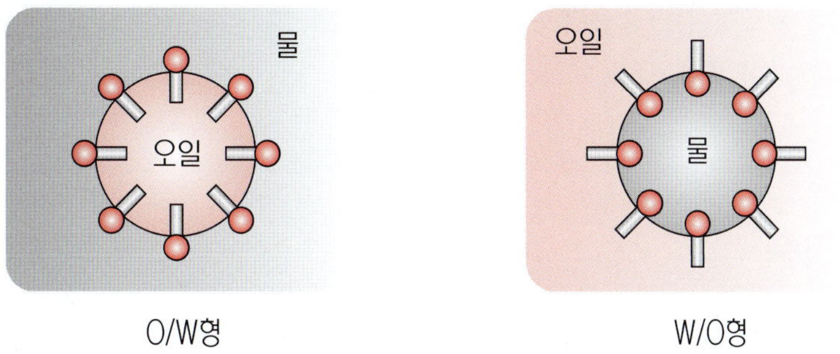

그림 5-6 유화의 형태

■ 유화의 형태

① **수중유형**(oil in water, O/W)

- 다량의 물에 소량의 오일이 섞여 있는 형태
- 약 65~90%의 물로 구성되어 있어 물에 쉽게 희석
- 높은 수분을 지고 있는 우유 빛의 흐르는 액체
- 유동성을 낮추기 위해서는 증점제가 사용됨
- 모이스처라이징 로션, 클렌징 로션, 썬탠 로션 등

② **유중수형**(water in oil, W/O)

- 오일에 물이 섞여 있는 형태
- O/W형 에멀젼보다 유분이 많음
- 피부로부터 수준 손실방지를 도움
- 피부에서 불순물 제거에 유용
- 물과 혼합되지 않으며 대개 끈적한 크림형태
- 나이트용 화장품, 클렌징크림, 헤어크림 등

③ **다상 에멀전**(multiupe emulsion)

- O/W 유화가 다시 오일에 분산된 O/W/O형
- W/O 유가가 다시 물에 분산된 W/O/W형
- 피부에 도포 시 유효성분을 지속적으로 전달
- 다양한 종류의 유효성 첨가물을 유화 입자 내에 포함
- 보습크림, 영양크림 등에 사용

4) 기능성 화장품

기능성 화장품을 나타내는 용어인 코스메슈티컬(cosmeceutical)은 화장품(cosmetic)의 기능과 의약품(pharmaceutical)의 기능을 동시에 가지고 있는 의미로 만들어졌으며, 기능성 제품의 성분은 피부를 재생시키거나 주름을 개선 · 완화시키고 피부에 미백의 효과를 주는 등의 화장품 성분과 의약 성분이 합성된 제품을 의미한다. 이처럼 의약품과 화장품의 중간적 성격을 띠는 제품으로 화장품과는 달리 피부에 대한 효능이 강조되어 일반 화장품이 안정성을 강조한 제품에 비해 기능성 화장품은 안정성과 함께 약리적인 효능과 효과를 강조한 제품이다.

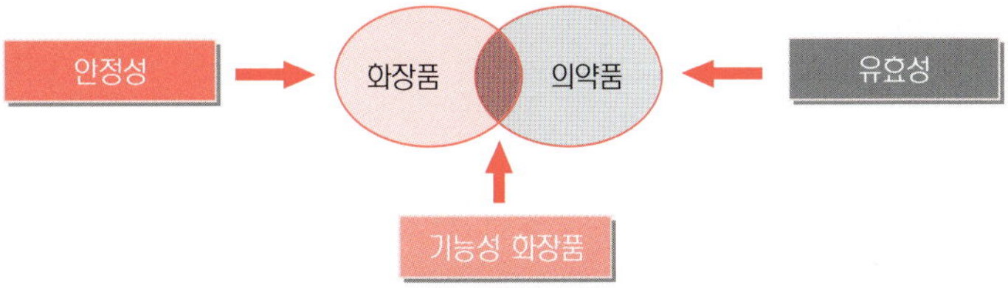

그림 5-7 기능성 화장품의 개념적 의의

(1) 기능성 화장품(화장품법 제2조 제2항)

① 피부의 미백에 도움을 주는 제품
② 피부의 주름개선에 도움을 주는 제품
③ 피부를 곱게 태워주거나 자외선으로부터 피부를 보호하는 데에 도움을 주는 제품
④ 모발의 색상 변화 · 제거 또는 영양공급에 도움을 주는 제품
⑤ 피부나 모발의 기능 약화로 인한 건조함, 갈라짐, 빠짐, 각질화 등을 방지하거나 개선하는 데에 도움을 주는 제품

(2) 기능화장품의 범위(화장품법 시행규칙 제2조)

① 피부에 멜라닌 색소가 침착하는 것을 방지하여 기미 · 주근깨 등의 생성을 억제함으로써 피부의 미백에 도움을 주는 기능을 가진 화장품
② 피부에 침착된 멜라닌 색소의 색을 엷게 하여 피부의 미백에 도움을 주는 기능을 가진 화장품
③ 피부에 탄력을 주어 피부의 주름을 완화 또는 개선하는 기능을 가진 화장품
④ 강한 햇볕을 방지하여 피부를 곱게 태워주는 기능을 가진 화장품
⑤ 자외선을 차단 또는 산란시켜 자외선으로부터 피부를 보호하는 기능을 가진 화장품
⑥ 모발의 색상을 변화[탈염(脫染) · 탈색(脫色)을 포함한다]시키는 기능을 가진 화장품. 다만, 일시적으로 모발의 색상을 변화시키는 제품은 제외
⑦ 체모를 제거하는 기능을 가진 화장품. 다만, 물리적으로 체모를 제거하는 제품은 제외
⑧ 탈모 증상의 완화에 도움을 주는 화장품. 다만, 코팅 등 물리적으로 모발을 굵게 보이게 하는 제품은 제외
⑨ 여드름성 피부를 완화하는 데 도움을 주는 화장품. 다만, 인체세정용 제품류로 한정
⑩ 피부장벽(피부의 가장 바깥 쪽에 존재하는 각질층의 표피를 말한다)의 기능을 회복하여 가

려움 등의 개선에 도움을 주는 화장품

⑪ 튼살로 인한 붉은 선을 엷게 하는 데 도움을 주는 화장품

5) 기능성 화장품의 분류

(1) 미백화장품

미백화장품은 피부에 색소나 잡티가 발생하지 않는 깨끗한 피부를 가질 수 있도록 피부에 착색된 기미, 주근깨 등의 색소인 멜라닌을 다시 환원시키거나 색소가 발생하지 않게 만드는 성분을 첨가하여 제조한다. 멜라닌은 피부색을 결정하는 가장 중요한 요소로서 멜라노사이트 내에 멜라노솜에서 만들어져 주변의 케라티노사이트로 이동한다. 이때 자외선에 노출되면 티로시나아제가 활성화되어 많은 양의 멜라닌 색소가 만들어진다.

① 피부 미백을 위한 기전

- 멜라닌 세포의 작용을 억제
- 멜라닌 세포 신호 전달물질을 차단하거나 티로시나아제 활성을 억제시켜 멜라닌 색소의 생성을 막음
- 이미 생성된 멜라닌 색소를 환원
- 신진대사를 촉진하여 멜라닌이 빨리 배출할 수 있게 하거나 각질이 빠르게 떨어져 나갈 수 있도록 하여 멜라닌 색소의 탈락이 잘 일어날 수 있도록 함
- 자외선을 차단항려 멜리닌 색소 생성을 방지

② 미백화장품의 기능

- 피부에 멜라닌 색소 침착 방지
- 기미 · 주근개 등의 생성억제
- 피부에 이미 형성된 짙은 멜라닌 색소를 보다 엷은 색으로 개선될 수 있도록 함

③ 미백화장품 성분

- 알부틴, 코직산, 닥나무 추출물, 닥나무추출물 : 티로시나아제의 작용억제
- 비타민C 유도체 : 도파의 산화억제
- 하이드로퀴논 : 멜라닌세포 사멸
- 옥틸메틸파바, 이산화티탄 : 자외선 차단

표 5-8 미백화장품의 작용기전에 따른 원료

작용기전	미백 기능성 원료
멜라노사이트 독성	하이드로퀴논
멜라닌 세포 신호 전달 물질 차단	사이토카인 조절물질
활성산소, 자유메디컬 제거	비타민E, SOD, 녹차추출물, 코엔자임(조효소)Q10
티로시나아제 생성 억제	알부틱, 코직산, 감초추출물, 상백피 추출물, 닥나무 추출물, 글루코사민
멜라닌 색소 환원	비티민 C유도제, 토코페롤, 글루타치온
각질층 제거	AHA, 태반 추출물, 살리실산, 레조르신, 레틴산, 아젤라인산

(2) 주름개선 화장품

기능적인 면에서 주름을 개선시켜주는데 도움을 주는 화장품은 피부의 재생능력을 강화하며 노화 방지에 효과가 있는 화장품이다. 주름은 나이가 들수록 점차 깊어지고 그 수가 증가하는데, 피부의 표피층은 물론 진피층이 얇아지면서 수분량이 현저하게 부족해져서 탄력이 감소하여 미세 주름이 생성된다. 주름방지와 탄력유지에 효과적인 주름 개선 제품으로 꾸준히 손질해 주어야 하며 세심하게 신경을 써야 한다.

① 피부에 주름이 생성원인

- 피부 노화가 진행되면서 각화 주기가 길어져 각질층이 두꺼지면서 주름이 발생
- 진피층의 콜라겐(collagen)과 뮤코다당류(mucopolysaccharides)의 감소로 수분이 손실되어 발생
- 광노화에 의한 현상으로써 강한 자외선에 오랜 시간 노출되면 콜라겐과 엘라스틴을 감소시켜 주름이 발생

② 주름개선 화장품의 기능

- 피부 탄력 강화, 주름 완화 또는 개선
- 콜라겐 합성, 표피 신진대사, 섬유아세포 생성 촉진

③ 주름개선 화장품의 성분

a. 레티놀(retinoic acid)

- 비타민A 유도체 중에서 주름을 개선하는 원료로 많이 사용
- 각질이 탈락되는 과정의 시간을 단축시켜 각질세포의 박리가 원활히 일어나게 하고 기저층에서 새로운 세포를 빨리 형성할 수 있도록 함으로써 주름억제 및 탄력에 도움을 줌
- 광노화에 의해 손상된 콜라겐을 회복하고 피부 세포의 분화와 증식에 미쳐 피부의 탄력을 유지
- 과도하게 사용할 경우 피부방어막의 손실로 따끔거리거나 모세혈관 확장, 홍반피부가 될 가능성

b. 아데노신(adenosine)

- 세포 내 성분이므로 피부 침투시 안정성과 지속력이 뛰어남
- 피부 진피층 내 섬유아세포의 DNA 합성을 촉진시켜 헐거워진 피부 속을 채우고 피부의 재생을 증가시켜 노화로 인해 형성된 주름을 개선

c. 레티닐팔미테이트(retinyl palmitate)

- 비타민A 유도체로써 레티놀의 일종이며 피부 침투 시 안정적임
- 각질을 연화시켜 묵은 각질을 정리함으로써 세포를 재생시키고 콜라겐 합성을 촉진하여 피부 탄력 증가, 주름 개선 등의 피부노화 방지 성분

d. 알파-하이드록시산(α-hydroxy acids: A.H.A)

- 약산성으로 글리콜산(사탕수수), 젖산(우유), 사과산(사과,복숭아), 주석산(신포도), 구연산(오렌지,레몬) 등이 있으며, 농도에 따라 필링제로 사용 가능
- 글리콜산이 분자가 가장 작고 피부에 침투가 잘되어 주로 사용되는 대표적인 성분이며, 농도를 조절하여 거의 모든 피부에 적용 가능

표 5-9 주름개선 화장품의 작용기전에 따른 원료

작용기전	미백 기능성 원료
콜라겐 합성증가 (세포재생 촉진)	비타민C, 비타민A(레티노이드), 펩타이드, 아데노신 등
과산화지질 생성 억제 (항산화작용)	비타민E(토콜페롤), 플라보노이드, 폴리페놀, SOD, 코엔자임 Q10, 알파 리포익산등
항염증 작용	감초산 유도체 등

(3) 자외선차단제

① 햇빛의 긍정적 영향

햇빛은 신체와 정신적 안정을 위해 중요한 역할을 한다. 햇빛은 눈을 통과한 뒤 시신경을 자극해서 뇌에서 세로토닌(serotonin)을 분배하게 함으로써 신체 근육을 이완시키고 긴장을 풀어주는 역할을 하며, 간접적으로는 기쁨을 느낄 수 있는 호르몬을 분비해 준다. 자외선 중 UV-B 노출량이 너무 부족하면 피부에 비타민D 합성이 이루어지지 않으며, UV-B 부족으로 인해 소아일 경우 뼈가 제대로 성장하지 못하는 경우도 있다. 적당한 햇빛은 인간에게 심적 행복감을 줄 뿐만 아니라 피부 · 신체 건강 측면에서도 매우 중요하다.

② 햇빛의 부정적 영향

높은 수치의 UV-B는 주로 염증이나 피부화상(light-Erythem)을 일으키는 요인이 되며, 지나친 UV-A는 기미, 잡티 등의 광노화를 일으킨다. UV-A는 자외선 노출량이 날씨와 관계없이 많으며, 베란다 유리 창문까지 투과한다. UV-B가 피부 윗부분까지만 스며든다면 UV-A는 피부 속 깊숙이 스며든다.

③ 자외선 차단제의 역할

80%의 피부 조기 노화현상은 자외선(UV광선)에 의한 원인이 크다. UV(ultra violet) 광선이 강한 여름철에는 장시간 햇빛에 피부를 노출시키지 않는 것이 좋고, 햇빛을 막아주는 피부 고유 기능만으로는 부족하기 때문에 UV광선을 차단시킬 수 있는 제품이 필요하다. 이때 UV-A(약 320-400nm)와 UV-B(약 290-320nm) 두 광선을 동시에 모두 차단시킬 수 있는 제품이 좋다.

④ 자외선 차단제의 올바른 사용법

자외선 차단제는 크림의 성상을 가지고 있기 때문에 피부 속으로 스며드는데 시간이 필요하다. 햇빛으로 나가기 최소 15~30분 전에 발라 주는 것이 효과적이며 피부를 전체적으로 고르게 덮어주어야할 뿐만 아니라, 땀이나 물과의 접촉으로 인해 크림 성분이 씻겨 내리는 것을 방지하기 위해 혹은 선크림의 효능을 지속적으로 유지하기 위해 적당한 시간이 지나 다시 발라주는 것도 중요하다.

⑤ 자외선 차단제의 조건

- 안정성이 높고 독성이 없어야 하며 피부 트러블을 일으키지 않아야 함
- 자외선을 잘 흡수시킬 수 있어야 하며, 폭 넓게 흡수해야 함
- 자외선 또는 열에 노출되었을 때 자외선을 차단시키는 화장품으로써의 기능을 잃지 않아야 함
- 화장품 기본원료와 상용성이 좋아야 함

⑥ 자외선 차단 성분

a. 자외선 흡수제

- 피부에 자외선차단제를 도포한 후 피부의 일정 깊이까지만 자외선을 흡수시켜 화학적 에너지에서 열에너지로 전환시킴으로써 더 깊은 곳의 피부층까지 자외선이 침투하지 못하고 외부로 방출시키는 화학적 자외선 차단제
- 피부에 도포했을 때 사용감이 좋고 하얗거나 뿌옇게 보이는 백탁 현상이 없지만 피부에 대한 자극이 어느 정도 있기 때문에 약하고 예민한 피부 적용 시 주의
- 주요성분 : 옥틸메톡시신나메이트(octyl methoxycinnamate), 옥틸살리실레이트(octyl salicylate), 아보벤존(부틸메톡시벤조일메탄, butyl methoxydibenzoylmethane)

b. 자외선 산란제

- 피부에 닿는 자외선을 그대로 산란, 반사시킴으로써 피부 내부로 자외선이 거의 침투할 수 없도록 하는 물리적 자외선 차단제
- 피부에 대한 자외선 차단 기능이 탁월하며 피부 트러블이 거의 없고 피부 안정성이 우수하여 어린 아이 또는 예민한 피부에 적용 가능
- 피부에 바르면 뿌옇게 백탁 현상을 나타내는 것이 단점
- 주요성분 : 티타니움 디옥사이드(titanium dioxide), 징크옥사이드(zinc oxide), 카올린, 벤토나이트, 탈크 등

표 5-10 자외선 차단 화장품 작용기전에 따른 원료

작용기전	자외선 차단 원료	차단 자외선의 종류
자외선 흡수제 (화학적 작용)	신나메이트	UVB
	살리실레이트	UVB
	안트라닐레이트	UVA, UVB
	옥틸트리아존	UVB
	부틸메톡시디벤조일메탄	UVA, UVB
자외선 산란제 (물리적 작용)	티타늄옥사이드	UVA, UVB
	징크옥사이드	UVA, UVB

6) 피부유형별 활성화장품 성분

화장품은 인체 피부에 직접 도포하여 피부 흡수를 통해 인체의 생리적 기능에도 영향을 미치므로 보다 더 엄격한 품질관리가 철저하게 이루어져야 하며 고도로 정제된 원료를 선별하여 목적에 맞게 잘 이용해야 한다.

화장품의 여러 가지 원료의 성분들을 용도에 맞게 적절하게 배합하여 만들게 되는 화장품은 거의 대부분 수성성분과 유성성분이 차지하고 있다. 현재까지 알려진 화장품을 구성하는 원료는 향, 색소 이외에도 약 2500~3000여종에 이르고 있으며, 가장 기본적인 원료인 수성성분, 유성성분 이외에도 보습제, 고분자화합물, 계면활성제, 산화방지제, 점증제, pH조절제, 방부제 및 활성성분 등이 기본적으로 화장품을 구성하고 있다.

(1) 건성피부용 활성성분

① **콜라겐**(collagen)

3중 나선구조로 만들어진 형태로 과거에는 송아지에서 많이 추출하였지만 현재는 식물성이나 해양성 콜라겐을 사용하고 있다. 보습력이 우수하고, 사용감이 촉촉하지만 열에 약하여 파괴될 수 있어 관리에 주의한다.

② **엘라스틴**(elastin)

동물의 진피로부터 추출한 효소를 분해하여 얻어지는 물질로써 피부 진피의 주성분이나 화장품 성분으로는 수분 증발 억제 작용을 한다. 약간의 끈적임이 있으며 보습효과, 피부 재생작용 및 피부 탄력에 효과적이다.

③ **히아루론산**(hyaluronic acid)

과거에는 수탉의 벼슬로부터 추출하였으나 최근에는 미생물배양을 통하여 얻어진다. 자신 질량의 80배 정도의 수분을 흡수할 수 있는 능력을 가지고 있으며 보습효과, 유연효과, 노화방지에 효과적이다.

④ **알로에**(aloe)

선인장과의 식물로 투명하고 무취이며 수분을 잡는 능력이 우수하다. 보습력이 뛰어나며 항염반응, 진정작용 등이 있으며 건성 및 노화피부, 여드름 및 민감성 피부에 적합하다.

⑤ **세라마이드**(ceramide)

각질층에 있는 지질의 주성분으로써 수분 증발을 억제하고 각질 사이에 접착제의 역할을 한다. 피부에서 자연적으로 생성되고 피부 자극이 없다.

⑥ **해초**(seaweed)

제품을 젤 형상으로 만드는 증점제 역할로 보습, 진정, 유연작용을 한다.

⑦ **글리세린**(glycerine)

보습력이 우수하지만 함유 농도가 매우 높을 경우 오히려 피부 수분을 잡아당겨 올수 있으므로 적절한 사용이 필요하다. 수용성 물질이며 약간의 끈적임이 있다.

⑧ **아미노산**(amino acid)

천연보습인자의 약 40%를 차지하는 주요성분으로 보습력이 강하며 피부 자극이 없다.

⑨ **소듐 피로리돈 카르복실릭 애시드**(sodium PCA)

천연보습인자의 약 12%를 차지하는 주요성분으로 보습력이 강하며 피부 안전성이 높다.

⑩ **솔비톨**(sorbitol)

글리세린의 대체물질로써 과즙의 당 알코올로써 백색이며 무취이다. 고분자이므로 끈적임이 있으며 체리, 건포도, 사과, 해초 등에서 추출한다.

⑪ **우레아**(urea)

천연보습인자의 약 7%를 차지하는 주성분으로 보습력이 강하며 안전하다.

⑫ **레시틴**(lecithin)

동, 식물에 존재하며 특히 계란 노른자와 콩에 많이 함유되어 있어 피부에 윤택함을 부여하며 산화방지제나 보습제, 천연 유화제로 사용하며 리포좀의 원료로 사용된다.

⑬ **1.3 부틸렌 글리콜**(1.3 butylene glycol)

글리세린과 프로필렌 글리콜의 중간정도의 점도를 지니며 방부 효과, 유연제, 보습제로 사용된다.

⑭ **프로필렌글리콜**(propylen glycol)

끈적끈적한 점성을 가지면서 수분을 흡수하는 성질이 있어 보습제로 쓰이고 글리세린 대용으로 사용되며 글리세린에 비해 점도가 낮아 사용감이 촉촉하다.

(2) 지성 및 여드름용 활성성분

① **살리실산**(salicylic acid)

BHA라고도 하며, 지용성이고 살균 및 피지 억제 작용이 있으므로 염증성 여드름에 효과적이다. 카오린, 머드, 무어, 벤토나이트(kaorin, mud, moor, bentonite) 등 클레이 계열로써 불용성 물질이며 피지 및 각질 흡착력이 매우 우수하다.

② **캄퍼**(camphor)

주로 사철나무에서 추출하며 피지조절 및 살균, 항염증, 수렴작용을 하며, 멘톨 향과 유사하다.

③ **유황**(sulfur)

각질을 탈락시키고 피지 억제작용 및 살균의 효과가 있다. 색상은 노란색으로 염증성 여드름에 효과가 좋고 여드름 제품에 주로 사용된다. 단, 민감한 피부에는 자극이 있을 수 있으므로 주의한다.

(3) 노화피부용 활성성분

① **레티놀**(retinol)

비타민 A의 유도체이며 항산화제, 노화, 재생의 대표적인 성분이다. 레티닐 팔미테이트의 안정성이 더욱 우수하다.

② **플라센타**(placenta)

동물의 태반에서 추출하며 수분부족에 의한 잔주름 개선 및 세포 재생 등에 사용된다. 피부 신진대사 촉진, 혈액순환 증진 등 노화피부에 효과가 있다.

③ **토코페롤**(tocopherol)

지용성 비타민으로 경피 흡수력이 매우 좋다. 항산화, 항노화, 산화방지, 재생의 효과가 있다.

④ **레티노이드**(retinoid)

비타민 A에 속하는 물질이며 콜라겐 재생과 미백의 효과를 부여한다.

⑤ **코엔자임 Q10**(coenzyme Q10)

항산화제로써 노화방지 효과가 있다.

⑥ **알란토인**(allantoin)

과거에는 구더기에서 추출하였으나 최근에는 컴프리나무 뿌리에서 추출한다. 세포의 생성을 촉진시키고, 상처치유에 효과적이며 미세한 각질 탈락의 효과로 여드름피부에도 사용가능하다.

⑦ **과일산**(A.H.A)

5가지의 과일산으로 만들어진 성분이며 각질제거 및 보습의 효과가 있다. 피부에 도포 시 따가운 느낌이 있을 수 있고 노화 피부 및 여드름 피부에도 사용가능하다.

⑧ **프로폴리스**(propolis)

각종 비타민 및 아미노산을 함유하고 있다. 피부 진정 및 치유, 항염(소염) 작용 및 면역력 향상의 효과가 있으며 신진대사 증진의 효과가 있다.

⑨ **징코**(gingko)

은행잎에서 추출하며 항산화제로 작용하여 노화방지 효과가 있다. 혈관 벽을 보호하는 작용을 하며 혈액순환을 촉진한다.

⑩ **인삼추출물**(ginseng extract)

인삼에 함유된 사포닌 성분 및 비타민과 호르몬의 함유로 피부 영양공급에 관여한다.

(4) 민감성 피부 활성성분

① **비타민 P**

수용성 비타민으로 모세혈관 강화능력이 있다.

② **비타민 K**

지용성 비타민으로 모세혈관 강화능력이 있다.

③ **비사보롤**(bisabolol)

카모마일에서 추출하며, 진정과 살균의 효과가 있어서 예민한 피부 및 붉은 피부에 효과적이다.

④ **아줄렌**(azulene)

카모마일에서 추출하며, 고유의 짙은 푸른색을 띄며 항염(소염)작용 및 상처나 화상 피부에 진정효과가 있다.

⑤ **위치하젤**(witch hazel)

하마멜리스(조롱나무)의 껍질과 잎에서 추출한다. 진정, 항염증, 상처치유에 도움을 준다. 천연 수렴제로써 아스트린젠트의 성분으로 사용한다.

⑥ **클로로필**(chlorophyll)

식물의 나뭇잎에서 추출하며 피부의 순환작용 및 호흡을 원활하게 도와주며 노화피부에도 효과적이다.

⑦ **카렌듈라**(calendula)

금잔화에서 추출하고 보습효과와 화농 방지효과가 있으며 예민한 피부, 거친 피부, 붉은 피부, 염증이나 부종에도 효과적이다.

7) 아로마오일(aroma oil)

(1) 에센셜오일(essential oil)

에센셜 오일은 식물의 꽃과 잎, 줄기, 뿌리, 열매 등에서 추출하며 아로마오일이라고도 한다. 에센셜 오일은 식물이 가진 고농축 엑기스로써 유색 또는 무색의 기름결정체로 응고될 수 있으며, 식물마다 특징적인 휘발성 향기물질을 가지고 있다. 살아 있는 식물 자체가 가지고 있는 스스로 성장하고 번식하며 외부 환경이나 물질에 대한 방어 및 상처에 대한 치유 작용 등을 가지고 있으며 피부를 통해 체내 흡수되어 혈액순환을 개선시키는데 효과적이다.

에센셜 오일은 식물들의 재배조건, 재배지역, 채취하는 식물의 특정 부위에 따라서 특징 및 효능, 효과가 다르다.

① **에센셜오일의 효능**

- 면역 강화
- 항염 작용
- 항균 작용
- 피부 미용
- 피부진정 작용
- 혈액순환 촉진
- 화상, 여드름, 염증 치유에 효과적

② 취급 시 주의사항

- 100% 순수한 것을 사용할 것
- 원액을 피부에 직접 그대로 사용하지 말고 희석하여 사용할 것
- 식물 자체가 가지고 있는 독특한 휘발성 물질로 인한 알레르기반응을 대비하여 사용 전 패치 테스트를 실시할 것
- 건강하지 못한 컨디션 특히 몸에 열이 있을 때는 사용을 자제할 것
- 휘발성이 강하므로 사용 후 반드시 마개를 닫을 것
- 빛과 열에 약하므로 갈색 병에 넣어 냉암소에 보관할 것

③ 에센셜오일의 사용법

a. 흡입법

손수건, 타올 등에 오일 1~2방울 떨어트려 심호흡을 통해 코로 흡입

b. 확산법

아로마 램프, 스프레이를 이용하여 분자 상태로 확산시켜 흡입

c. 입욕법

전신욕, 반신욕, 좌욕, 수욕, 족욕 등 몸을 담그는 방법

d. 습포법

온수나 냉수 1리터 정도에 아로마 5~10방울 정도 넣고 수건에 적신 후 피부에 붙여 사용

e. 마사지법

피부 상태에 적합한 에센셜 오일을 선택한 후 캐리어(베이스)오일에 희석하여 도포, 흡수시킴

④ 에센셜오일의 종류

a. 라벤더

- 허브의 여왕, 다양한 효능 및 효과
- 여드름, 습진 등 피부질환, 세포 성장 촉진, 피지분비조절, 화상 상처

b. 그레이프 푸룻

- 달콤하고 상쾌한 과일의 향
- 지성 및 여드름 피부에 좋음

c. 제라늄
- 감미롭고 우아한 향
- 비듬, 여드름 제거, 화상, 주름살 완화, 피지 분비 밸런스, 소독작용, 흉터 예방
- 민감성 피부에 자극을 줌

d. 티트리
- 시원한 수풀의 향
- 피부정화작용, 여드름 치료제의 원료
- 여드름 로션에는 필수, 민감한 피부에는 라벤더를 사용

e. 팔마로사
- 달콤한 꽃의 향 (라벤더와 비슷하기 때문에 대체하기도 함)
- 피부질환, 여드름, 노화된 피부의 회복, 수분 밸런스, 피지의 자연적 분비촉진으로 건조 피부에 유익, 세포재생촉진

f. 네롤리
- 매혹적으로 달콤한 꽃의 향.
- 피부세포 성장촉진, 피부 재생 및 탄력유지, 건성, 민감성, 노화 방지에 효과

g. 패츌리
- 흙내음의 소목 향.
- 피부질환 치료, 노화 방지, 수렴 효과, 세포재생, 지성 피부 조절, 비듬 및 노폐물 감소, 여드름, 습진, 건선, 염증, 무좀, 화상에 사용

h. 레몬그라스
- 달콤하고 따뜻한 장미향
- 비만, 비듬, 여드름 제거, 화상, 주름살 완화, 피지분비조절, 수렴균형작용, 피부 연화, 튼살 및 작은 상처를 흉터 없이 아물게 함

I. 레몬
- 신선하고 상큼한 과일의 향
- 미백, 기미, 여드름, 주근깨, 각질제거, 지성피부및 모발, 비만예방, 다이어트에 효과

j. 로즈

- 고즈넉하고 세련된 장미향
- 건성피부, 피부재생(노화 피부) 주름살 방지, 피부탄력, 강한 소염성
- 얼굴에 과다사용 시 자극이 있을 수 있음

k. 로즈마리

- 상쾌하고 깨끗한 향, 라벤더와 상극
- 세포생성촉진, 지성 피부 및 두피 건강, 머리카락 성장

l. 베르가못

- 감귤계의 신선한 꽃의 향
- 지성 피부, 피지 제거, 모공 청소, 모공 수축, 건선 버짐, 여드름 상처, 종기에 효과.

(2) 캐리어 오일(carrier oil : 베이스 오일)

에센셜 오일을 피부에 자연스럽게 잘 흡수시킬 수 있도록 도와주는 기능을 하며, 휘발성이 강한 에센셜 오일을 희석하여 사용하는 식물성 오일이다. 에센셜오일의 향을 방해하지 않게 캐리어 오일은 향이 없어야 하고 피부에 흡수가 용이하며 산화와 부패가 쉬우므로 항상 신선함을 유지해야 한다.

① 종류

a. 호호바 오일(jojoba oil)

- 모든 피부 타입에 적합
- 사람의 피지성분과 화학구조가 유사하여 피부에 트러블이 거의 없음
- 쉽게 산화되지 않아 안정성이 우수
- 침투력 및 보습력이 우수
- 여드름, 습진, 건성 피부에 사용

b. 아보카도 오일(avocado oil)

- 모든 피부 타입에 적합
- 비타민 E 풍부
- 비만 관리용으로 많이 사용

c. **아몬드 오일**(almond oil)

- 모든 피부 타입에 적합
- 비타민 A와 E풍부
- 피부 보습력을 높여주고 건조 방지 효과

d. **윗점오일**(wheatgerm oil)

- 비타민E와 미네랄 풍부
- 피부 노화 방지 효과
- 혈액 순환 촉진 및 항산화 작용
- 습진, 건성 피부, 가려움증에 효과

e. **포도씨 오일**(grape seed oil)

- 비타민E 풍부
- 여드름 피부에 효과
- 피부 재생에 효과적이며 항산화 작용

f. **살구씨 오일**(apricot kernel oil)

- 건조 피부와 민감성 피부에 적합
- 습진, 가려움증에 효과
- 끈적임이 적고 흡수가 빠르며, 유연성이 좋음

THE BASIC SKINCARE

실무편

CHAPTER 06
클렌징

CHAPTER 07
눈썹 정리

CHAPTER 08
딥클렌징

CHAPTER 09
메뉴얼테크닉 관리

CHAPTER 10
팩과 마스크

CHAPTER 11
림프 관리

CHAPTER 12
국가기술자격 미용사(피부) 실기시험 안내

[피부미용 관리 순서 (국가기술자격증 실기 기준)]

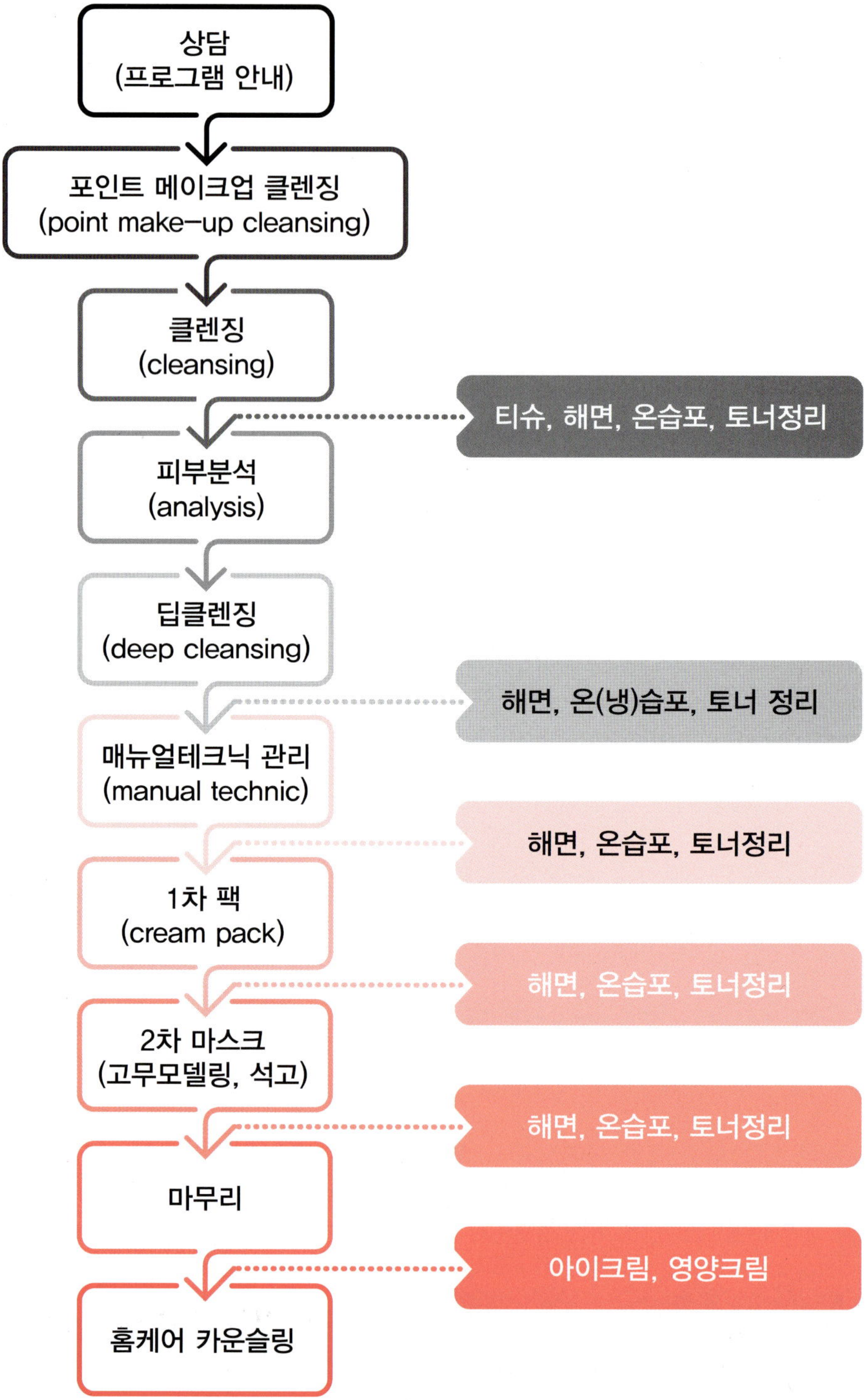

CHAPTER 06

클렌징

1. 클렌징의 이해

클렌징은 피부의 자율적인 생리기능에 의해 피부 내에서 분비되는 피지, 땀, 각질 등의 노폐물과 외부의 환경적 요인으로부터 발생하는 먼지, 오염물질, 메이크업의 잔여물 등의 더러움을 제거한다. 피부유형에 따라 알맞은 클렌징 제품을 선택하여 묵은 각질을 제거하고 표피를 부드럽게 연화하여 다음 단계에 적용할 제품의 흡수를 효과적으로 극대화 시킬 수 있다.

1) 클렌징의 목적 및 효과

얼굴 관리의 기초단계인 클렌징이 깨끗하게 잘 이루어지지 않는 상태에서 피부에 바르는 그 어떤 유효 성분의 제품도 효율적으로 흡수될 수 없으며, 얼굴 관리 후 기대하는 피부미용 효과를 얻을 수 없다. 얼굴 관리의 기초단계인 클렌징은 다음 단계에서 적용하는 피부 관리의 효율성을 높이고 효과를 극대화하기 위함이다.

2) 클렌징제의 특징 및 유의사항

(1) 클렌징의 특징

① 1차적으로 클렌징이 깨끗하게 잘 되어야 한다.
② 피부를 보호하는 피지막을 완전히 제거하지 않아야 한다.
③ 피부의 산성막을 지켜줘야 한다.
④ 피부유형별 특성을 고려하여 적합한 클렌징 제품을 사용해야 한다.

(2) 클렌징 시 유의사항

① 피부의 피지, 먼지, 메이크업의 잔여물 등이 깨끗하게 제거되어야 한다.
② 피부의 약산성 피지막을 전부 파괴하지 말아야한다.
③ 과한 클렌징으로 피부가 당기거나 자극받지 않아야 한다.
④ 피부미용 관리사는 클렌징 진행 시 고객이 불편함을 느끼지 않도록 부드러운 손놀림과 리드미컬한 동작을 끊기지 않고 진행하여야 한다.
⑤ 클렌징은 얼굴뿐만 아니라 데콜테 전체까지 실시한다. 메이크업을 한 고객을 클렌징할 경우에는 포인트 메이크업 전용 리무버를 이용하여 1차 포인트 메이크업 클렌징을 실시한 후 얼굴 클렌징을 시작한다.
⑥ 클렌징은 너무 오랜 시간 진행하지 않아야하며 압을 주고 문지르지 않고 가볍고 부드럽게 빠른 시간 안에 끝내도록 한다.

3) 클렌징제의 분류

(1) 클렌징 단계

① 1차: 포인트 메이크업 클렌징(point make-up cleansing)
② 2차: 안면 클렌징(face cleansing)
③ 3차: 화장수(skin toner) 정리

(2) 클렌징제의 종류

■ **물**(water)

물은 일반적으로 피지, 화장품의 유성성분 등을 깨끗이 씻어내지 못한다.

① 미지근한 물(15~21℃) : 가벼운 세정효과, 가벼운 각질제거 효과
② 따뜻한 물(21~35℃) : 세정효과가 크며, 각질제거 용이
③ 뜨거운 물(35℃ 이상) : 높은 세정효과, 각질제거 용이
④ 찬물(10~15℃) : 가벼운 세정효과

■ **비누**(soap)

비누는 계면활성제가 주성분으로 거품이 풍성하게 나면서 피부의 피지를 제거하여 세안 후

피부의 당김 현상을 강하게 느끼게 하며, 일시적으로 피부의 pH를 알칼리성으로 만든다. 이런 이유로 비누 세안 후 약산성의 스킨 토너를 최대한 빠른 시간에 도포하여 피부를 약산성으로 다시 정상회복 시킨다.

① 대부분이 알칼리성을 띠며, 살균효과가 있다.
② 비눗기가 남아 있으면 피부에 지속적으로 자극을 준다.
③ 피부의 산성막을 파괴하기 쉽다.

■ 클렌징화장품

◆ 포인트 메이크업 리무버(point make-up remover)

눈과 입술 화장을 지울 때 사용한다. 마스카라, 아이라이너, 립스틱 등은 일반 세정용 제품으로 잘 지워지지 않아 포인트 메이크업 전용 리무버 제품을 사용하여 제거해야 눈 주변의 색소침착이 생기지 않는다.

◆ 클렌징 로션(cleansing milk)

친수성 에멀젼(O/W)타입으로 수분 함량이 오일 함량보다 많다.

· O/W 타입으로 친수성이며 느낌이 산뜻하다.
· 가벼운 메이크업 제거 시 효과적이다.
· 물에 잘 용해되는 특성이 있어 부담 없이 사용할 수 있다.

◆ 클렌징 크림(cleansing cream)

친유성 크림(W/O)타입의 제품으로 오일 함량이 전체의 40~50% 정도 차지하고 있다.

· 유분이 많이 함유되어 있어 피지를 많이 제거할 수 있다.
· 유분 함량이 많아 클렌징크림의 잔여물이 다 씻기지 않을 경우 모공을 막아 오히려 여드름을 유발할 수 있어 반드시 이중 세안을 한다.
· 진한 메이크업 제거 시 효과적이다.

◆ 클렌징 오일(cleansing oil)

수용성 계면활성제를 이용해 물에 녹는 수용성 오일을 배합하여 만든 제품이다.

· 물에 용해되는 친수용성 오일을 주로 사용한다.
· 마른 상태의 피부에 오일을 도포하여 문지른 후 물로 씻어낸다.
· 자극이 적어 노화피부, 건조하고 예민한 피부에 적합하다.
· 포인트 메이크업을 제거할 때도 사용 가능하다.

◆ **클렌징 젤**(cleansing gel)

오일 성분이 전혀 없는 젤 형태의 제형으로 사용감이 산뜻하다. 모든 피부에 사용가능하나 수성 클렌징 젤은 세정력이 떨어져 가벼운 메이크업 제거 시 효과적이다.

· 물로 씻어낼 수 있다.

· 이중세안이 필요 없다.

· 오일에 예민한 민감성, 알레르기성, 여드름 피부 등에 사용 가능하다.

◆ **클렌징 워터**(cleansing water)

화장수 타입의 제품으로 소량의 에탄올이 함유되어 청량감을 준다.

· 계면활성제와 소량의 에탄올을 배합한 제품이다.

· 가벼운 메이크업 제거 시 효과적이다.

◆ **클렌징 폼**(cleansing foam)

부드러운 거품을 이용하여 세안하는 제형으로 자극이 없고 이중 세안 시 효과적이다.

(3) 화장수(skin toner)

① 화장수의 기능

피부의 각질층에 수분을 공급하며, 세안 후 남아 있는 잔여물을 닦아내고 세안제로 인한 일시적 알칼리성 피부 상태를 약산성 상태로 돌릴 수 있다.

② 화장수의 종류(화장수의 알코올함량 기준)

화장수의 알코올은 일반적으로 0~10% 정도이며, 10% 이상이면 소독력은 있으나 장기간 사용 시 화장 수 내 알코올의 휘발성 때문에 피부를 건조하고 예민하게 만들 수 있다. 작은 자극에도 예민해지거나 약한 피부들은 알코올 함량이 0~4% 정도 또는 알코올이 전혀 들어가지 않은 무알코올 화장수를 사용하는 것이 좋다. 최근 화장수의 종류와 상관없이 피부의 약산성피지막에 맞추어 pH 수치가 5~6 상태로 제조되어 나온다.

■ **유연화장수 :** 알코올 함량 4~10% 내외, 모든 피부에 사용 가능.

피부의 천연보습인자 등의 보습성분과 유연성분이 함유되어 있으며 알코올 함량이 낮아 건성, 노화피부에 적합하다.

■ **수렴화장수 :** 알코올 함량이 높아 지성피부, 여드름 피부 사용 가능.

흔히 아스트린젠트라고 불리며, 피부의 천연보습인자 등의 보습 성분을 통해 수분을 공급하고 높은 알코올 함량으로 모공을 수축시켜 과잉의 피지나 땀의 분비를 억제한다.

■ **소염화장수 :** 높은 알코올 함량으로 피부에 살균 및 소독 효과가 있어 여드름피부, 지루성피부, 특히 심한 여드름 압출 후 사용에 적합하다.

■ **무알코올화장수 :** 알코올 함량이 0%로 저자극성이며 악건성, 민감성피부에 적합하다.

■ **세정용화장수 :** 클렌징 워터라고 하며, 피부의 세정을 목적으로 메이크업을 지우고 피부의 더러움을 세정할 목적으로 사용된다. 세정용화장수는 계면활성제 함유량이 많으며 일반 화장수에 비해 에탄올 함량이 높고 pH는 알칼리이다.

2. 피부미용 관리를 위한 준비 : 웨건(정리대) 준비

웨건(정리대)은 일반적으로 3개의 층으로 이루어진 3단형을 사용하며, 피부미용 관리에 사용하는 전문 화장품과 기타 도구, 물품들을 세팅하여 사용하기 편리하도록 웨건 위에 준비한다. 웨건 위에 피부미용 관리 제품 및 도구를 세팅하기 전에 반드시 알코올로 소독하고 진행한다.

그림 6-1 웨건

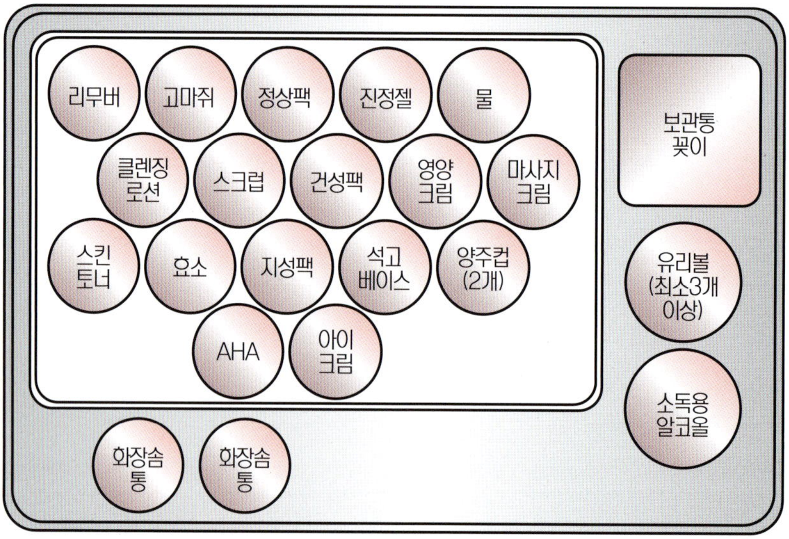

그림 6-2 웨건(정리대) 1단 – 상단

① 소독 스프레이 : 알코올 70% 정도로 손과 물품 소독용으로 사용한다.

② 피부미용 관리에 필요한 제품 : 포인트 메이크업 리무버, 클렌징로션, 딥 클렌징, 마사지크림 or 오일, 크림팩, 토너, 아이&립크림, 영양크림, 석고베이스크림 등

③ 눈썹정리 용품 : 브러시 빗, 눈썹 칼, 가위, 족집게 등을 보관 컵에 넣어 둔 후 눈썹 수정 시 사용한다.

④ 면봉 & 작은 유리컵(양주잔) : 면봉을 작은 컵에 담아 둔 후, 포인트 메이크업 클렌징 시 사용한다.

⑤ 보관 컵 : 팩 브러시, 스파츌라 등 집기류를 담아둔다.

⑥ 스파츌라 : 페이셜/바디전용 크기별 스파츌라를 보관 통에 넣어 둔 후, 제품 등을 덜거나 도포 시 사용한다.

⑦ 유리볼 : 관리제품을 위생적으로 사용하기 위해 준비한다.

⑧ 정수와 정제수 용기 : 사용할 팩 · 마스크 종류에 맞는 온도와 형태의 물을 담아 놓는다.

⑨ 팩 브러시 : 크림타입 제품 도포 시 사용을 위해 준비해 놓는다.

⑩ 화장솜 & 보관통 : 소독한 용기에 마른 화장솜, 젖은 화장솜을 담아놓는다.

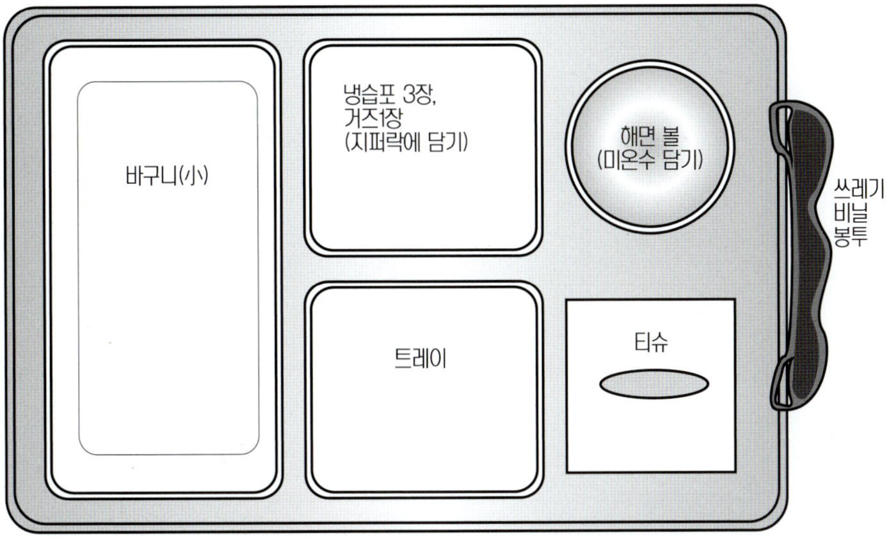

그림 6-3 웨건(정리대) 2단 - 중단

① 바구니(小) : 준비한 해면을 담아 놓은 후 관리 단계마다 제품 등을 닦아내는데 사용한다.

② 비닐 지퍼락 : 냉 습포와 거즈를 담아 놓은 후 적용 단계 맞게 사용한다.

③ 해면볼 : 해면 사용 전 해면을 적셔 사용할 수 있도록 미온수를 담아 준비한다.

④ 미니 트레이(쟁반) : 온장고의 온습포를 담아 가지고 올 때 사용한다.

⑤ 티슈 : 페이셜 전용 티슈로 적용 단계에 맞게 사용한다.

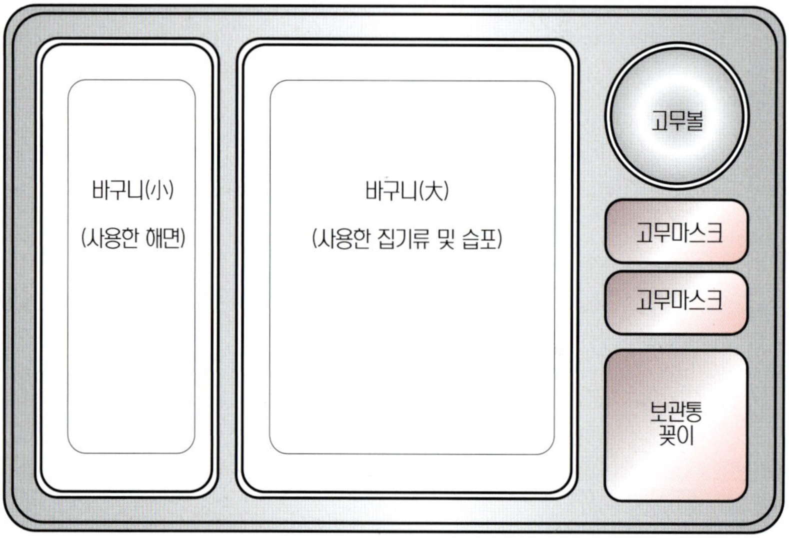

그림 6-4 웨건(정리대) 3단 - 하단

① 바구니(大) : 관리 중 사용한 습포를 담아 놓는다.

② 바구니(소) : 관리 중 사용한 해면을 담아 놓는다.

③ 보관 통 : 사용한 팩 브러시나 스파츌라 등의 집기를 담아 놓는다.

④ 고무 볼과 제형(고무, 석고)마스크 (웨건 1단 또는 2단에 세팅해도 무관)

■ 위의 피부미용 관리를 위한 웨건(정리대) 물품 준비는 국가기술자격 미용사(피부) 실기시험 기준입니다.

3. 피부미용 관리를 위한 준비 : 베드

베드는 규격에 맞게 깨끗한 시트가 덮여있어야 하며 피부미용 관리가 진행되는 동안 고객의 몸을 보호할 가벼운 담요나 대형타월로 적절한 온도를 유지하여야 한다. 베드 위 또는 베드 주변에 준비되어지는 일반물품으로 베드시트, 담요, 대 · 중 · 소형타월, 헤어밴드, 베개, 휴지통, 관리 의자, 정리대, 확대경, 스티머 등이 있다.

① 베드에 시트를 덮은 후, 대형타월을 베드 위에 깔고, 고객이 누울 곳에 중형타월(65×130cm)을 상반신 받침용으로 깔아 놓는다.

② 소형타월(30×80cm) 한 장은 베드 위 고객의 머리와 어깨 부분이 닿을 부분에 깔아 놓고, 나머지 한 장은 고객이 누운 후 고객의 데콜테 부분을 가리거나 가슴 부위에 화장품이 묻지 않도록 덧댄다. (온습포용 5~6장 정도를 준비하여 온장고에 넣어둔다.)

③ 고객이 입을 가운과 터번(헤어밴드)을 준비한다.

그림 6-5 베드

4. 클렌징 적용 과정

1) 1단계 : 포인트 메이크업 클렌징

눈과 입술은 다른 피부 부위에 비해 민감하고, 깨끗하게 지워지지 않은 색조 화장의 잔여물이 남아 눈밑 다크써클이나 눈 주변의 색소 침착을 남길 수 있으므로 반드시 포인트 메이크업 전용 리무버 제품을 사용한다.

(1) 포인트 메이크업 클렌징 준비

- 준비물 : 포인트 메이크업 리무버, 화장솜, 면봉
- 순 서 : 아이섀도 → 눈썹 → 아이라인→ 마스카라 → 입술

(2) 포인트 메이크업 클렌징 방법

① 6장의 화장솜과 면봉을 포인트 메이크업 리무버에 적당량 적시어 유리볼에 담아놓는다.

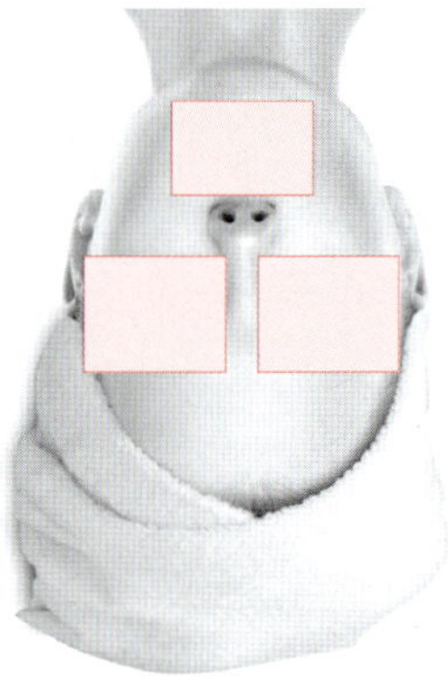

② 포인트 메이크업 리무버에 적신 화장솜을 눈과 입술 위에 올려 밀착해 놓는다.(겉눈썹도 포함)

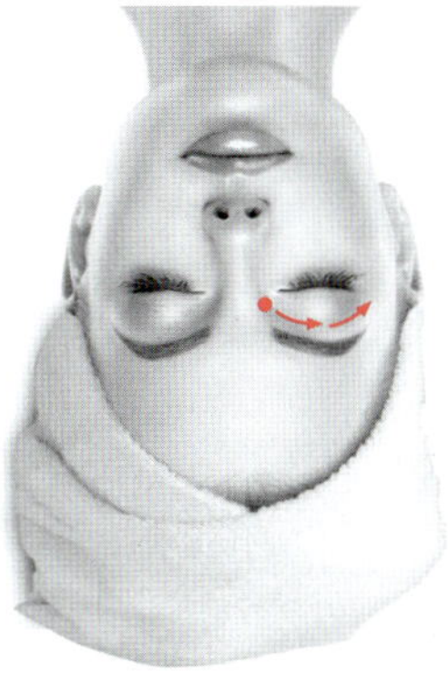

③ 눈 두덩 부위 넓게 닦아주기

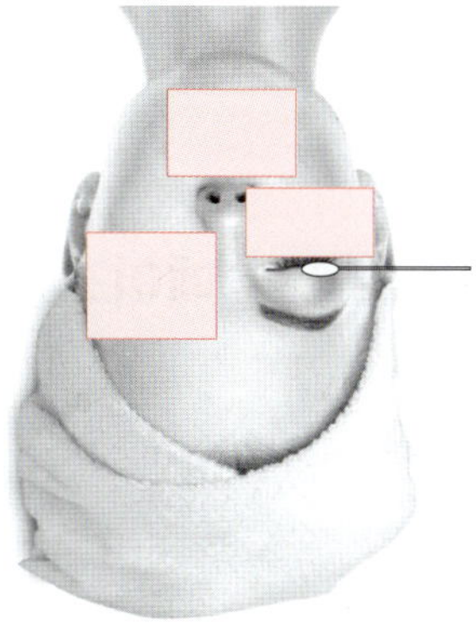

④ 화장솜과 면봉을 이용하여 마스카라 지우기 i

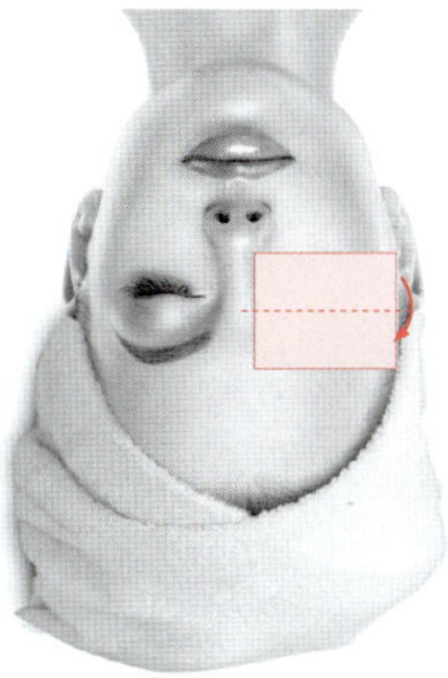

⑤ 화장솜을 이용하여 마스카라 지우기 ii

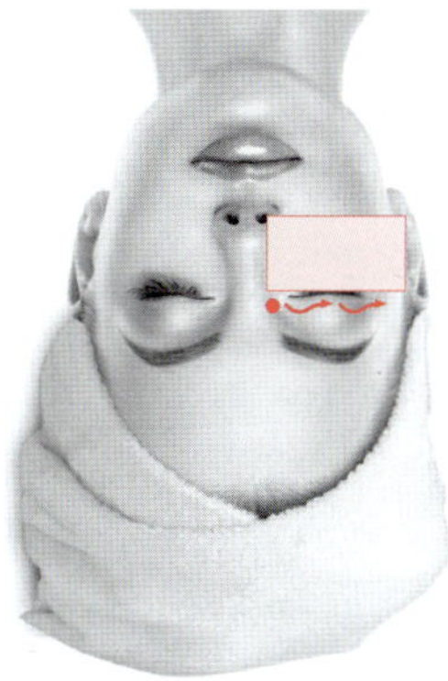

⑥ 화장솜을 이용하여 마스카라 지우기 iii

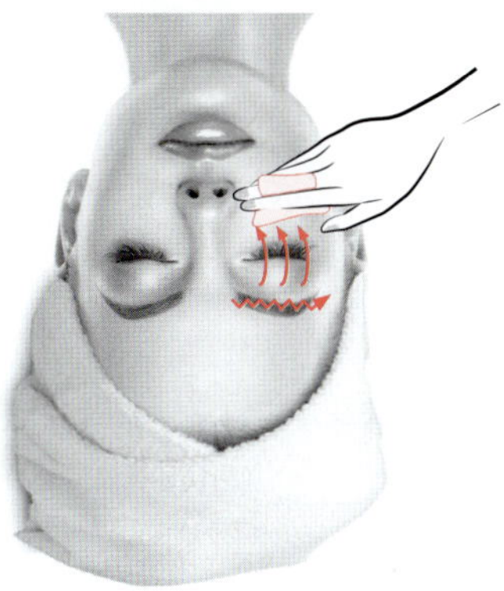

⑦ 아이새도우 지우기

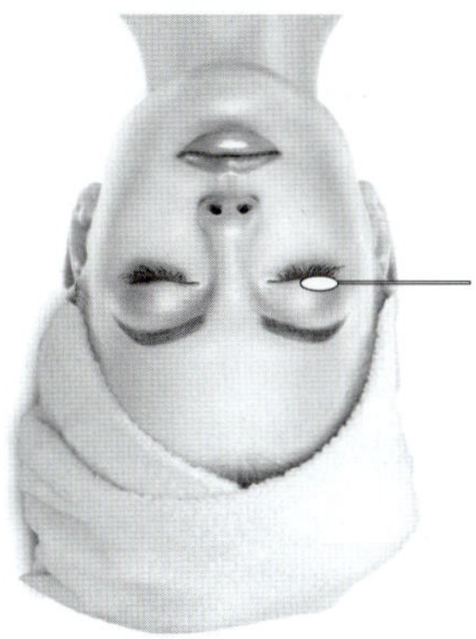

⑧ 아이라인 지우기

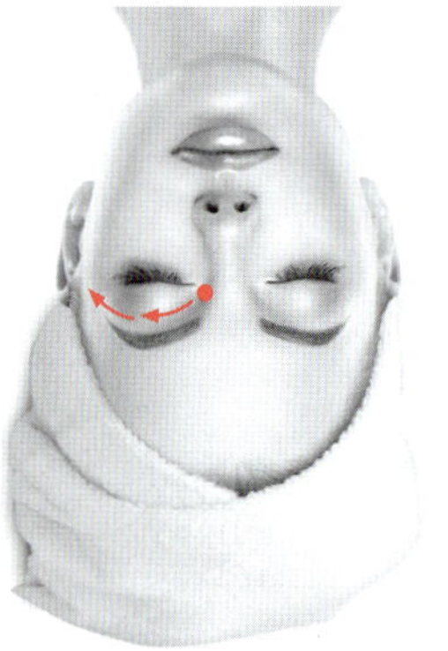

⑨ 반대편도 같은 방법(③~⑧)으로 진행한다.

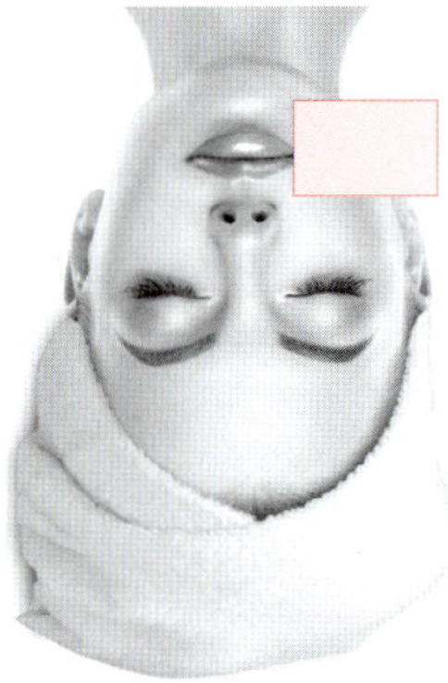

⑩ 입술 메이크업 닦아주기
(종방향 ⇅, 횡방향 ⇄)

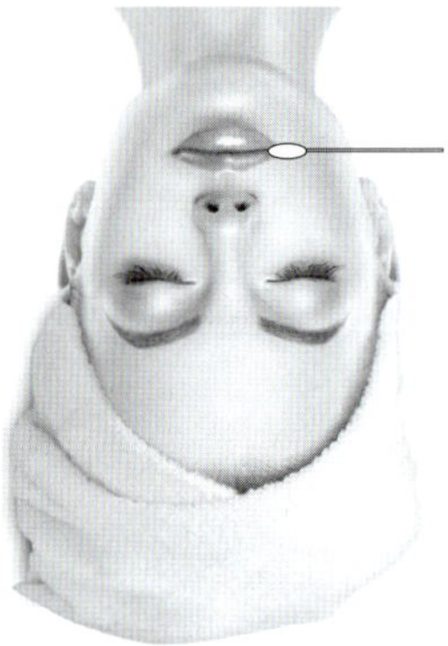

⑪ 면봉을 이용하여 입술 골 사이사이 닦아주기

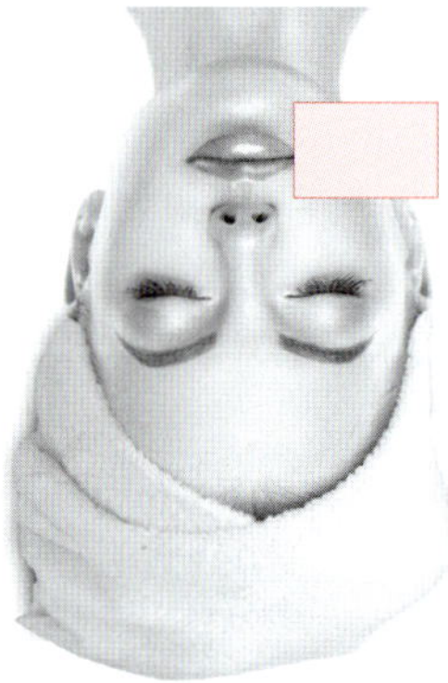

⑫ 입술 잔여물 닦아주기

(3) 포인트 메이크업 클렌징 check point

① **눈썹 :** 한 손으로 눈썹 앞머리를 가볍게 누르고 리무버를 적신 화장솜으로 눈썹머리에서 눈썹 꼬리 방향으로 가볍게 닦는다.

② **아이섀도 :** 눈썹과 마찬가지로 한 손은 눈썹 앞머리를 눌러 고정하고 눈두덩이에서 눈썹 꼬리 방향으로 2~3회 가볍게 눌러 닦는다.

③ **아이라인 :** 리무버를 적신 면봉으로 눈앞 쪽에서 눈꼬리 쪽으로 닦는다.

④ **마스카라 :** 리무버를 적신 화장 솜을 눈 밑에 깔고 면봉을 이용하여 눈썹을 위에서 아래로 닦아 낸 후 눈 밑에 깔려진 화장솜을 눈썹 쪽으로 절반 접어 올려서 눈꼬리 쪽으로 닦는다.

⑤ **입술 :** 한 손으로 입술 끝을 가볍게 누르고 윗입술은 위에서 아래, 아랫입술은 아래에서 위로 닦아 낸다.

■ 다음 그림은 포인트 메이크업 클렌징 도포 순서를 요약하여 나타내었다.

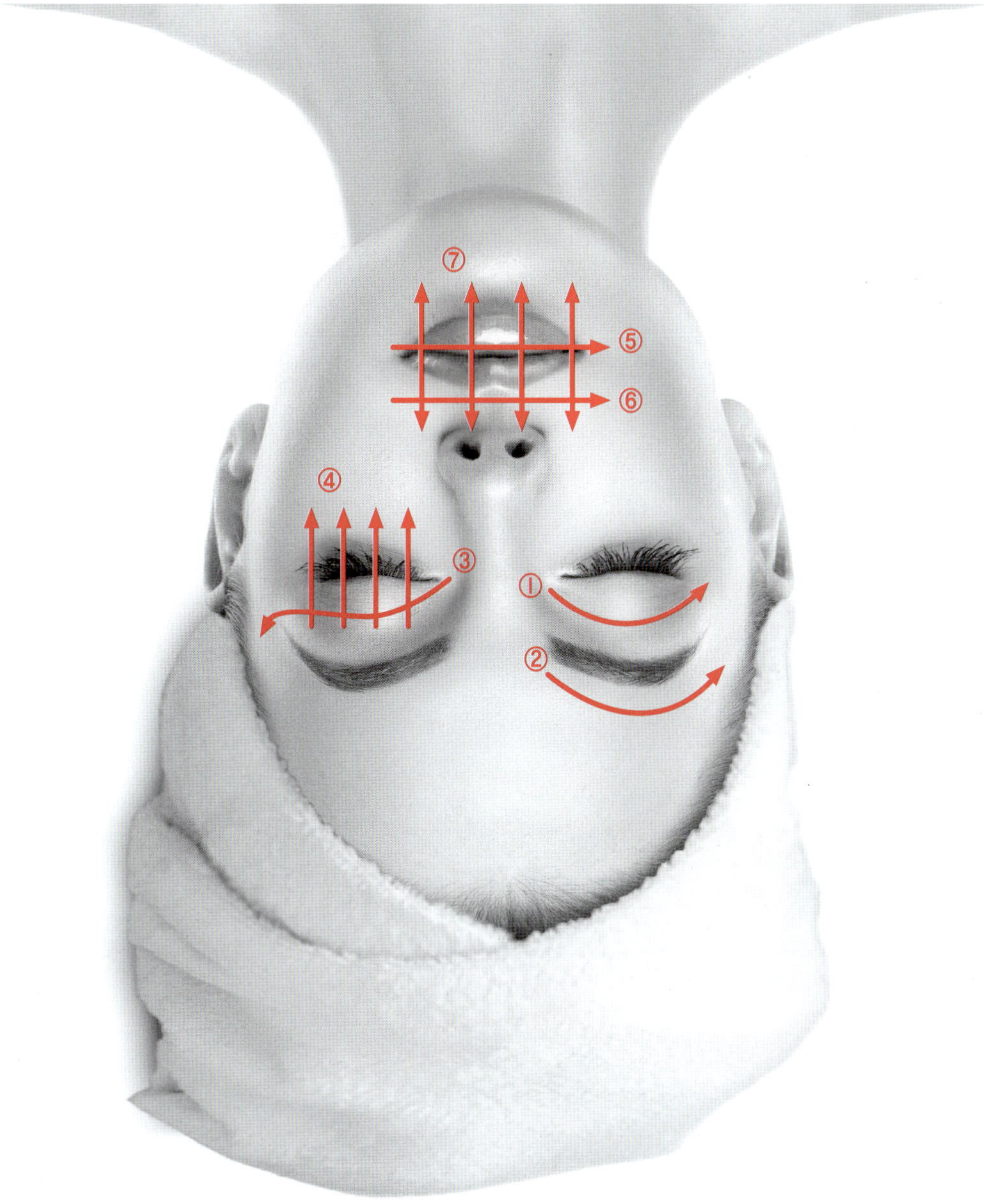

2) 2단계 : 얼굴 클렌징(적용 범위: 얼굴 ~ 데콜테)

얼굴 클렌징은 피부 각질층에 존재하는 필요 이상의 묵은 각질을 제거해주고, 피부에서 분비되는 피지, 땀, 메이크업의 잔여 노폐물 등을 제거하여 피부를 깨끗하게 정리해주는 기초 단계이다. 올바른 얼굴 클렌징의 기초단계는 피부의 청결과 위생 및 건강한 피부상태를 유지하여 맑고 투명한 피부 톤으로 가꾸어 줄 수 있다. 또한 얼굴의 혈액 순환을 촉진하여 얼굴관리의 각 단계별 효율성을 극대화 시킨다.

(1) 얼굴 클렌징 도포 준비

손 소독 실시 후 클렌저를 유리볼에 덜어 각 부위(이마, 볼, 턱, 목, 데콜테)에 적당량 찍어 놓는다. 유리볼에 남아 있는 클렌저를 이용하여 손의 온기를 느낄 수 있는 적당한 온도가 되도록 마찰한 후 클렌징 도포를 시작한다.

(2) 얼굴 클렌징 도포 방법

■ 얼굴 클렌징 도포 동작을 설명에 맞추어 도안 위에 직접 그려 봅니다.

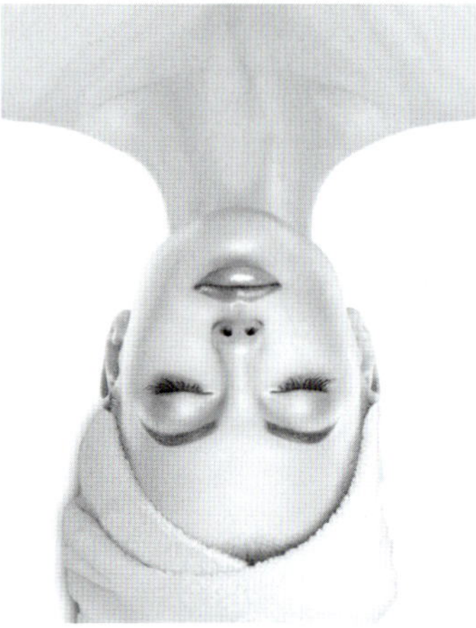

① 데콜테를 손바닥 전체를 이용하여 가로방향으로 도포한다.

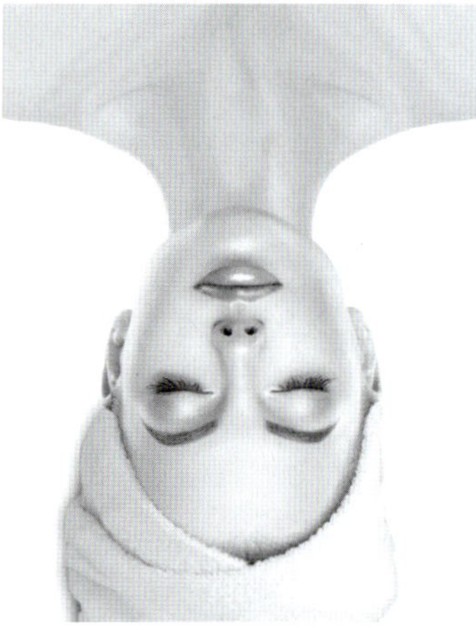

② 목은 손바닥 전체를 이용하여 세로방향으로 도포한다.

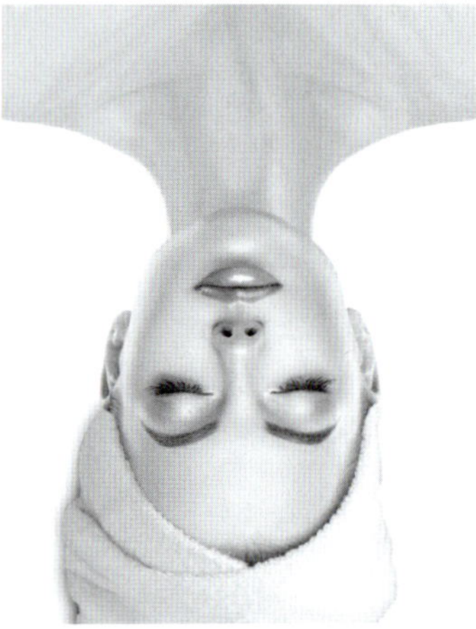

③ 턱 선과 턱밑 전체를 손바닥 전체로 감싸며 도포한다.

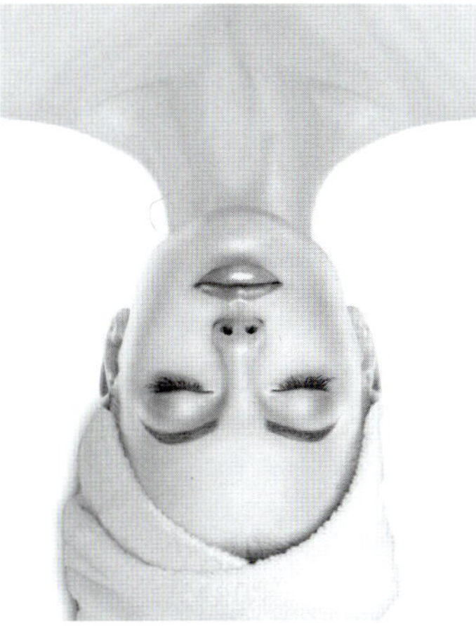

④ 양 볼을 손가락 전체를 이용하여 중앙에서 바깥쪽 방향, 나선형을 그리며 도포한다.

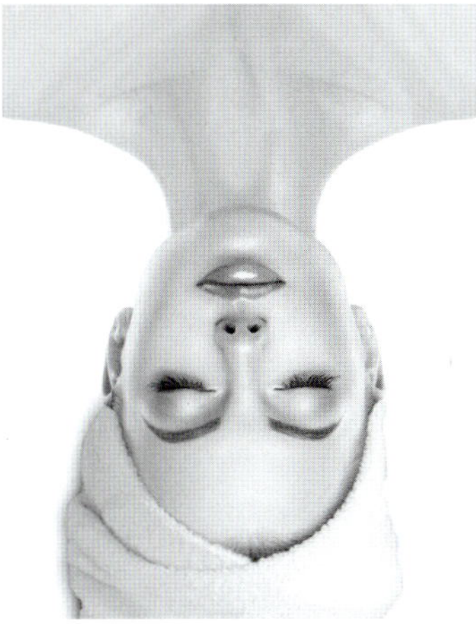

⑤ 입술 주변을 엄지를 이용하여 전체 라운딩하며 도포한다.

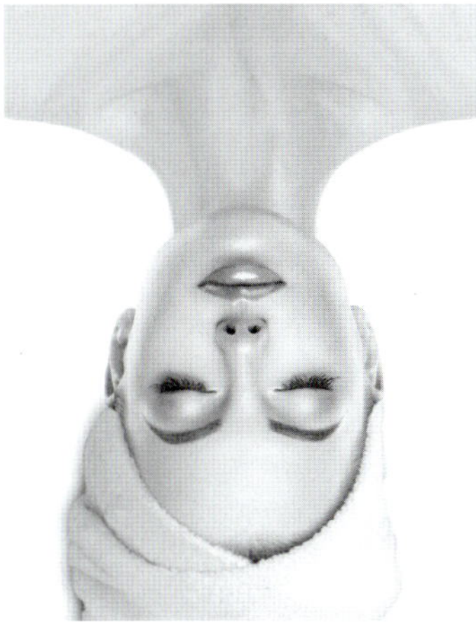

⑥ 3,4지를 이용하여 콧망울을 둥글게 돌린 후 콧등에서 미간으로 쓸어 올린다.

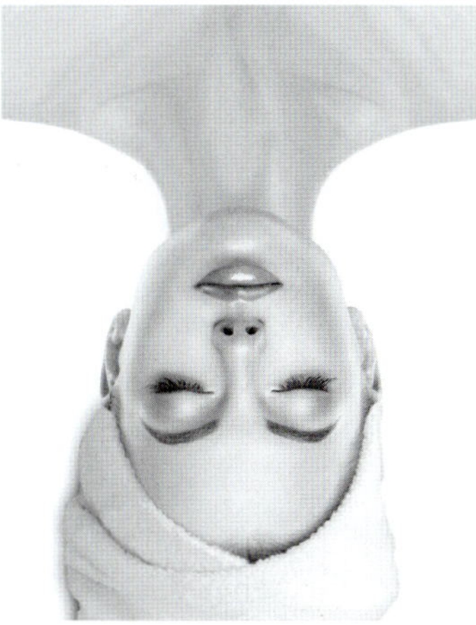

⑦ 눈썹을 지나 관자놀이 방향으로 눈 부위를 라운딩하며 도포한다.

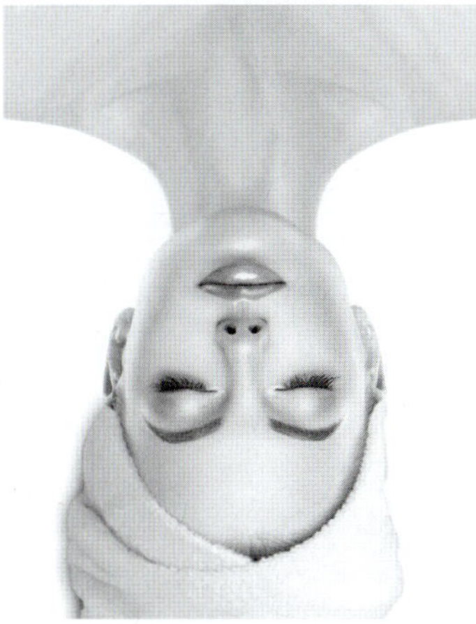

⑧ 손바닥을 이마에 밀착하고 양손을 가로방향으로 왕복하며 이마 전체를 도포한다.

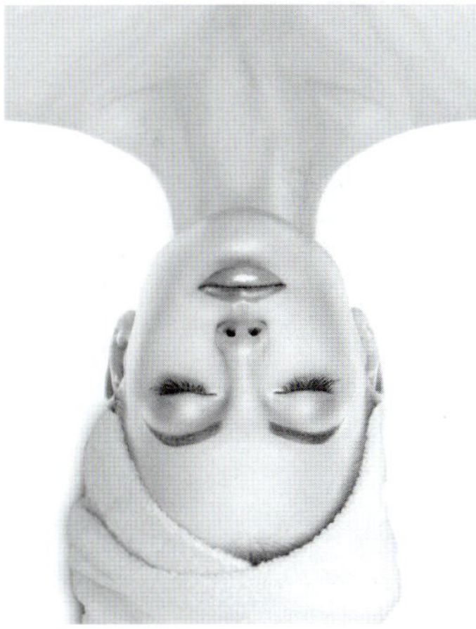

⑨ 이마에서 얼굴 측면을 따라 턱 끝에서 목선을 따라 내려오면서 양 손을 어깨에 고정시켜 끝낸다.

(3) 클렌징 도포 요약

■ 다음 그림은 클렌징 도포 순서를 요약하여 나타내었다.

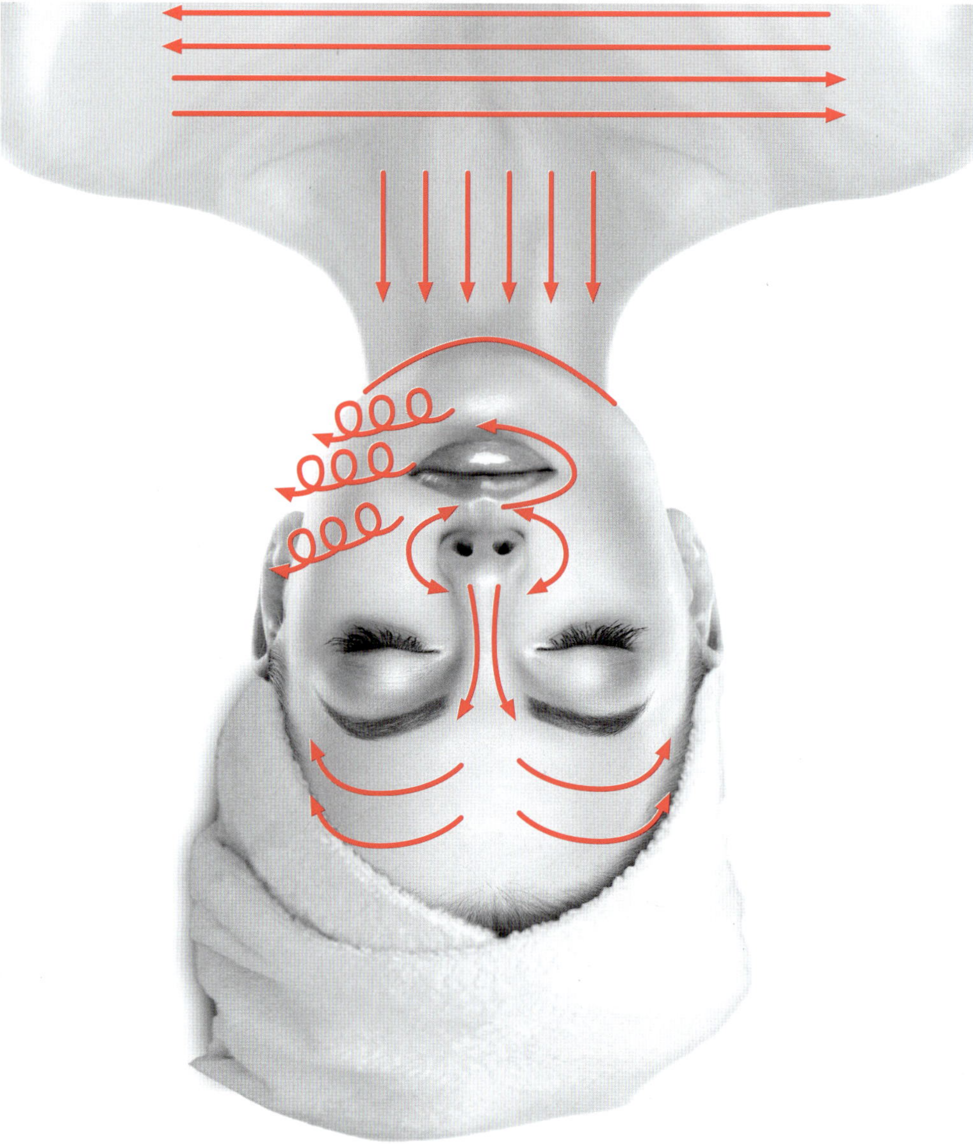

(4) 얼굴 클렌징 동작

① 데콜테 쓰다듬기 3회

손바닥 전체를 이용하여 데콜테를 가로방향, 나선형을 그리듯이 반복하여 쓰다듬기 한다.

② 목 쓰다듬기 왕복 3회

목 부위를 세로 방향으로 목의 왼쪽, 중앙, 오른쪽 순으로 쓰다듬기 한다.

③ 턱선 마찰하기 3회

양 손 엄지를 이용하여 턱 중앙 부위에서 아랫방향으로 작은 반원을 그리며 마찰하기 한다.

④ 볼 전체 쓰다듬기

볼 전체를 턱에서 이마 방향으로 3등분하여 엄지손가락 측면을 밀착, 나선형으로 쓰다듬기 한 후 손바닥 전체로 양볼 원을 그리며 쓰다듬기 한다.

⑤ 입 꼬리 마찰하기 3회

양 손 3,4지를 이용하여 입 꼬리 부위에 작은 '8'자 모양으로 마찰한다.

⑥ 코 주변 쓰다듬기

양 손 중지를 이용하여 작은 원을 그리며 코 끝 → 콧망울 → 코벽 방향으로 쓰다듬기 한다.

⑦ 눈 주변 쓰다듬기 3회

양 손가락을 이용해서 눈가 주변을 가볍게 쓰다듬기 한다. (관자 → 눈아래 → 청명 → 찬죽 순서로 진행)

⑧ 이마 전체 쓰다듬기 왕복 3회

손바닥을 밀착, 양손을 번갈아가며 가로 방향으로 쓰다듬기 → 이마 중앙에서 시작하여 오른쪽 관자놀이 → 왼쪽 관자놀이로 원을 그리며 왕복 3회 쓰다듬기 → 이마 중앙에서 각(좌, 우) 관자놀이에서 가볍게 마무리 한다.

⑨ 관자놀이와 볼 부위 8자 그리기 3회

관자놀이에 작은 '8'자 모양으로 3번 나선형 그린 후 양 볼 전체에 큰 '8'자 모양으로 쓰다듬기 한다.

⑩ 얼굴 전체 쓰다듬기

양 손을 이용하여 턱 끝 → 구각하체근 → 코 벽을 따라 이마로 연결하여 얼굴 전체를 가볍게 쓰다듬기 한다.

⑪ 마무리하기

양 손을 이용하여 이마에서 좌, 우 관자놀이 부위를 지나 얼굴 측면을 타고 내려가서 턱 밑 중앙에서 양 손 교차로 빼며 마무리한다.

■ 얼굴 클렌징 동작을 순서에 맞춰 설명과 도안을 함께 학습합니다.

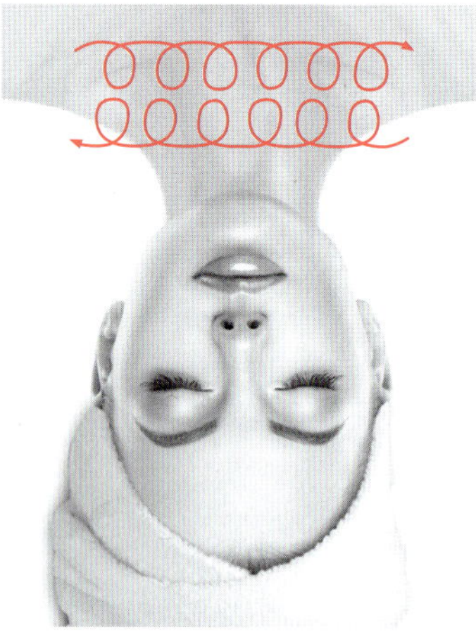

① 데콜테 쓰다듬기 3회

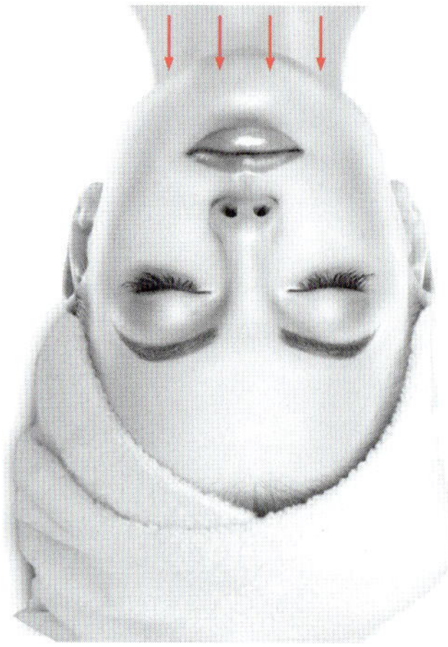

② 목 쓰다듬기 왕복 3회

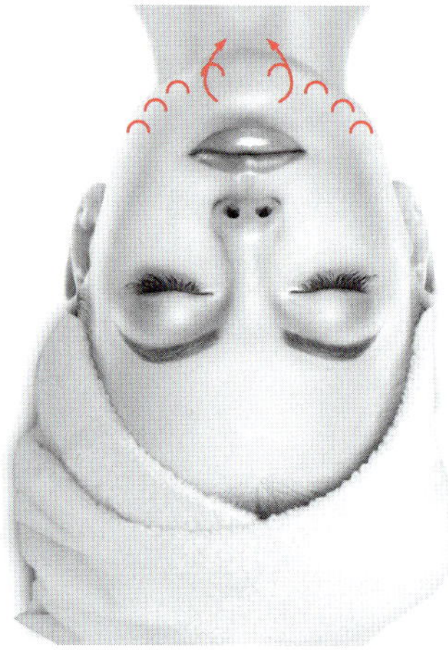

③ 턱선 마찰하기 3회

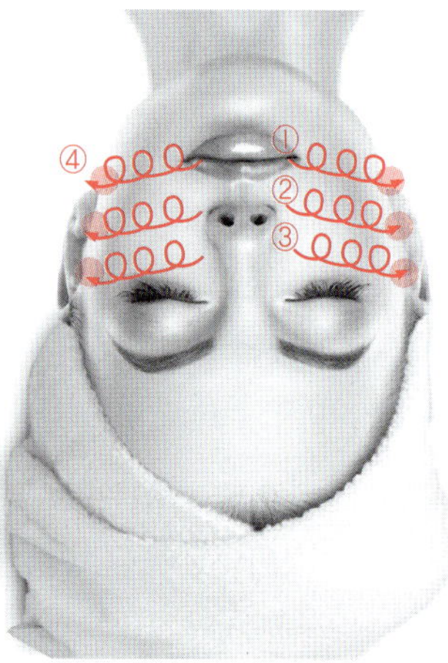

④ 볼 전체 쓰다듬기

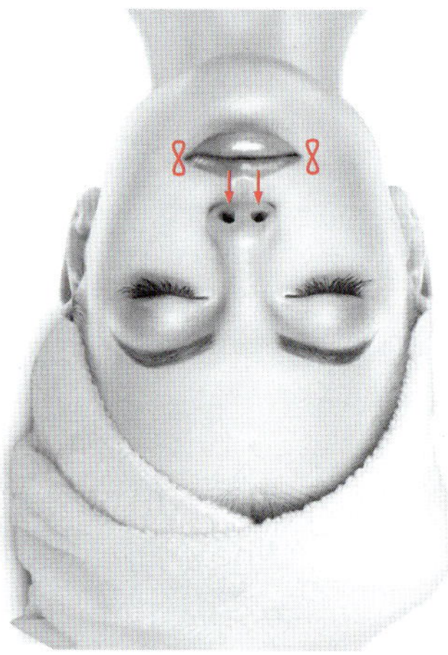

⑤ 입 꼬리 마찰하기 3회

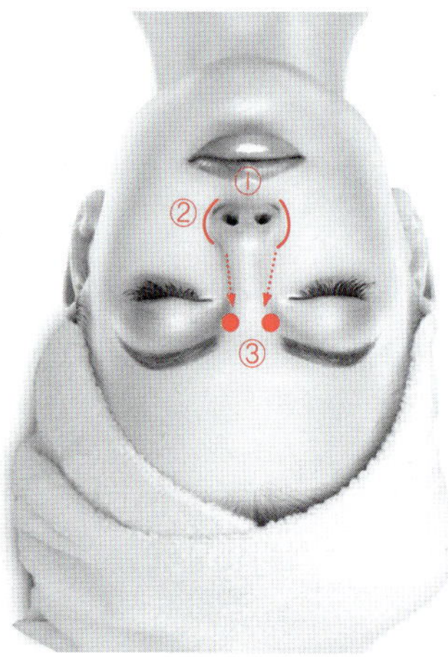

⑥ 코 주변 쓰다듬기

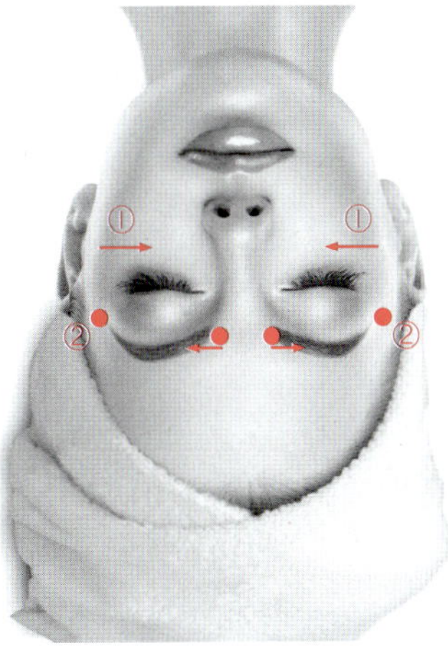

⑦ 눈 주변 쓰다듬기 3회

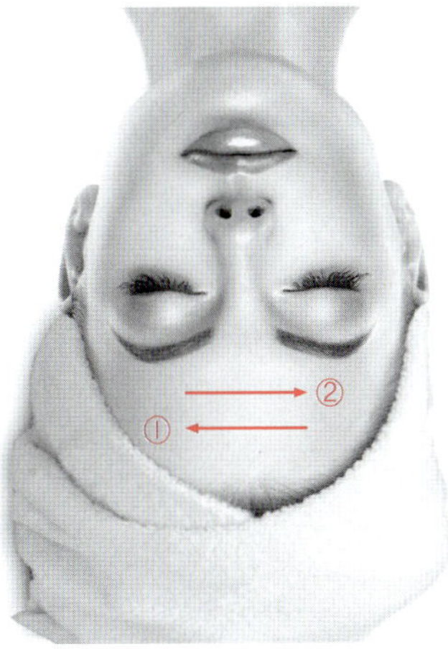

⑧ 이마 전체 쓰다듬기 왕복 3회

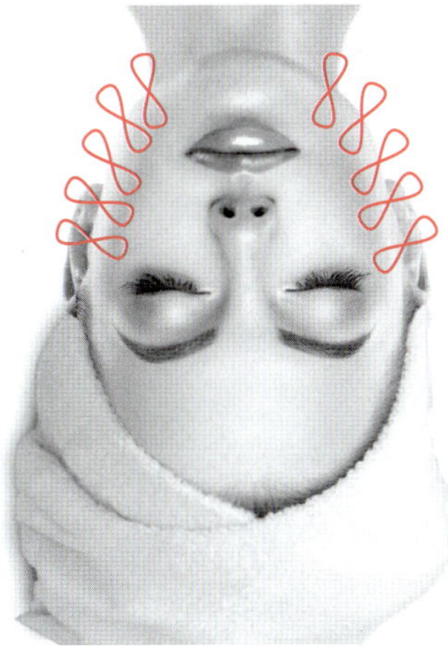

⑨ 관자놀이 작은 '8'자와 양 볼 전체 큰 '8'자 그리기 3회

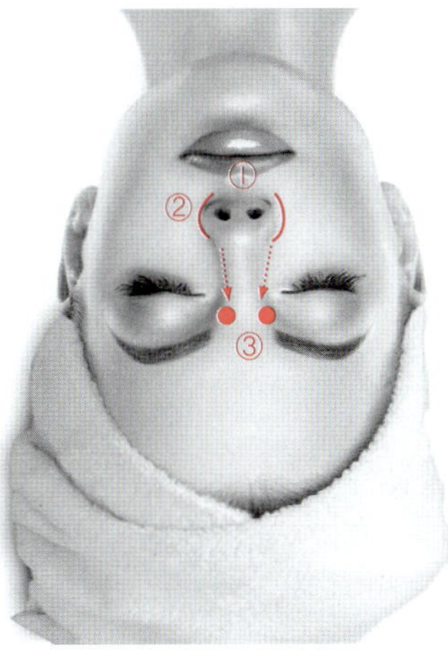

⑩ 얼굴 전체 쓰다듬기

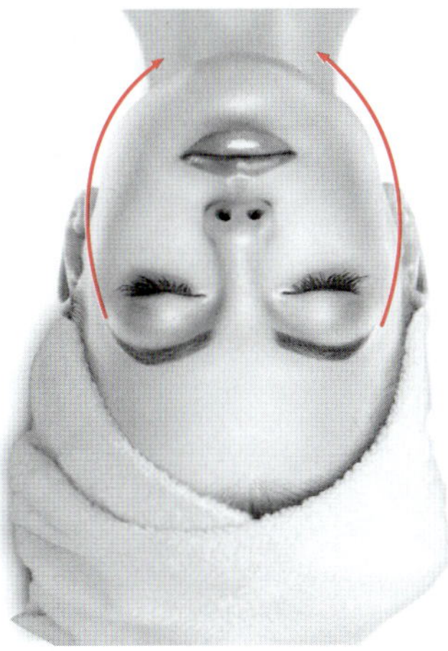

⑪ 마무리하기

5. 티슈 사용

티슈는 경우에 따라 생략 가능하며 유분이 많은 제품을 사용할 때 적용한다.

티슈를 사용할 시 문지르듯 강하게 닦아내면 피부에 자극을 주게 되므로 반드시 가볍게 눌러 유분기만 살짝 흡수시킨다.

1) 티슈 적용 과정 (티슈 사용은 선택)

① 티슈를 삼각(또는 사각)형으로 접은 후 평평한 부분을 코끝 선에 맞추어 3지로 영향점, 2지로 눈머리를 누르면서 엄지로 헤어라인을 따라서 관자놀이 방향으로 부드럽게 쓰다듬으며 유분기를 흡수시킨다.

② 접은 삼각 티슈 한쪽 모서리를 잡고 다른 모서리 부분을 반대로 뒤집어 코 아래 부위에 놓는다. 양 손 사지를 사용하여 볼과 턱 선을 쓰다듬으며 유분기를 흡수시킨다.

③ 삼각 티슈를 1/2씩 접어가면서 목 전체를 가볍게 누르며 유분기를 흡수시킨다.

④ 데콜테 부위에 한쪽씩 양쪽으로 티슈를 얹고 가볍게 눌러 유분기를 흡수시킨다.

⑤ 티슈를 삼각 혹은 사각으로 접어 손가락에 끼우고 헤어라인, 청명, 영향, 지창 등 유분이 잘 흡수되지 않는 부위를 꼼꼼하게 눌러서 흡수시킨다.

■ 티슈 적용 과정을 순서에 맞춰 설명과 도안을 함께 학습합니다.

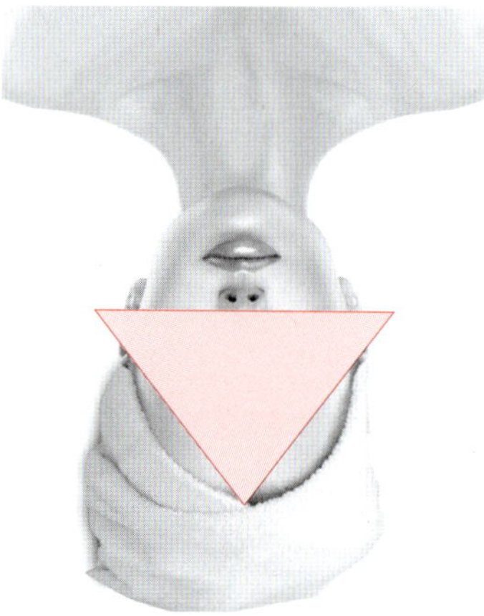

① 티슈를 삼각(사각)으로 접어 코끝 위로 올리기

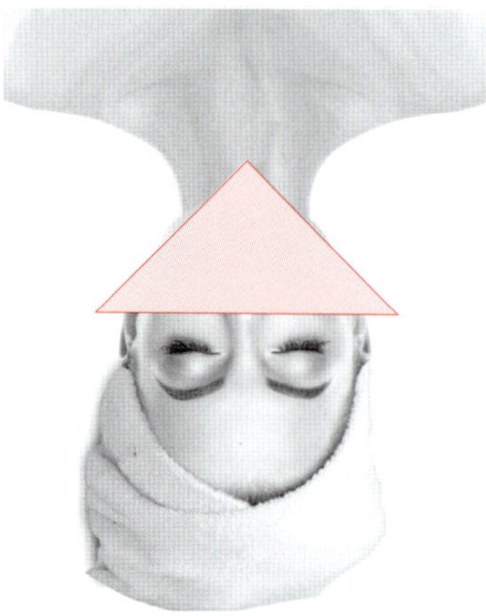

② ①반대로 뒤집어 코끝 아래로 티슈 내리기

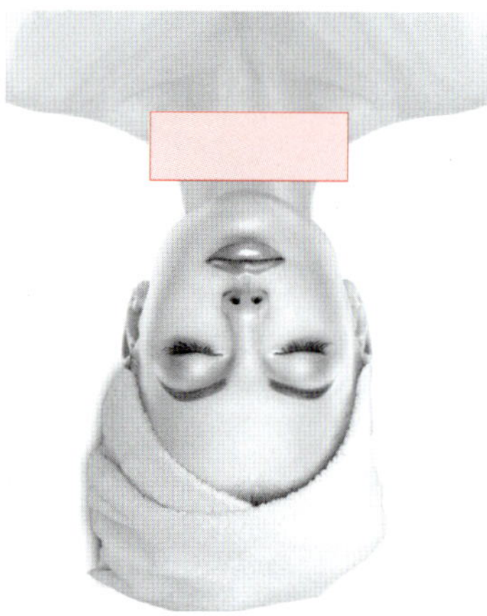

③ 티슈를 1/2씩 접어가며 목 부위 닦기

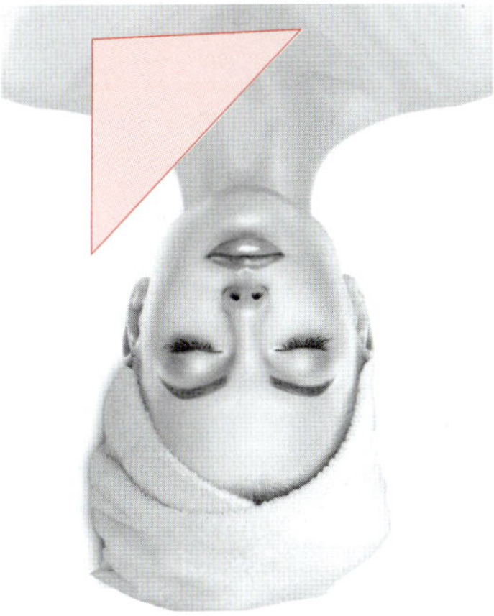

④ 데콜테 왼쪽 부위에 티슈 얹기

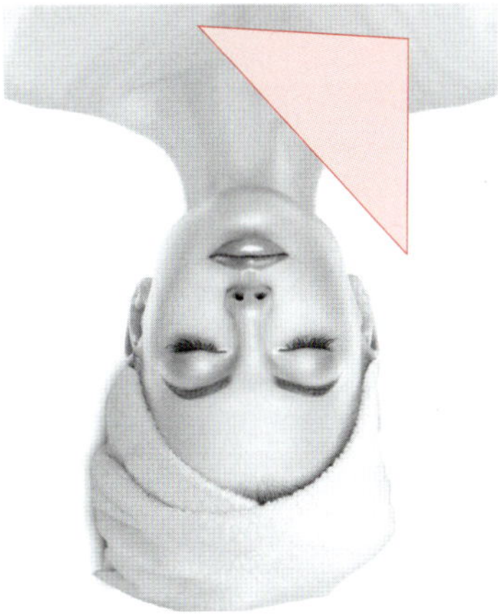

⑤ 데콜테 오른쪽 부위에 티슈 얹기

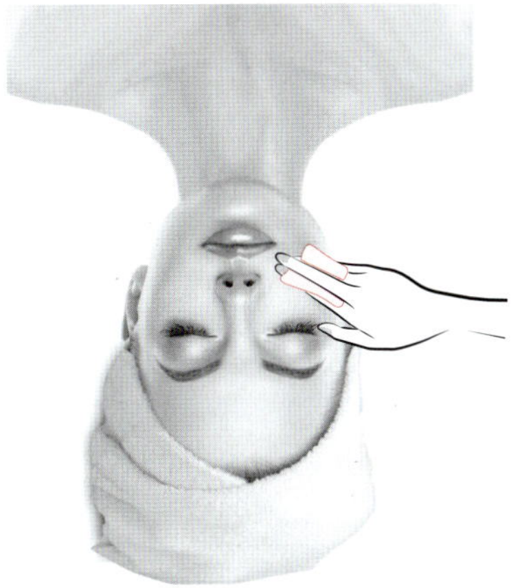

⑥ 티슈를 손가락에 끼워 유분기 흡수시키기

■ 티슈 접는 법

티슈 접는 방법은 다양한 방법으로 접어 사용할 수 있습니다.

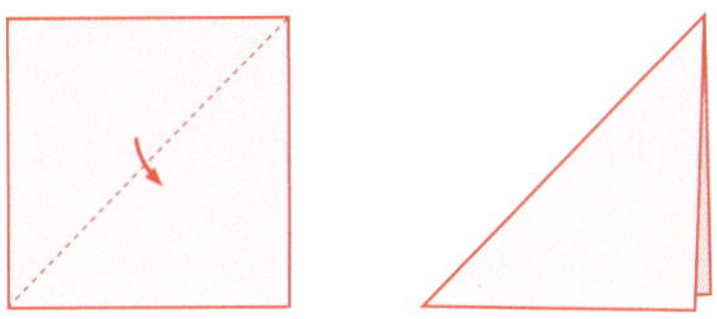

① 티슈를 삼각형(혹은 사각형)으로 접는다.

② 1지(엄지)와 5지(새끼손가락)은 밖으로 빼고 삼각형으로 접은 티슈 사이로 2, 3, 4지를 끼운다.

③ 새끼손가락을 감싸 엄지손가락 사이에 끼워 잡는다.

④ 2,3,4,5지 위로 올라온 부분은 접어서 엄지로 누른다.

2) 일회용 티슈 사용

개인위생을 위해 일회용 티슈 사용이 점점 보편화되어 가고 있으며, 접촉을 통해 감염을 일으키는 바이러스의 변종 질환(코로나, 사스, 메르스 등)의 피해를 줄이기 위해 일반적으로 피부미용 관리에서 많이 사용하던 일반 해면보다 최근에는 일회용 티슈 또는 개인용 해면 사용을 적극 권장하고 있다.

6. 해면 사용

피부미용 관리 후 피부 표면에 남아 있는 제품의 잔여물을 보다 깨끗이 제거하기 위해 사용한다. 그러나 물기를 머금은 해면은 관리를 소홀히 할 때 세균 및 곰팡이 번식이 쉽게 생길 수 있으므로 소독과 위생에 가장 주의를 기울여야 한다. 해면은 천연 펄프를 사용한 일회용 해면과 장기 사용이 가능한 스펀지 해면으로 나뉜다.

1) 해면 사용 시 주의사항

- 해면의 물이 흘러내리지 않도록 한다.
- 해면과 물을 따로 준비해놓는다.
- 사용한 부분을 다시 재사용하지 않도록 한다.
- 너무 자극적으로 문지르지 않는다.
- 한번 사용한 면은 다시 사용되지 않도록 해면의 면의 위치를 바꿔가며 사용할 수 있도록 충분히 숙달된 후에 사용하도록 한다.
- 사용 후에는 미지근한 물에 중성세제로 세척한 후 자외선 소독기롤 소독한 후 보관한다.

2) 해면 잡는 방법

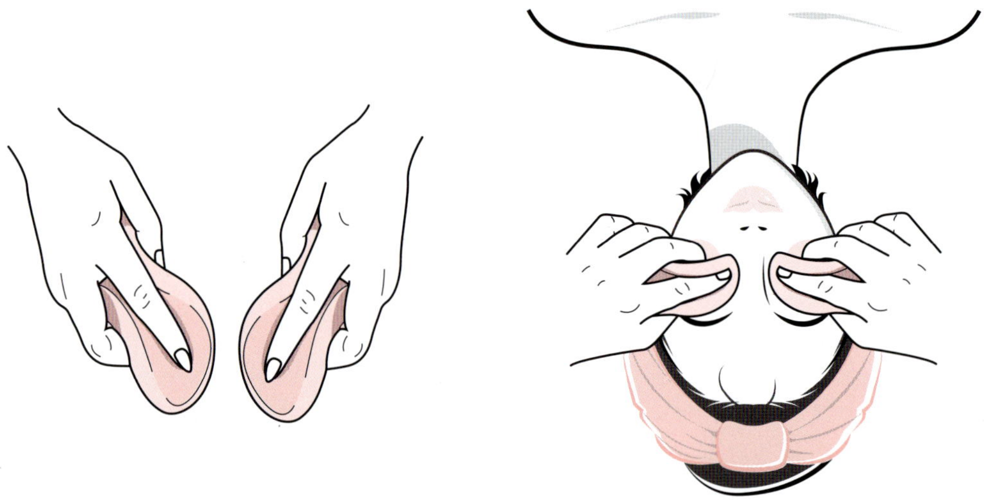

그림 6-6 해면 잡는 방법

3) 해면 동작 과정

① 적당량의 물을 제거한 해면을 양쪽 눈 위에 얹어 두고 속눈썹 라인과 맞게 손 전체를 얹고 눈을 살짝 누르며 바깥으로 닦아낸다.

② 눈 주위 양 손의 검지를 이용하여 눈두덩 → 눈 아래 → 눈썹의 방향으로 나누어서 닦아준다.

③ **이마**

양 손의 검지로 해면을 잡은 상태로 이마를 3등분으로 나누어 닦아준다. 중앙에서 관자놀이 방향으로 1선, 2선, 3선 순서로 깨끗한 면으로 돌려가며 헤어라인(3선)까지 깨끗하게 닦아낸다.

④ **콧등**

양 손을 교대로 미간에서 코 끝 방향으로 쓸어내리듯이 닦아준다.

콧등(위 → 아래), 코 벽 쓸어내리고 콧망울의 곡선을 따라서 해면의 모서리를 이용하여 위아래로 닦는다.

⑤ **인중과 입술, 턱**

인중 → 입술 아래, 인중 → 턱의 순서로 내려가면서 해면 모서리로 굴려주며 닦는다.

⑥ **볼**

해면을 뒤집어 깨끗한 면이 나오게 한 후 ① 코 끝 → 관자놀이, ② 입 꼬리 → 귀 중앙, ③ 턱 → 귓불로 3등분으로 나누어 닦아준다.

⑦ **턱**

해면의 넓은 면으로 턱 선을 번갈아가면서 닦아준다.

⑧ **목 닦아주기**

왼쪽에서 시작하고 왼쪽에서 끝낸다. 양 손 번갈아 교대로 사용하면서 해면이 지나간 부분의 1/2씩을 겹쳐 가며 왕복 1회 한다.

해면을 뒤집어서 목을 아래(쇄골)에서 위(턱)쪽으로, 중앙에서 바깥쪽으로 닦아준다. 목의 중앙에서 외측으로 닦아준다.

⑨ **데콜테 닦아주기**

양 손을 동시에 쇄골 중앙에서 외측으로, 쇄골 아래 3cm 범위까지 닦아준다. 가슴 중앙에서 수평방향으로 액와 방향 → 팔 어깨 → 연수까지 끌어올리면서 닦는다.

⑩ **마무리**

어깨 → 목의 외측 → 귀의 순서로 닦아주면서 마무리한다.

■ 해면 적용 과정을 순서에 맞춰 설명과 도안을 함께 학습합니다.

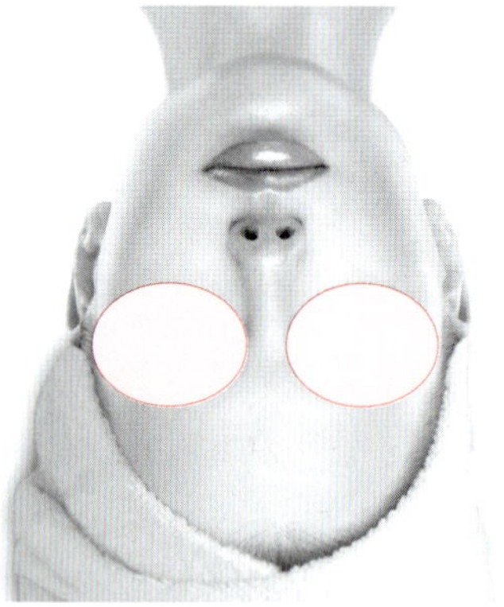

① 해면을 양쪽 눈 위에 올려 준비하기

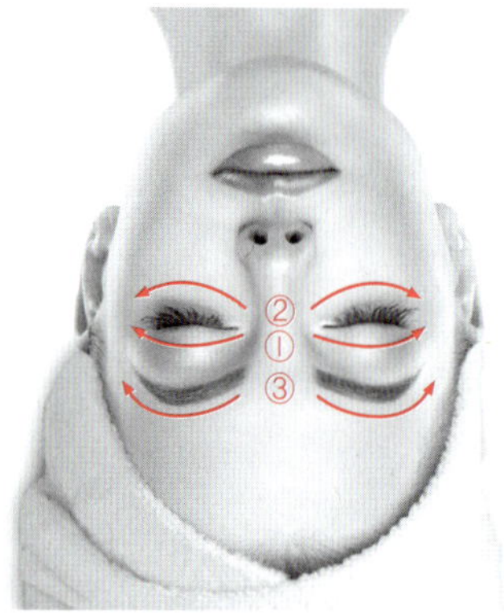

② 눈 밑, 눈두덩이 눈썹 닦기

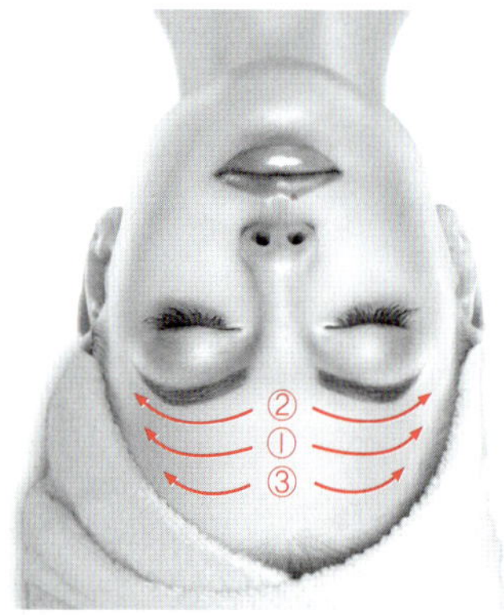

③ 이마 3등분으로 나누어 닦기

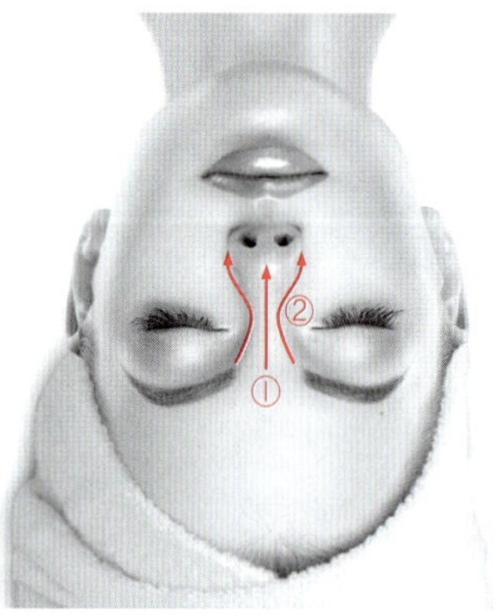

④ 미간에서 코 끝 방향으로 닦기

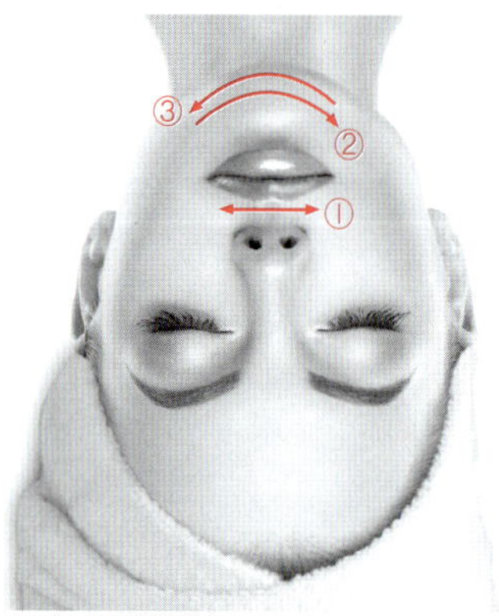

⑤ 인중과 입술 닦기

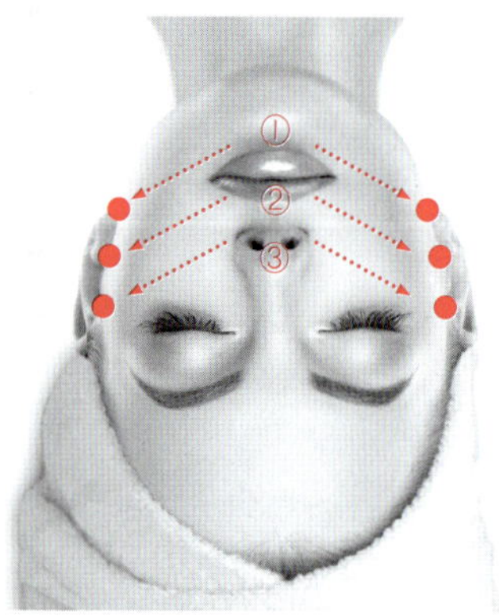

⑥ 양 볼 3등분 나누어 닦기

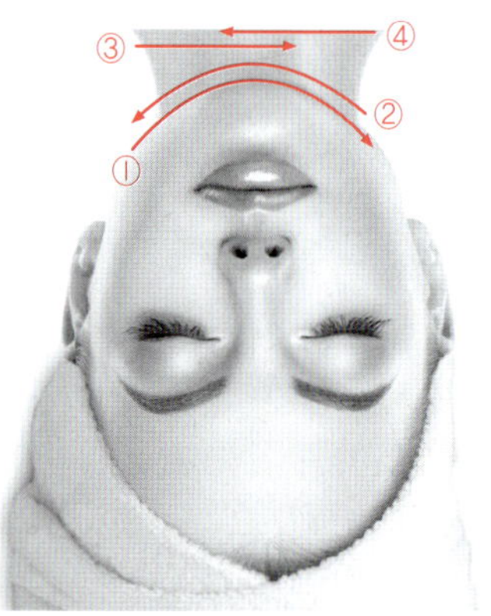

⑦ 턱밑, 턱선 닦기

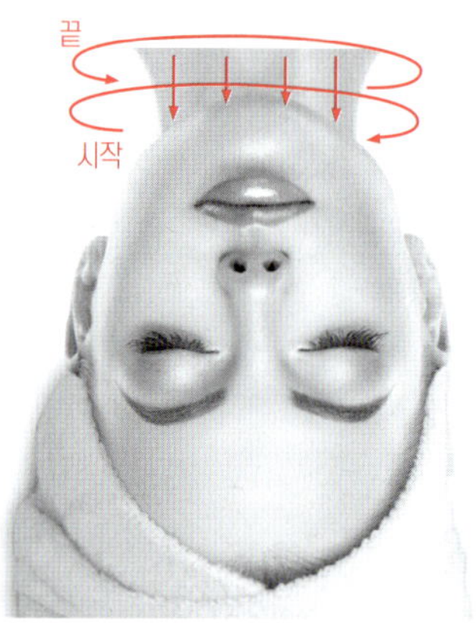

⑧ 목과 데콜테 닦아주기

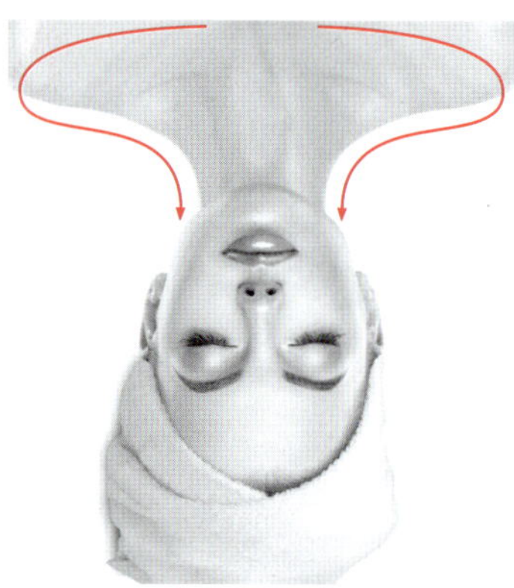

⑨ 마무리하기
어깨 → 목의 외측 → 귀

7. 습포 사용

- 반드시 소독이 된 타월을 사용한다.
- 예민한 피부나 모세혈관이 확장된 피부는 습포 적용 시 적정 온도에 주의한다.
- 모든 습포는 사용 전 습포의 적정 온도를 관리사가 직접 손목 안쪽에 터치하여 온도를 확인한 후 고객에게 적용한다.

1) 습포의 종류와 효과

(1) 온습포

① 온습포의 효과

피부미용 관리를 위한 온습포의 적정 온도는 47~50℃ 정도이다. 온습포가 너무 뜨거운 경우 화상의 위험이 있으니 피부미용 관리 시 관리사 손목 안쪽에 반드시 습포의 온도를 확인한 후 사용한다.

- 온습포 사용은 다음 단계에 적용하는 제품의 흡수를 용이하게 한다.
- 피부의 온도를 높여 혈액순환을 원활하게 도와준다.
- 관리 시 피부에 남아있는 잔여물 및 노폐물을 제거한다.
- 얼굴 근육 이완에 도움을 준다.
- 모공을 확장시켜 모공 속 피지, 메이크업 잔여물 등의 노폐물을 제거한다.
- 피부에 적당한 수분을 공급하고 각질을 부풀려 각질제거에 도움을 준다.
- 적당한 습도 유지로 저항력을 증진시키고 잔주름을 방지한다.

② 온습포 적용 단계

- 클렌징 후
- 딥클렌징 후 (단, A.H.A는 냉습포 사용)
- 매뉴얼테크닉 후

(2) 냉습포

① 냉습포 효과

냉습포는 피부의 수렴 작용을 통한 진정 효과를 주며, 혈관을 수축시켜 염증 완화 및 탄력 유지, 모공 수축에 도움이 된다. 냉습포를 고객에게 적용하기 전에 반드시 관리사 손목 안쪽에 온도를 확인한 한 후 너무 차갑지 않은 온도의 냉습포를 사용하도록 한다.

냉습포는 소독 된 것을 사용하고, 피부미용 관리 마지막 단계에서 사용한다.

- 모공을 수축하여 피부 탄력에 도움이 된다.
- 혈관을 수축시켜 염증을 완화시킨다.
- 피부가 자극을 받았을 때 진정효과가 있다.
- 피부의 세포 활동에 자극을 주어 탄력증진에 도움을 준다.
- 소양증이 있는 피부에 진정효과를 준다.

② 냉습포 적용 단계

- 팩이나 마스크 사용 후 마무리 단계

(3) 습포 적용 시 유의사항

지나치게 텐션을 가하거나 강한 압으로 피부에 자극을 주지 않는다. 피부에 사용되는 모든 타월은 사용 후 삶는 단계를 거쳐 완벽히 소독을 마친 후 습포를 사용한다. 피부미용 관리 전 타월에 물기를 묻혀 사용 용도에 맞게 적당히 짠 후 온장고나 냉장고에 미리 넣어 두어 사용한다. 습포 사용 시 지나치게 뜨겁거나 차갑지 않게 관리사의 손목 안쪽에 온도를 미리 확인하며, 특히 예민 피부, 모세혈관 확장피부, 화농성 여드름 피부는 뜨겁거나 차가운 습포 사용 시 각별히 주의한다.

① 타월의 긴 방향으로 1/2 접는다.

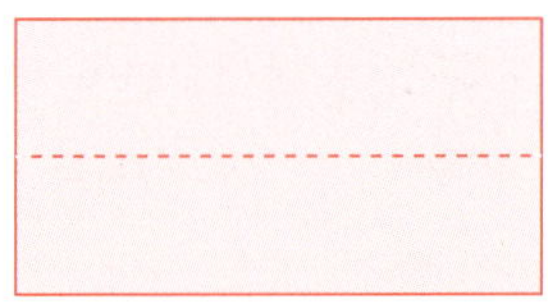

② 접어진 ① 타월을 다시 1/2 접는다.

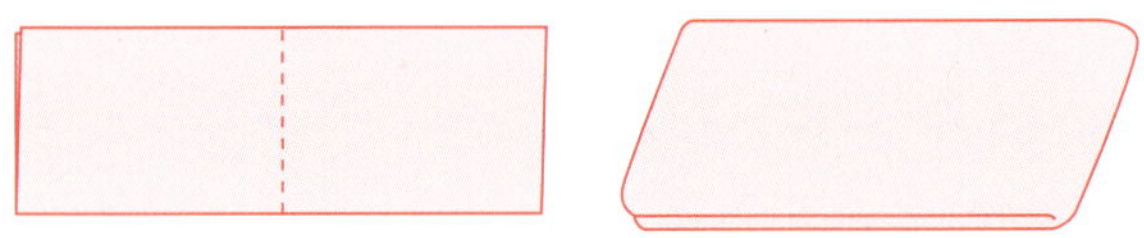

③ 온장고 또는 냉장고에 넣고 습포 사용이 편리하도록 접는다.

그림 6-7 습포 접는 방법

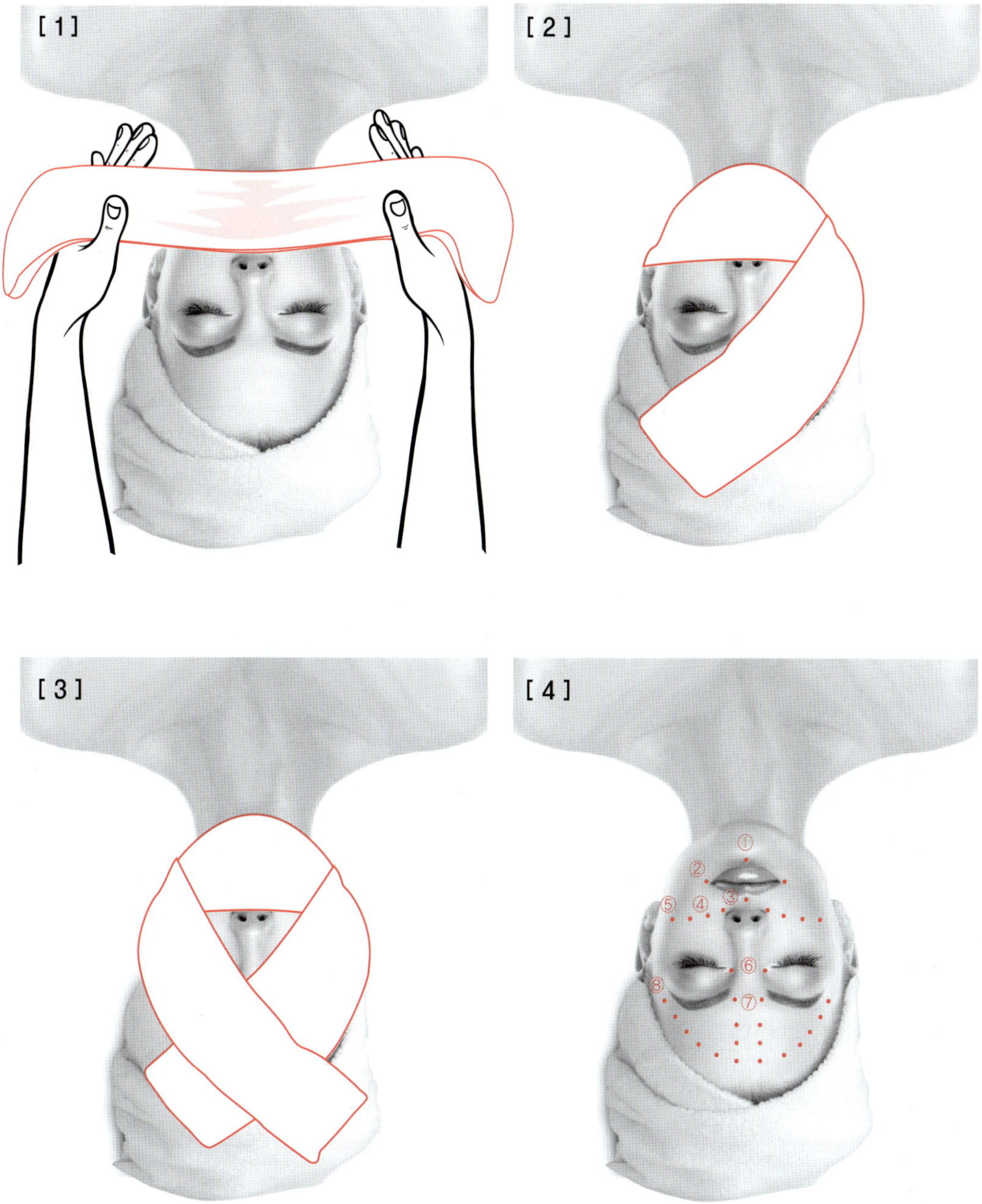

그림 6-8 얼굴에 습포를 올리는 방법

2) 습포 동작 과정

모든 습포는 사용 전 관리사의 손목 안쪽에 온도가 적당한지 습포 온도를 체크한 후 고객의 얼굴에 얹는다.

(1) 습포 온도 체크

① 습포의 적장한 온도를 체크하기 위해 관리사 손목 안쪽에 터치하여 확인한다.
② 습포의 접힌 부분이 관리사를 향하도록 엄지와 사지로 팽팽하게 잡고 습포를 고객의 이마에서 코끝 방향으로 살짝 스친다.

(2) 습포 접어 올리기

① 습포를 잡았던 오른손을 펴면서 습포의 끝을 잡고 얼굴의 왼쪽 이마 방향으로, 습포를 잡았던 왼손을 피면서 습포의 끝을 잡고 얼굴의 오른쪽 방향으로 서로 교차되게 한다.
② 하악골과 얼굴 전체가 덮이도록 하며, 콧구멍이 가려지지 않도록 주의한다.

(3) 지압하기 (지압의 강도는 매우 약하게 실시)

① 양손을 포개어 이마에 압을 살짝 준다.
② 포개었던 양손을 풀면서 손바닥으로 양쪽 관자놀이 그리고 얼굴 전체를 감싸고 전체적으로 압을 살짝 준다.
③ 양손의 4지를 이용해서 관자놀이를 포함해 눈 전체를 감싸고 살짝 압을 준 후, 엄지와 사지로 턱 라인을 지그시 눌러서 압을 준다.

(4) 습포 펼쳐서 턱 밑으로 내려 잡기

① 습포의 오른 쪽을 잡아 젖히고 접힌 습포 안쪽으로 엄지와 사지로 잡는다.
② 마찬가지로 습포의 왼 쪽을 잡아 젖히고 접힌 습포 안쪽으로 엄지와 사지로 잡는다.
③ 습포를 턱 밑으로 끌어 내리고 엄지와 수근을 이용하여 닦는다.

(5) 얼굴 순서대로 닦기

① 눈두덩 → 눈 아래 → 이마를 닦은 후 습포를 턱밑으로 내려놓고 코벽 → 콧망울 → 인중 →

볼, 입주변 → 턱밑과 목 부위까지 연결하여 닦는다.

② 깨끗한 부분으로 돌려가며 부드럽게 안에서 바깥쪽으로 닦아낸다.

(6) 데콜테 습포 닦기

① 습포의 깨끗한 뒷면을 반으로 접어 데콜테에 가로 방향으로 얹는다.

② 접힌 습포의 안쪽으로 양 손바닥을 끼워 놓고 데콜테, 액와, 어깨를 감싸며 닦아낸다.

(7) 여분 마무리하기 (다림질 모양 만들기)

① 반으로 접힌 수건을 다시 반으로 접는다.

② 오른쪽 손바닥에 올린 후 손등 방향에서 습포의 끝을 잡아 비틀어서 다림질 모양을 만들어 잘 닦이지 않은 부분을 꼼꼼히 닦는다.

③ 반대쪽 사용하지 않은 뒷면을 이용해 수건을 말아서 오른 손으로 왼쪽에서 오른쪽 목까지 쓸어 올리며 닦아주고 마무리한다.

(8) 사용한 습포 정리하기

습포 사용 후 각이 지도록 접은 후 웨건(정리대) 하단 바구니에 정리한다.

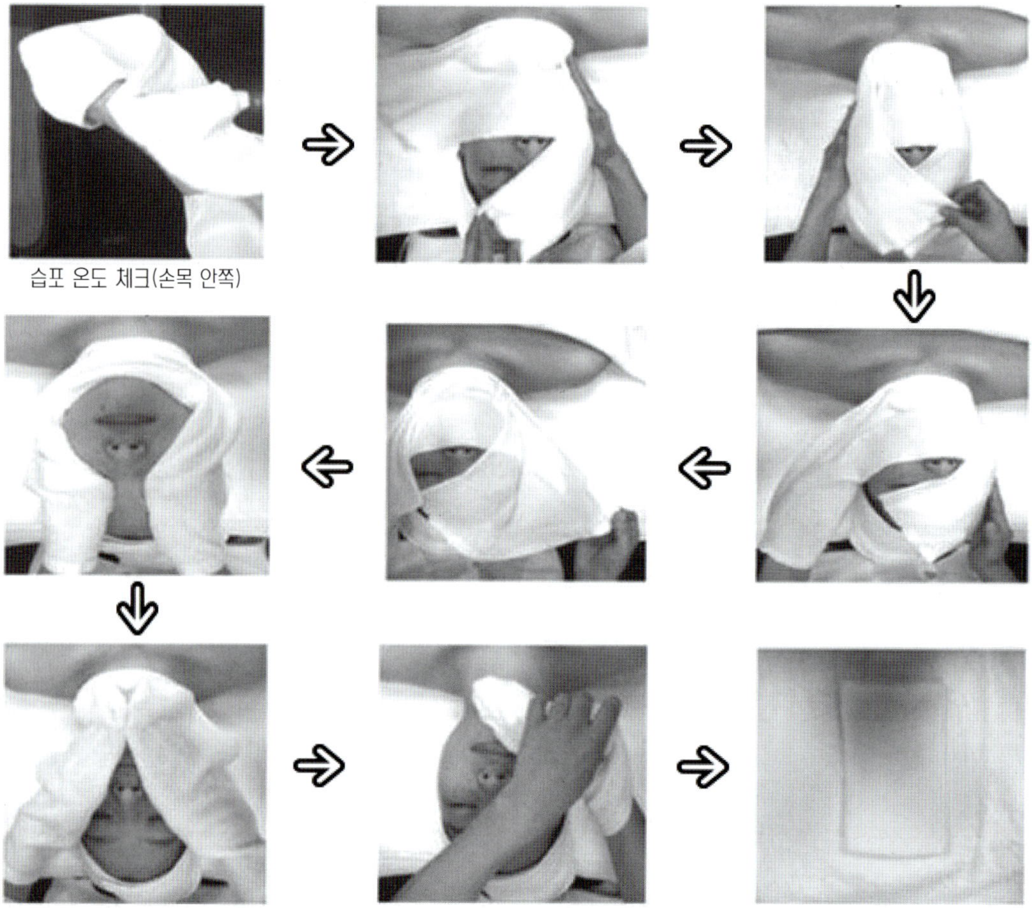

그림 6-9 습포 사용 순서

8. 화장수 정리

화장수는 피부미용 관리의 매 단계마다 반드시 사용하는 제품이다. 일반적으로 스킨 로션(skin lotion) 또는 스킨 토너(skin toner)라고 부르며, 세안 후 남아 있는 노폐물 등의 잔여물을 제거해 주고 피부의 결을 정리 정돈해 주며 각질층에 수분 공급과 피부의 약산성(pH 5.5~6.5) 밸런스를 맞추는 등의 피부 생리작용을 조절해 준다.

1) 화장수의 종류

(1) 유연화장수

유연화장수의 주 목적은 피부의 수분공급이며 보습제와 유연제가 함유되어 피부를 촉촉하고 부드럽게 한다. 알코올이 4~10% 정도 함유되어 있으며 천연보습인자 등의 보습성분과 유연성분이 함유되어 모든 피부에 사용 가능하나 특히 건성, 노화피부 타입에 적합하다.

(2) 수렴화장수

수렴화장수는 피부의 수분 공급과 모공 수축에 목적을 두며 유연화장수보다 더 많은 알코올이 함유되어 있어 피부의 청량감을 느낄 수 있게 한다. 피부의 천연보습인자 등의 보습 성분을 통해 수분을 공급하고 알코올 함량으로 모공을 수축시켜 피부의 결을 정리 정돈하며 지성피부, 복합성 피부 타입에 적합하다.

(3) 소염화장수

피부에 살균 및 소독효과를 주어 지성피부 타입과 (심한)여드름피부 타입에 적합하다.

2) 화장수 도포 과정

양손(또는 한손)중지에 화장솜을 끼운 상태로 얼굴 중앙에서 바깥쪽 방향으로 닦아 내듯이 마무리 한다. 얼굴 중앙을 기준으로 한쪽 방향을 먼저 마무리한 후 나머지 방향을 할 수도 있으며, 화장솜 2장을 양쪽으로 동시에 사용하여 얼굴 전체를 마무리 할 수도 있다.

■ **다음은 화장수 도포 과정을 요약하여 나타낸 것이다.** (진행방향: 이마 → 목)

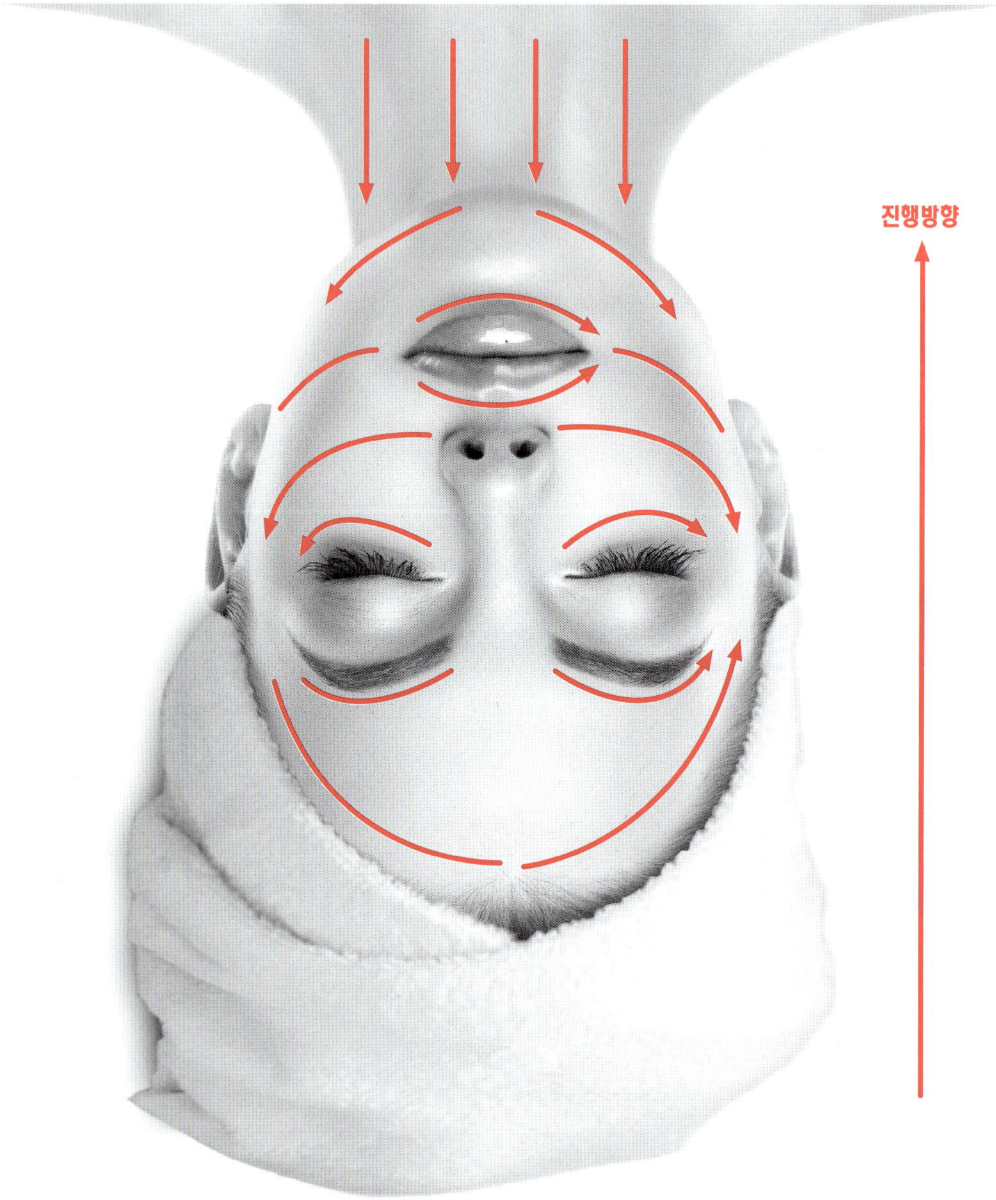

■ 화장수 정리 동작을 설명에 맞추어 도안 위에 직접 그려 봅니다.

1. 양 손 사용	설명
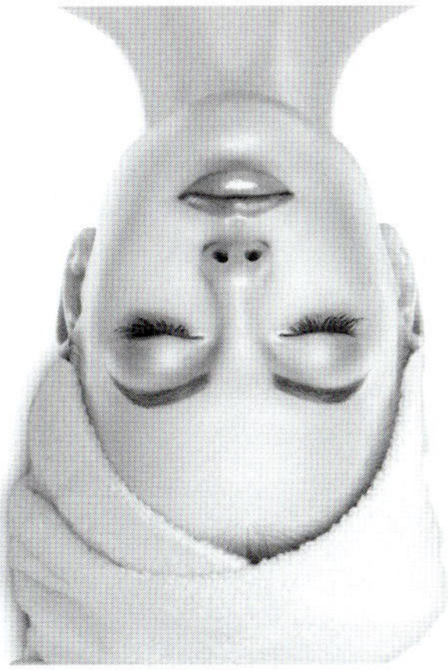	1. 화장솜 2개에 토너를 적당량 묻혀서 화장솜을 양손 중지에 끼운 후 눈썹의 결을 정리한다.
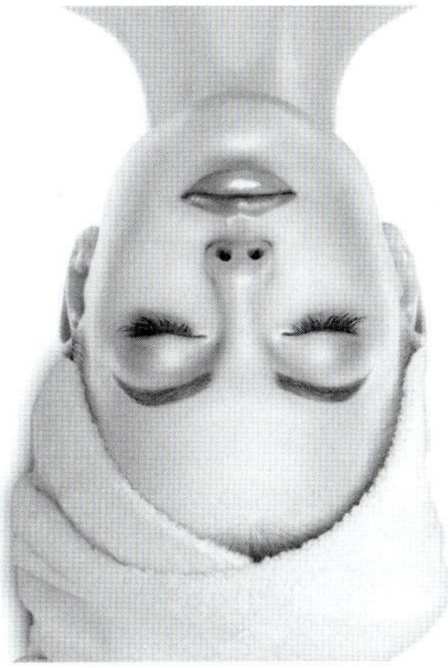	2. 화장솜을 양손 중지에 끼운 후 이마를 세로로 번갈아가면서 피부결을 정리한 뒤 헤어라인을 가로로 정리한다.
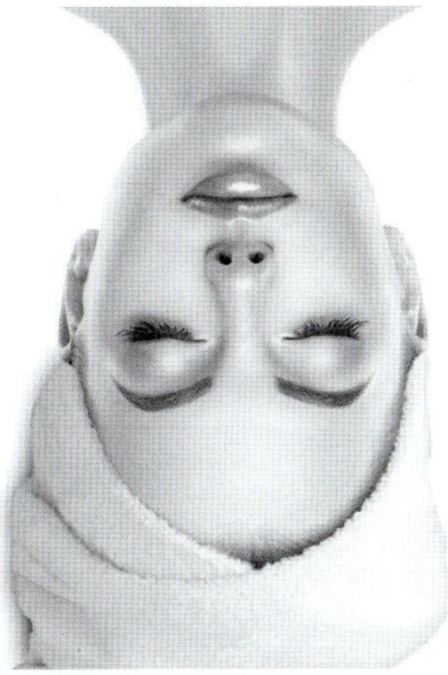	3. 콧등 → 코벽 → 콧망울(코뿌리에서 코끝 방향)을 양손 번갈아가면서 정리한다.

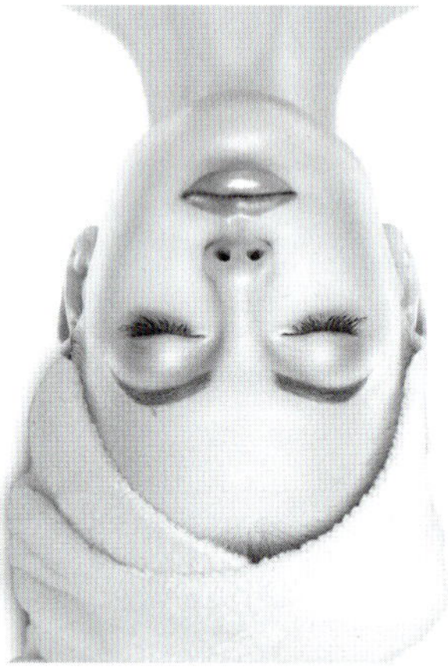

4. 볼을 크게 3등분하여 정리한다.
   ① 콧망울 옆 → 광대부위
   ② 인중 → 귀 중앙 부위
   ③ 입가 → 귀 밑 부위

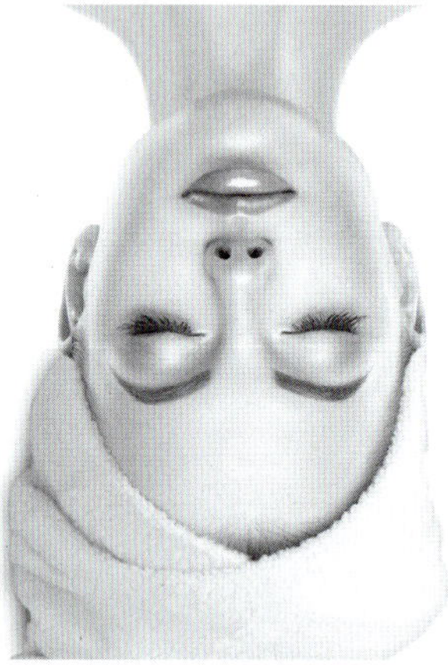

5. 아랫입술 밑 중앙부터 귀밑 부분까지 피부결 정리한다.

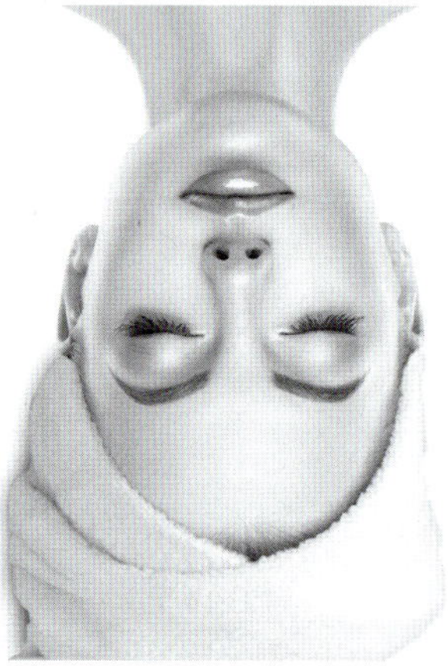

6. 턱선과 턱밑의 피부결을 정리하며 이어서 목 부위도 세로 방향으로 함께 정리한다.

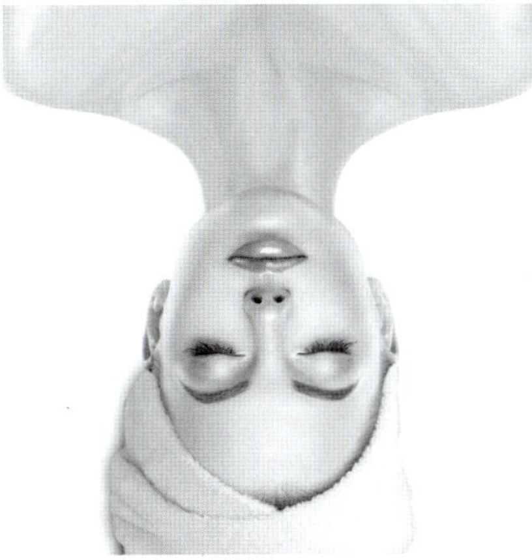

7. 데콜테를 가로 세로방향으로 정리하고 어깨를 타고 올라와 귀 뒤쪽에서 마무리한다.

2. 한 손 사용	설명
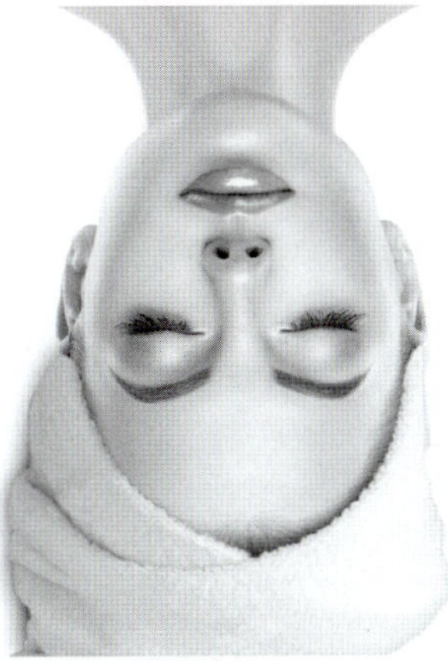	1. 화장솜 1개에 토너를 적당량 묻혀서 화장솜을 한손 중지에 끼운 후 원을 그리며 이마 가로방향으로 정리한다.
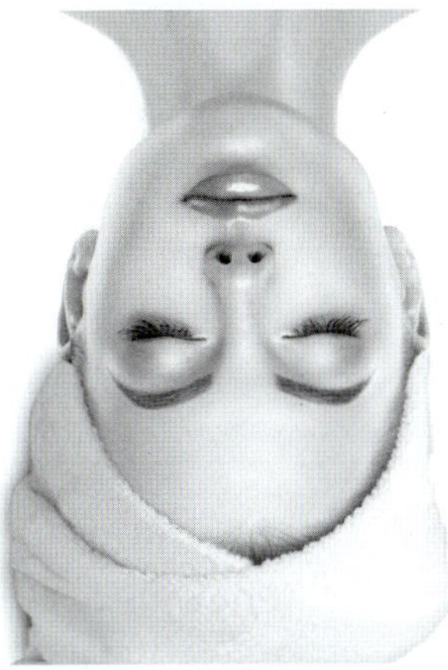	2. 콧등과 코벽, 콧망울을 코뿌리에서 코끝방향으로 정리한다.

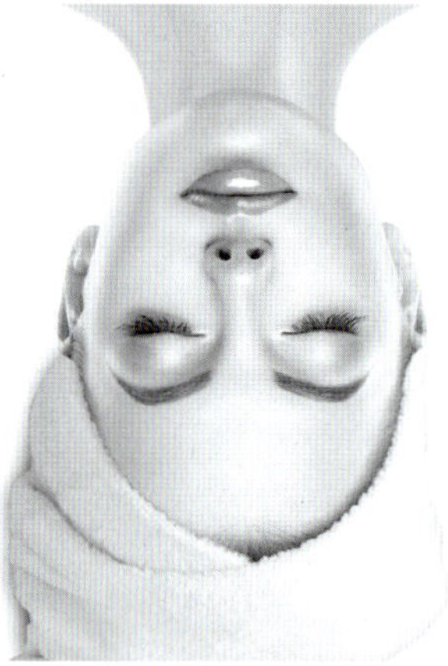

3. 오른쪽 볼을 3등분하여 가로방향으로 정리하며 내려간다.

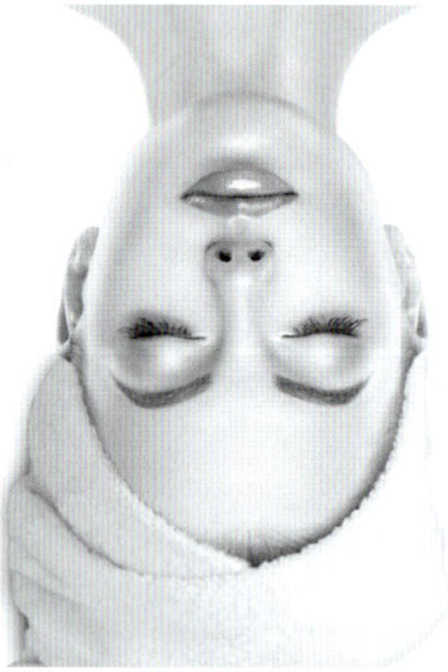

4. 구륜근(입술 주변) 부위를 라운딩하며 돌려 정리한다.

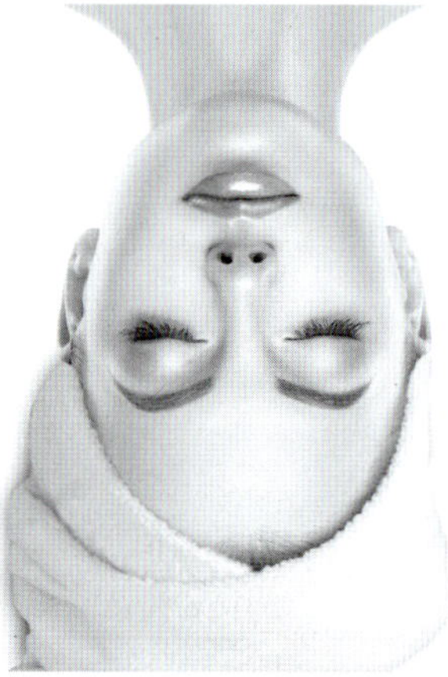

5. 턱 선과 턱밑 부위를 정리한다.

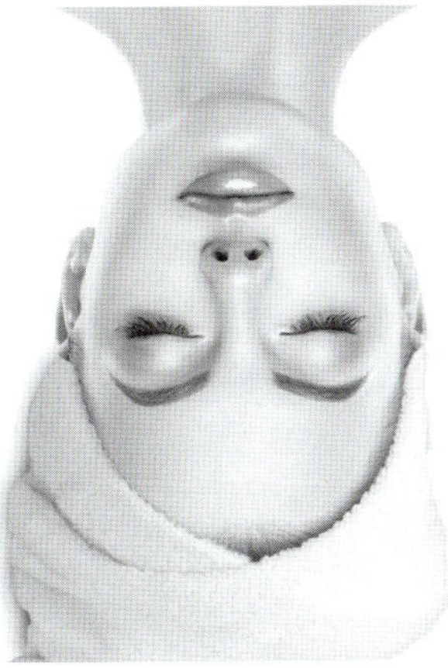

6. 콧등과 코벽, 콧망울을 코끝에서 코뿌리 방향으로 정리한다.
(위의 2번과 반대 방향)

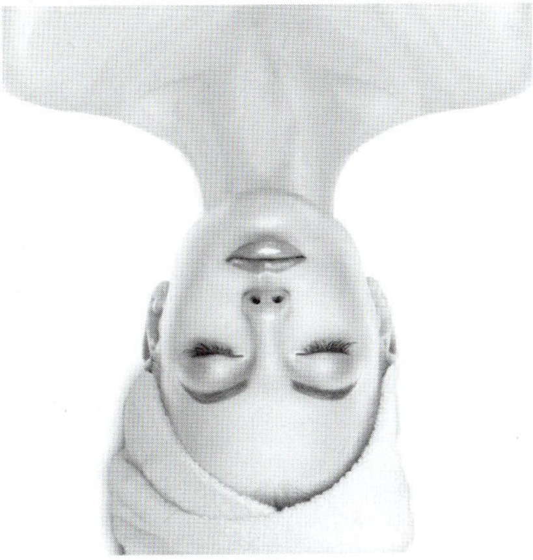

7. 데콜테를 가로 세로방향으로 정리하고 어깨를 타고 올라와 귀 뒤쪽에서 마무리한다.

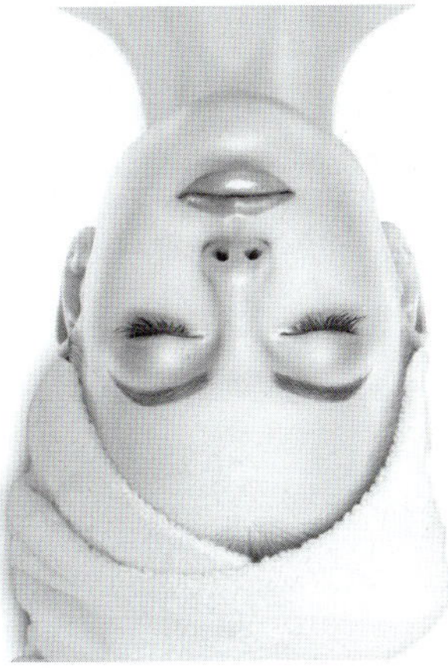

8. 원을 그리며 이마 가로방향으로 정리한다.

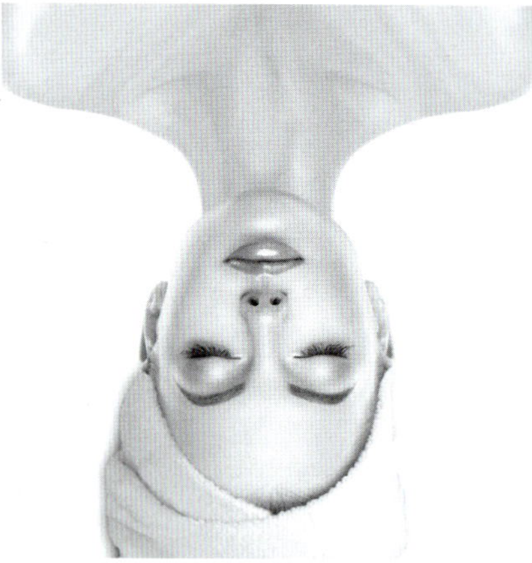

9. 얼굴 측면 쓸어 내려가면서 목과 데콜테를 정리하고 어깨 위에서 마무리한다.

CHAPTER 07

눈썹 정리

1. 눈썹 정리 목적

눈썹의 관리 상태에 따라 얼굴의 이미지가 매우 다르기 때문에 눈썹 정리는 간단하면서도 가장 어려운 작업이다. 눈썹 정리는 불 필요한 눈썹을 정리하며 얼굴형에 맞게 디자인하여 연출하는 목적도 있지만 눈썹 부위의 각질을 제거하는 효과도 있다.

2. 얼굴형에 따른 눈썹형태

얼굴형에 맞게 눈썹을 디자인하고 정리함으로써 개인마다 추구하는 이미지로의 변화를 시도할 수 있다.

표 7-1 눈썹형태와 특징 (출처: 교육부(2017). NCS 학습모듈)

눈썹형태	눈썹 그림	특징
표준형	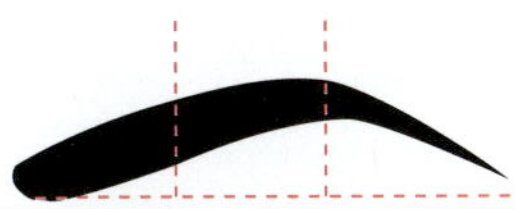	■기본적인 눈썹 모양 ■모든 얼굴형
아치형		■매혹적이고 요염한 여성적 이미지 ■이마가 넓은 경우, 역삼각형 얼굴형
상승형		■동적이며 야성적인 이미지 ■둥근 얼굴형, 개성 없는 얼굴형
일자형		■젊고 활동적인 이미지 ■긴 얼굴형, 폭이 좁은 얼굴형
각진형		■지적이며 단정하고 세련된 이미지 ■둥근 얼굴형, 길이가 짧은 얼굴형

3. 눈썹 정리 시 고려해야 할 사항

① 얼굴 모양

② 고객이 요구하는 눈썹 모양

③ 눈의 형태 및 위치

④ 나이

⑤ 유행의 흐름

4. 눈썹의 디자인을 위한 주요 가이드라인

① **눈썹머리**(눈썹 시작점) : 콧방울을 수직으로 올려 만나는 곳에 위치

② **눈썹산**(눈썹 아치) : 고객이 정면을 응시할 때 눈동자 중심에 맞춰 콧방울과 이어진 지점

③ **눈썹꼬리**(눈썹 끝나는 점) : 콧방울과 눈 끝을 지나는 45°각도 지점

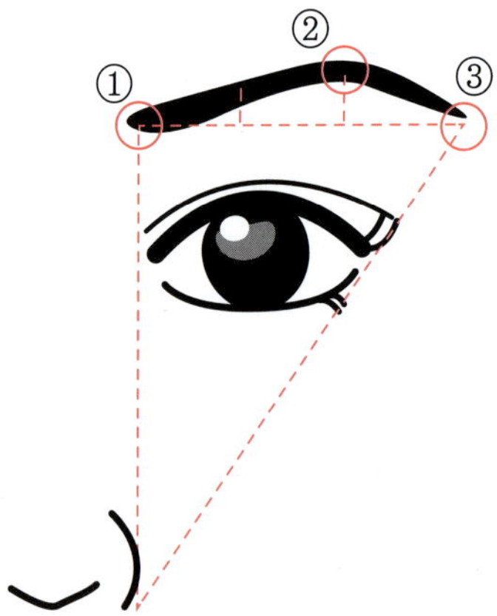

그림 7-1 눈썹 정리 가이드라인

5. 눈썹 정리 시 주의 사항

① 눈썹 숱이 많고 길면 눈썹 수정용 가위로 자른 다음 눈썹 정리를 한다.
② 고객의 취향과 얼굴형을 고려하여 눈썹형태를 제시하고 정리한다.
③ 눈썹 산이나 눈썹 윗부분을 지나치게 정리하지 않는다.
④ 족집게를 이용할 때는 제거하고자 하는 눈썹 부위에 텐션을 유지하며 빠른 시간 안에 뽑는다.
⑤ 눈썹이 자라는 방향으로 눈썹을 제거한다.
⑥ 눈썹 칼을 이용하여 눈썹 밑 부분과 눈두덩이 부위를 정리할 때 고객의 피부가 베이지 않도록 주의한다.

6. 눈썹정리 준비물

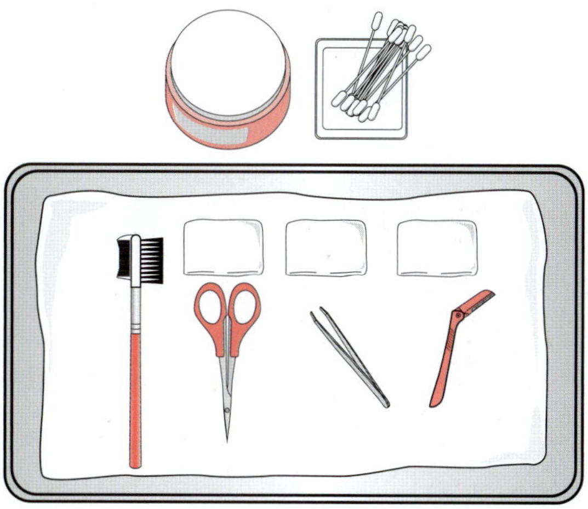

눈썹 브러시, 눈썹 가위, 족집게, 눈썹 칼, 화장솜, 티슈 또는 트레이, 알코올, 진정젤, 면봉

그림 7-2 눈썹정리 준비물

7. 눈썹정리 과정

1) 소독하기	알코올을 묻힌 화장 솜으로 손과 눈썹 정리용 도구들을 소독한다.
2) 도구 준비	티슈를 트레이에 깔거나 트레이를 소독한 후, 그 위에 소독한 도구를 가지런히 나열한다. (도구 사용 순서대로 세팅 : 눈썹 브러시, 가위, 족집게, 눈썹 칼, 화장솜)
3) 눈썹 소독	알코올을 묻힌 화장 솜으로 눈썹머리에서 눈썹꼬리 쪽으로 닦아 낸다.
4) 눈썹 디자인 및 눈썹 정리 과정	(1) 눈썹 정리용 브러시를 이용하여 눈썹머리, 눈썹 산, 눈썹꼬리의 위치를 정한다. (2) 눈썹을 가지런히 빗어 준다. (3) 눈썹 형태를 정하여 눈썹 가위나 족집게로 정리한다. ① 중지와 검지(또는 약지)로 피부를 팽팽하게 편다. ② 중지와 검지(또는 약지)에 압력을 가한다. ③ 털이 자라 난 방향으로 족집게를 이용하여 신속하게 털을 뽑는다. ④ 이때 피부를 지그시 누르듯 당겨 긴장감을 준 상태에서 신속히 뽑도록 하며, 눈썹은 3개 이상 뽑아준다. (4) 눈썹 칼을 이용하여 정리한다. 눈썹용 칼을 이용해 넓은 부분의 눈썹을 제거 한다. 한손으로 텐션을 유지하며 칼에 베이지 않도록 유의한다.
5) 눈썹 잔여분 정리	눈 주위에 남아 있는 잔 눈썹들을 젖은 솜으로 닦아낸다.
6) 진정관리	눈썹을 제거한 부분에 면봉이나 젖은 솜에 진정 젤을 묻혀 도포한다.
7) 눈썹 정리 마무리	눈썹정리 시 제거한 눈썹은 옆에 티슈에 올려놓았다가 감독위원의 지시에 따라 휴지통에 버린다.

CHAPTER

08

딥클렌징

1. 딥클렌징의 이해

딥클렌징은 피부 깊은 곳까지 깨끗하게 닦아낸다는 의미처럼 모공 속 깊은 곳의 노폐물과 메이크업 잔여물을 제거하여 청결을 유지함과 동시에 피부에 쌓인 묵은 각질을 제거한다. 각질은 각화주기에 맞추어 자연스럽게 주기적으로 탈락되지만 여드름이 있거나 피부 노화가 진행됨에 따라 각질이 탈락되는데 시간이 많이 걸리게 된다. 각질이 정리되지 않고 모공 내에 이물질이 남게 되면 피부미용 관리 단계에서 화장품의 유효성분 흡수 및 영양 침투가 용이하지 않아 피부 관리의 효과가 거의 무의미하다.

2. 딥클렌징의 효과

① 피부의 죽은 각질을 제거시켜 준다.
② 소릉과 소구의 차이를 줄여 피부 표면을 매끈하게 한다.
③ 모공 깊숙이 제거되지 않은 메이크업의 잔여물이나 노폐물 등을 제거한다.
④ 면포를 연화시켜 주어 여드름 압출이 용이하다.
⑤ 적당한 자극으로 혈색이 맑고 좋아진다.
⑥ 피부미용 관리 시 죽은 각질을 탈락시켜 다음 단계의 화장품 흡수과정을 극대화한다.

3. 딥클렌징의 종류

1) 물리적 방법

① **스크럽**(scrub)

스크럽은 물리적 딥 클린징제로 크림, 젤, 밀크타입의 제제에 아몬드씨, 조개껍데기 가루, 고령토, 큐조토, 살구씨 등의 천연 재료의 알갱이 혹은 폴리에틸렌과 같은 인공 재료 등이 들어있는 제품이다. 스크럽제를 도포 후 곧바로 미온수를 이용하여 얼굴 전체를 러빙하며, 러빙 시 물리적 압력을 강약으로 조절하여 실시한다.

② **고마쥐**(gommage)

고마쥐는 피부에 얇게 도포하는 크림 형태로 바른 후 어느 정도 건조해질 때까지 기다린 다음 근육의 결을 따라서 피부의 각질을 부드럽게 손으로 문질러서 벗겨낸다. 피부를 문지르게 되면 피부가 얇게 밀리면서 피부 표면의 죽은 각질세포들이 고무지우개 찌꺼기처럼 고마쥐 크림과 함께 섞여 밀려 나온다. 밀리지 않고 남은 잔여물은 미온수를 이용하여 러빙 후 해면으로 닦는다. 고마쥐는 손끝의 밀어주는 압과 회수로 강약을 조절하여 실시한다.

■ 물리적 각질제거를 하지 말아야 하는 피부

1. 모세혈관이 확장된 피부로
2. 쉽게 붉어지며 손상 받기 쉬운 피부
3. 피부가 얇고 손상받기 쉬운 노화된 피부
4. 자외선에 심하게 손상된 피부
5. 필링제 관리를 따로 받고 있는 피부
6. 염증성 여드름(papule, pustules)을 갖고 있는 여드름 피부

2) 화학적 방법

① **효소**(enzyme)

효소는 단백질을 분해하는 펩신, 파파야의 파파인, 곰팡이균 효소 등이 함유된 제품을 이용하

여 죽은 각질을 연화, 분해시켜 제거해준다. 따뜻한 온도35~45℃와 70%의 습도에서 활발하게 이루어진다. 각질 분해 능력이 있는 효소는 자극 없이 피부의 과각질층을 제거해준다. 효소는 크림 타입과 분말(파우더) 타입의 종류가 있다.

- **크림 타입**
  효소가 함유된 크림을 바르고 10분간 말린 후 문지르거나 마사지하여 제거한다.

- **분말(파우더) 타입**
  일반적으로 많이 사용되는 파우더형태는 바르기 전에 따뜻한 물에 개어서 바르고 팩처럼 사용한다.

② A.H.A(alpHa hydroxy acid)

A.H.A는 사탕수수(glycolic acid), 젖산(lactic acid), 사과산(malic acid), 주석산(tartaric acid), 구연산 (citric acid) 등과 같이 사탕수수와 여러 가지 과일, 우유에서 추출한 무독성의 산(acid)이다. 피부미용 관리에 사용할 때 허용기준 농도는 10% 미만, pH 3.5 이상을 사용해야 한다. 민감한 부위는 주의하며, 피부에 도포 후 화학적 작용을 이용해 과각질의 제거를 용이 하게하여 피부를 맑게 도와준다.

- **글리콜릭산**(glycolic acid)
  사탕수수에 함유되어 있는 성분으로 A.H.A 중에서 가장 분자량이 작아 침투력이 우수하다. 섬유아세포의 증식작용과 주름개선 작용이 있다.

- **젖산**(lactic acid)
  발효된 우유에 함유되어 있으며 글리콜릭산에 비해 각질제거 효과는 약하지만 천연보습인자의 하나로 보습작용도 있고 각질층의 세라마이드 양도 증가시켜준다.

- **사과산**(malic acid)
  사과, 복숭아 등에 함유되어 있는 성분으로 보습작용과 pH 조절작용이 있다.

- **주석산**(tartaric acid)
  포도 중에서 신맛 포도에 함유되어 있는 성분으로 포도산이라고도 한다.

- **구연산**(citric acid)
  레몬, 오렌지 등에 많이 함유되어 있으며 화장품에서는 주로 pH 조절제나 킬레이트제, 산화

방지제 용도로 사용된다.

③ B.H.A(beta hydroxy acid)

살리실산(salicylic acid)이라고도 하며 AHA 보다는 각질제거 효과가 약하지만 피부 안전성이 좋다. 지용성으로 기름, 알코올에 녹으며 모공 속 노폐물 제거, 항염, 트러블 진정 효과가 있어 지성 피부, 여드름 피부 사용에 적합하다.

④ P.H.A(poly hydroxy acid)

저자극 각질제거 성분으로 각질제거 능력이 낮아서 클렌징을 위한 목적으로 사용하기보다 일반적으로 로션이나 토너에 사용한다.

3) 딥클렌징 적용 과정

(1) 스크럽(scrub)

■ 준비물

스크럽 제재, 유리볼, 팩붓, 미온수

1. 스크럽 준비하기	- 유리볼에 스크럽제을 적당량 덜어 낸다. - 스크럽은 아이패드를 올리지 않고 다음 단계로 바로 진행한다.
2. 스크럽 바르기	- 팩 붓으로 피부결 따라 도포한다.
3. 스크럽 문지르기	- 손 끝에 미온수를 묻혀 러빙 한다. - 예민한 부분은 러빙을 피한다. - 3분 정도 지속 후 해면으로 닦아낸다. (피부 상태에 따라 시간을 조절할 수 있다)

4. 해면 정리하기	- 물을 묻혀 다시 한 번 얼굴 전체를 러빙하고 해면으로 깨끗이 닦아준다. - 헤어라인과 구렛나루 부위에 스크럽 잔여물이 남지 않도록 깨끗이 닦아야 한다.
5. 온습포 정리하기	- 얼굴 전체에 잔여물이 남지 않도록 온습포를 이용해 닦아낸다. - 스크럽 동작에 의해 일시적으로 피부가 예민해질 수 있으므로 부드럽게 적용한다.
6. 마무리하기	- 토너로 정리한다.

■ 스크럽 적용 시 주의 사항

① 눈가와 입을 제외한 얼굴 전체에 스크럽제를 도포하고 아이패드 올리지 않은 채 바로 얼굴에 미온수를 묻혀가며 가볍게 롤링하듯 문지른다.

② 볼이나 예민한 부위는 압의 세기를 약하게 실시하며, 특히, 피부가 붉어지거나 예민해지지 않도록 지나친 러빙은 자제한다.

③ 스크럽 러빙 시 눈, 코, 입에 들어가지 않도록 주의한다.

④ 스크럽 제거 시 잔여물이 남아 있지 않도록 주의하며 특히, 헤어라인과 구렛나루 부위에 스크럽제가 남아있지 않은지 꼼꼼히 확인한다.

(2) 고마쥐(gommage)

■ 준비물

고마쥐 제재, 유리볼, 팩붓, 티슈,
스파츌라, 미온수

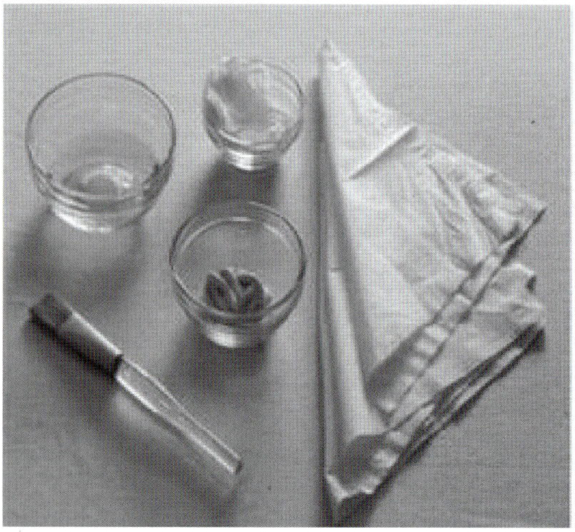

1. 고마쥐 준비하기	- 유리볼에 고마쥐를 적당량 덜어 낸다. - 고마쥐 제형이 귀나 눈에 들어가지 않도록 하고 터번으로 귀를 가리고 목 뒷부분은 티슈로 깔아 준다.
2. 고마쥐 바르기	- 팩 붓으로 이마 → 볼 → 턱 순으로 피부결을 따라 도포한다.(이마부터 마르도록하기 위함) - 아이패드를 하여 눈을 보호한다.
3. 고마쥐 밀어내기 (이마)	- 일정 시간이 지나면(제형이 약간 굳는다.) 텐션을 주어 이마와 오른쪽 볼을 근육결 따라 문지르듯 밀어낸다. - 잔여물은 깔아놓은 티슈에 떨어지도록 한다.
4. 고마쥐 밀어내기 (오른 볼)	- 한손 2지,3지를 이용하여 〈 모양으로 오른 볼 위에 고정하고, 다른 쪽 손으로 고정된 볼 안쪽에서 바깥쪽으로 근육결 따라 밀어낸다. - 잔여물은 깔아놓은 티슈에 떨어지도록 한다.
5. 나머지 얼굴부위 고마쥐 닦아내기	- 이마와 오른쪽 볼을 제외한 나머지 얼굴 부위는 고마쥐를 밀어내지 않고, 미온수를 묻혀 러빙하여 제거한다.
6. 해면 정리하기	- 얼굴 전체를 해면으로 닦아준다.
7. 온습포 정리하기	- 잔여물이 남지 않도록 온습포를 이용해 닦아 낸다.
8. 마무리하기	- 토너로 정리한다.

■ 고마쥐 적용 시 주의 사항

① 터번 착용 시 고마쥐 제형이 귀에 들어가지 않도록 귀를 가려준다.
② 브러시를 이용하여 적당량 얼굴부위에 도포한다.
③ 2~3분 후에 약간 덜 마른 상태에서 근육결 방향대로 주름이 생기지 않도록 텐션을 주면서 손가락을 이용해 밀어낸다.(이마, 오른 볼)
④ 이마와 오른 볼을 제외한 나머지 얼굴 부위는 밀어내지 않고, 물을 이용하여 롤링하면서 크림상태로 만든 후 해면으로 제거한다.
⑤ 너무 강하게 밀어내지 않도록 하며, 제거 시 눈, 코 , 입, 귀, 헤어에 들어가지 않도록 주의한다.

(3) 효소(enzyme)

■ 준비물

효소제재, 유리볼, 팩붓, 미온수,
스티머 기기 or 온습포
(온습포는 국가기술자격(피부미용)
실기시험 적용)

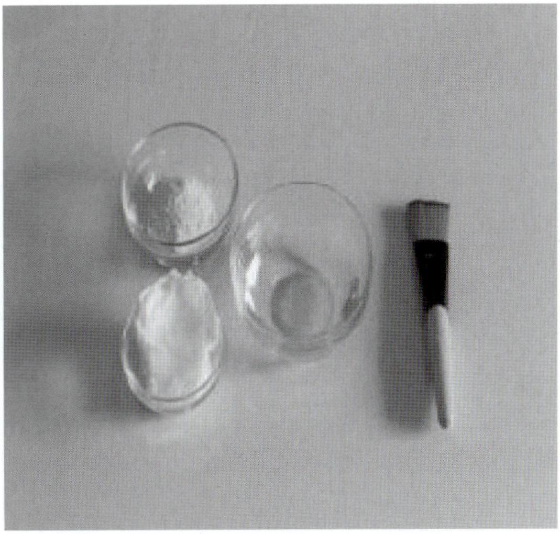

1. 효소 준비하기	– 유리볼에 효소를 덜어내어 미온수나 정제수를 사용하여 효소 분말가루를 거품상태로 만든다.
2. 효소 도포하기	– 아이패드를 하고, 일정한 두께로 고루 펴서 붓을 이용해 효소를 도포한다. – 턱 → 볼 → 코 → 이마 순서로 도포한다.

3. 온습포 올리기 (거즈 사용은 선택)	- 효소를 도포한 후 피부 위에 온습포를 얹는다.(온습포 사용 시 립패드는 하지 않아도 된다) - 온습포를 올리기 전 젖은 거즈를 피부 위에 올려놓을 수도 있다.(거즈 사용은 선택)
4. 올려놓은 온습포 제거하기	- 5분 정도 후 얼굴에 올려놓았던 온습포를 걷어낸다.(피부 상태에 따라 시간을 조절할 수 있으며, 닦을 때 새로운 온습포 사용)
6. 해면 정리하기	- 얼굴 전체를 해면으로 닦아준다.
7. 온습포 정리하기	- 잔여물이 남지 않도록 온습포를 이용해 닦아 낸다.
8. 마무리하기	- 토너로 정리한다.

■ 효소 적용 시 주의 사항

① 효소 가루를 미온수나 정제수로 섞을 때 거품의 상태가 너무 묽거나 되직하지 않게 한다.
② 브러시를 이용하여 얼굴 전체에 균일하게 도포한다.
③ 눈, 코, 입에 들어가지 않도록 하며 특히 눈에 들어가지 않도록 주의한다.

(4) A.H.A(alpha hydroxy acid)

■ 준비물

AHA 제재(액체형) 유리볼, 팩붓, 면봉, 냉습포

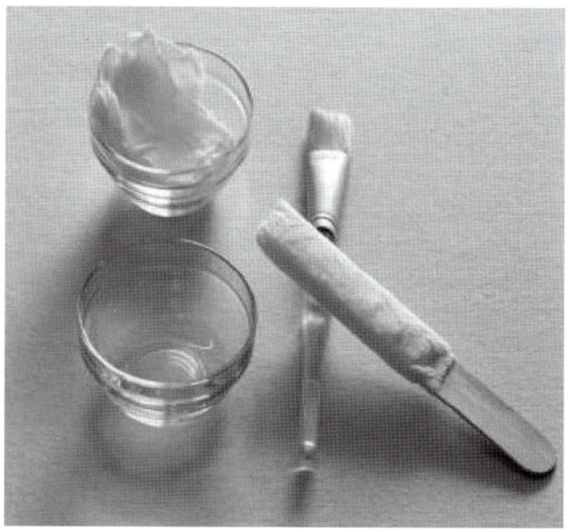

1. AHA 준비하기	– 아이패드를 눈에 올려 보호한다. – 유리볼에 AHA를 적당량을 덜어 낸다.
2. AHA 도포하기	– 팩 붓으로 피부결 따라 골고루 도포한다. – T존 → U존 순으로 도포한다.
3. 해면 정리하기	–5분 정도 후 젖은 솜이나 해면으로 닦아낸다. (피부 상태에 따라 시간을 조절할 수 있다)
4. 냉습포 정리하기	– 잔여물이 남지 않도록 냉습포를 이용해 닦아낸다. – 피부가 예민해지므로 부드럽게 적용한다.
5. 마무리하기	– 토너로 정리한다.

■ A.H.A 적용 시 주의 사항

① 반드시 눈에 젖은 아이패드를 먼저 올린 후 A.H.A를 팩 붓이나 면봉을 이용하여 T존 부위부터 도포하고 나머지 부위를 도포한다.

② A.H.A는 산성이므로 농도 기준을 확인하여 사용한다.
(교육용 허용기준 농도는 10% 미만, pH 3.5 이상)

③ 피부유형별로 적용시간은 차이가 있으며, 정상적인 피부는 5~7분, 노화 및 색소 침착 피부는 7~9분, 예민한 경우는 3~5분 정도이다.
(A.H.A는 적용 과정이 단순하여 시간 활용에 주의한다. 국가기술자격(피부미용) 실기시험은 시험시간 90% 적용기준에 맞춘다.)

4. 피부타입 별 클렌징 적용 정리

기초 화장품	분류	적용 가능한 피부 타입
클렌징	클렌징 로션	모든 피부
	클렌징 크림	예민피부, 지성 및 여드름 피부 제외
	클렌징 오일	모든 피부
	클렌징 젤	지성 및 여드름 피부
	클렌징 워터	지성 및 여드름 피부, 가벼운 화장 제거
딥클렌징	스크럽	각질이 두껍고 순환 저하 피부
	고마쥐	염증성 여드름피부 제외
	효소	모든 피부
	A.H.A	건성, 노화, 색소침착 피부
	B.H.A	여드름, 지성 피부
화장수	유연화장수	건성, 노화 피부
	수렴화장수	지성, 여드름 피부

CHAPTER
09
메뉴얼테크닉 관리

1. 매뉴얼테크닉 관리의 이해

매뉴얼테크닉은 피부 유형에 알맞은 제품을 이용하여, 5가지 동작인 쓰다듬기(effeurage), 문지르기(friction), 반죽하기(petrissage), 두드리기(tapotement), 떨기(vibration) 등의 동작으로 피부와 근육조직에 마찰하여 피부의 기능을 활성화시킨다. 매뉴얼테크닉은 손을 사용하여 통증을 줄이는 본능적인 행위에서 시작된 것으로 물리적 자극에 의한 신체 조직의 기능을 촉진시킴으로써 혈액순환과 신진대사를 증진시켜 체내 노폐물 배출을 도와주어 얼굴이 맑고 건강한 피부 상태를 유지할 수 있도록 한다.

효과적인 매뉴얼테크닉 관리를 위해서 해부생리학을 근거한 신체 조직의 이해와 올바른 손동작(manipulation)을 습득해야 한다.

2. 매뉴얼테크닉 관리의 효과

매뉴얼테크닉 관리는 혈액과 림프의 순환을 증가시킨다. 리드미컬한 손동작을 통하여 적당한 압이 가해졌을 때 혈액의 흐름과 림프의 흐름을 원활하게 한다. 매뉴얼테크닉은 너무 오랜 시간 진행하거나 강하게 압을 주어 지속적으로 하지 않으며, 고객의 상태에 따라 긍정적인 효과를 줄 수 없을 때는 관리를 중단하거나 실시하지 않는다.

매뉴얼테크닉은 다음과 같은 효과를 갖는다.

① 심리적인 안정감을 주며 긴장감을 이완시킨다.
② 혈액순환 및 림프순환을 촉진한다.
③ 피부에 영양을 공급하고 노폐물을 배출시킨다.
④ 피부의 부종완화와 세포재생에 효과적이다.
⑤ 각질 제거, 노폐물 제거로 인해 피부결 정리에 효과적이다.

3. 매뉴얼테크닉 관리의 적용 범위

얼굴 매뉴얼테크닉 관리를 효과적으로 수행하기 위해서 해부생리학을 근거한 신체 조직의 이해, 얼굴 근육, 얼굴 경혈점(에너지 포인트), 얼굴 림프절에 대해 반드시 학습되어야 한다.
효과적인 학습의 이해를 위해 다음과 같은 모식도를 활용해 본다.

1) 얼굴 근육

얼굴 관리를 위한 매뉴얼테크닉 수행 시 힘을 가하는 방향은 항상 근육의 시작점으로부터 종착점을 향해야 하므로 머리, 얼굴, 목 등에 위치한 수의근에 대해 어디에 위치하며 무엇을 조절하는지는 기본적으로 알아야 한다.

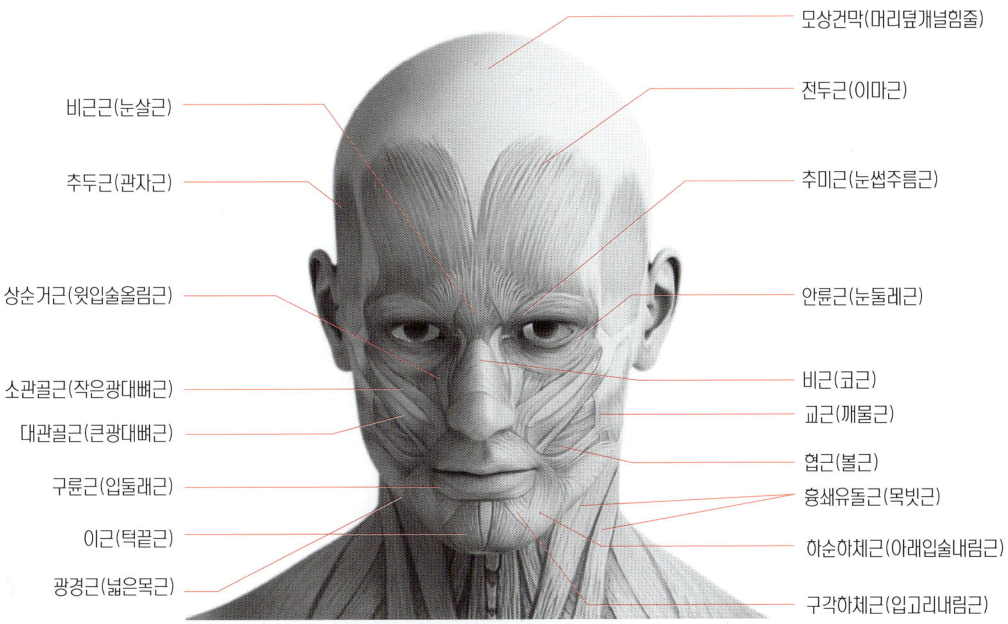

[정면]

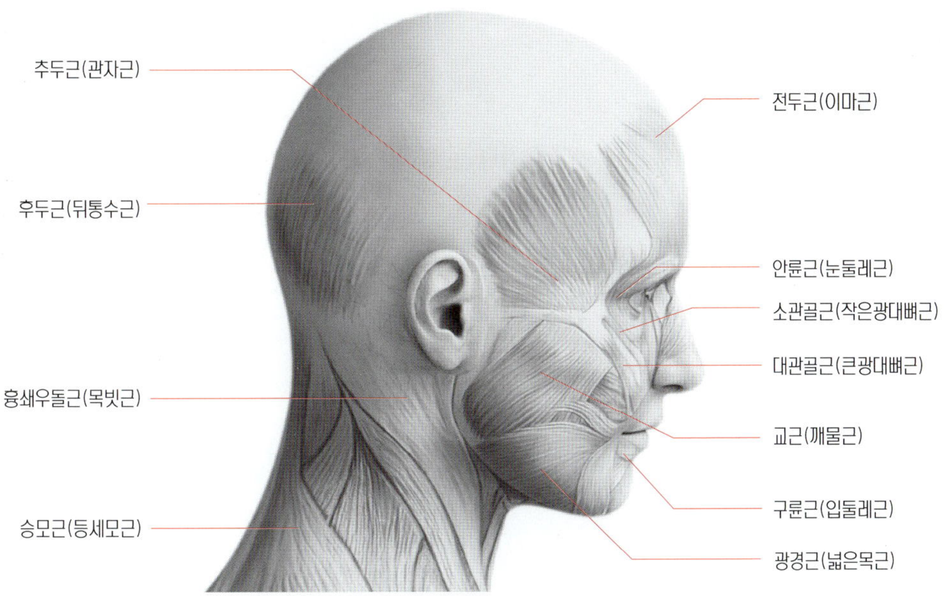

[측면]

그림 9-1 머리, 얼굴, 목 근육의 위치와 명칭

■ 다음 근육의 위치에 맞게 근육 명칭을 적어 봅니다.

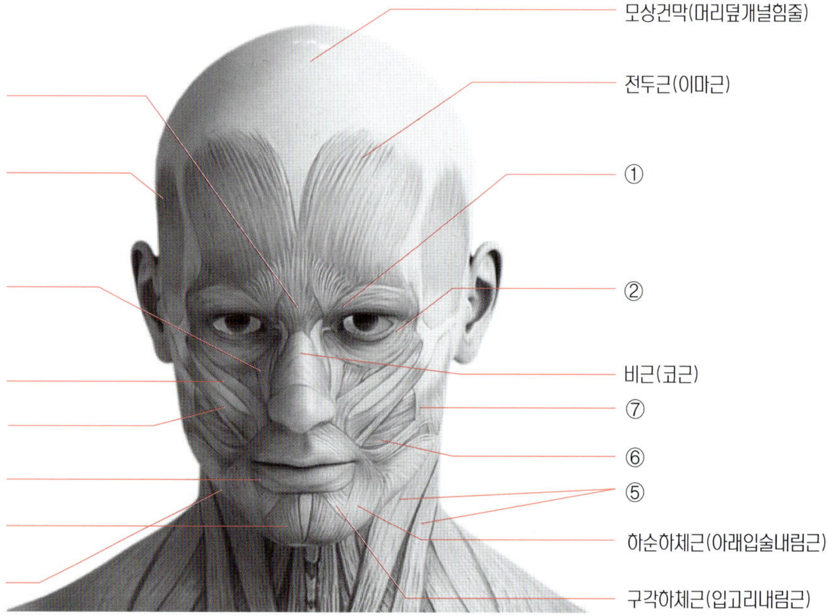

[정면]

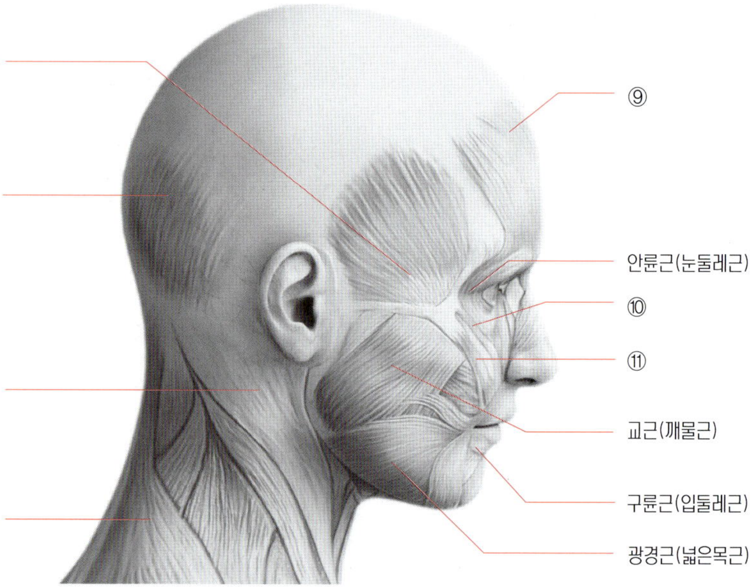

[측면]

2) 얼굴 경혈점(에너지 포인트)

얼굴 경혈점은 에너지 포인트로써 피부미용 관리에서 얼굴 매뉴얼테크닉의 간접효과를 기대하는 목적으로 사용되기도 한다. 얼굴의 특정 부위(에너지 포인트)를 중지나 엄지 등으로 압력을 가하며 지그시 눌러 주는 동작을 시행하게 되는데, 이것은 경혈요법의 일부를 일반 매뉴얼테크닉에 도입하여 얼굴 관리의 시너지 효과를 얻고자 함이다.

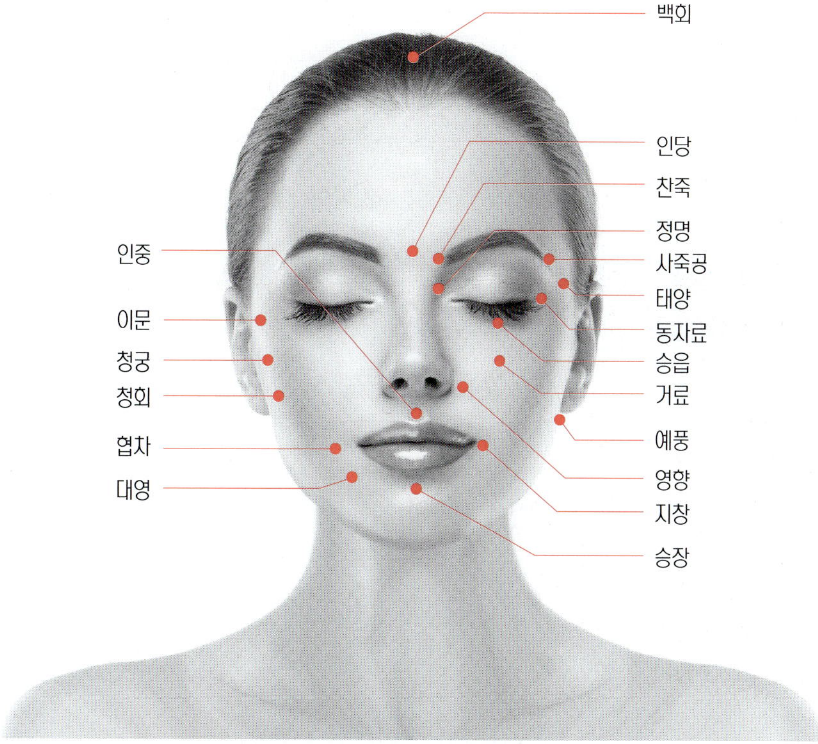

그림 9-2 얼굴 경혈점(에너지 포인트)의 명칭과 위치

표 9-1 얼굴 관리 시 얼굴 경혈점(에너지 포인트)이 미치는 효과

명 칭	효 과
인당	뇌파를 자극하여 눈의 두통, 설근과 연결, 말더듬 치료
정명	눈가 주름, 눈의 부종
찬죽	눈가 주름, 눈의 부종, 눈 떨림
사죽공	얼굴 근육 경직
동자료	눈가 잔주름, 얼굴 근육 경직
승읍	눈가 잔주름, 눈밑 처짐
거료	볼 처짐, 얼굴 윤곽
영향	여드름, 피지 과다, 입 냄새
인중(수구)	얼굴 근육 경직 예방
지창	입 꼬리 처짐, 입술 주름
승장	입술 주름, 얼굴 근육 경직, 턱 부위 불균형
청회	얼굴 근육 경직, 얼굴 홍조
청궁	얼굴 주름, 얼굴 측면 여드름
이문	얼굴 근육 경직, 턱선 비대
태양	뇌하수체와 관련하여 정서 안정
백회	탈모, 피부 윤기, 신경 진정

■ 얼굴 경혈점의 위치를 표시하고, 각 경혈점이 얼굴 관리에 미치는 효과에 대해 적어 봅니다.

명 칭	효 과
정명	
찬죽	
사죽공	
동자료	
승읍	
거료	
이문	
영향	
수구	
지창	
승장	
태양	
백회	

4. 매뉴얼테크닉 관리 특징

(1) 매뉴얼테크닉의 방향

모든 매뉴얼테크닉은 크게 몸의 말초에서 심장 방향으로 이루어지며, 신체 부위에 따라 근육결 방향과 같은 방향으로 적용한다. 얼굴근육은 표정에 따라 움직이며 표정근육이 탄력을 잃게 되면 주름이 만들어지므로 주름을 예방하기 위해서 근육결 방향으로 매뉴얼테크닉을 실시해야 한다. 대체로 얼굴 안쪽에서 바깥쪽으로 향하는 동작을 할 때 압을 주고, 아래에서 위로 향할 때 압을 주면서 관리한다.

(2) 속도, 리듬감, 규칙성

신경의 진정효과와 이완효과를 위해서 생체 리듬에 맞추어서 너무 빠르거나 느리지 않은 적당한 속도와 강약이 실린 리듬감을 가져야 한다. 매뉴얼테크닉 동작은 같은 동작을 3~4번 반복하면서 일정한 속도로 리듬감이 느껴지는 규칙성을 가지고 실시해야 한다.

(3) 유연성

매뉴얼테크닉을 진행하는 관리사의 어깨와 손목과 손으로 이어지는 부분이 긴장감으로 경직되지 않게 부드럽게 진행한다. 바른 자세로 유연하게 곡선으로 행하도록 한다. 손동작을 부드럽게 움직이면서 얼굴의 입체적 윤곽을 따라 얼굴 전체의 탄력성을 줄 수 있도록 관리를 진행한다.

(4) 밀착감

매뉴얼테크닉 관리를 실시할 때 손동작은 부드럽지만 견고해야 하며 피부에 완전 밀착하여 미끄러지지 않고 동작의 목적에 따라서 근육결 혹은 피부결 따라 적절하게 진행한다.

(5) 연속성, 연결성

매뉴얼테크닉 관리가 이루어지는 시작부터 끝나는 시간까지 모든 동작은 끊기는 느낌 없이 이어져야 하며 동작과 동작 사이에 멈추거나 머뭇거리지 않아야 한다. 동작과 동작을 연결 또는 이동하는 과정 중에는 항상 한 손은 피부표면에 접촉을 하고 이동을 하며, 관리 중의 모든 동작은 연속적으로 행해지는 가운데 이루어진다. 관리 시 고객과의 접촉은 관리의 최종 마무리가 이루어질 때까지 지속되어야 한다.

(6) 압력

매뉴얼테크닉의 시작과 끝은 부드럽고 천천히 → 강하고 빠르게 → 부드럽고 천천히 순으로 진행한다. 고객의 피부상태와 관리 시 압의 세기에 대한 선호도에 따라서 압력의 정도를 조절하며 지나치게 강한 자극은 피한다. 너무 강하면 피부에 자극을 주어 붉게 되거나 예민해지고, 모세혈관이 파열되는 경우도 있으므로 주의한다.

(7) 시간

얼굴관리에서 매뉴얼테크닉의 적절한 적용시간은 10~15분 정도가 이상적이며, 피부상태에 따라 반복횟수를 조절한다. 특히 예민하거나 여드름 피부는 오랜 시간 지속하지 않는다.

(8) 정확성

매뉴얼테크닉 동작에 대한 올바른 적용 방법 및 효과를 인지하고 얼굴 근육의 특징과 근육결에 따라서 정확한 부위에 정확한 동작의 구사가 필요하다. 관리 시 제품이 눈, 코, 입에 들어가지 않도록 주의하며 진행한다.

5. 매뉴얼테크닉 관리 기본 동작과 방법

1) 경찰법(쓰다듬기, effleurage)

- 손전체로 부드럽게 쓰다듬는 동작
- 마사지의 시작과 끝 부분에 주로 쓰인 동작
- 제품 도포 및 전체 마사지시 사용하는 동작

효과	매뉴얼 테크닉 처음과 끝부분에 사용하며, 테크닉과 테크닉의 연결동작에도 주로 사용된다. 자율신경계의 자극을 통한 피부 휴식, 긴장 완화와 진정 작용의 효과가 있다. 또한 모세혈관 이완과 림프선 자극을 통한 순환의 효과가 있다.

2) 강찰법(마찰하기, 문지르기, friction)

- 손가락의 끝 부분을 이용하여 원을 그리며 가볍게 움직이는 동작
- 이마, 볼 등의 부분 마사지시 동작

효과	혈액순환 촉진과 모공의 피지 및 노폐물 배출을 용이하게 한다. 피부의 탄력 증가 효과와 주름이 생기기 쉬운 부위인 이마, 입가, 눈가에 실시할 경우 근육의 긴장을 이완시키는 효과와 결체조직을 강화시킬 수 있다.

3) 유연법(반죽하기, petrissage)

- 피부 밑의 조직까지 움직임을 주는 강한 동작
- 강하게 쥐었다가 가볍게 주무르는 동작
- 손가락 전체를 이용하여 피부를 쥐었다가 푸는 동작

효과	근육의 긴장을 이완시키고, 근육강화에 효과가 있다. 또한 혈관과 림프의 흐름을 촉진시키며 노폐물 제거에 용이하다.

4) 고타법(두드리기, tapotement)

- 손가락을 이용하여 피부를 빠르게 두드려주는 동작
- 손의 측면을 이용하여 리듬감 있게 두드리는 동작

효과	리듬감 있는 동작으로 화장품의 흡수를 돕는 효과가 있다. 결체조직의 강화와 근육의 긴장 이완의 효과가 있다.

5) 진동법(떨기, vibration)

- 손 전체나 손가락을 이용하여 피부에 고른 진동을 주는 동작
- 섬세한 자극을 주는 동작

효과	피부에 탄력과 혈액순환 촉진 효과가 있다. 피부와 뭉친 근육을 이완시킨다.

6) 압박법(꼬집기, Dr.Jacquet movement)

- 손끝이나 손바닥 전체를 사용하여 혈점을 자극하는 동작
- 피부를 잡아 비틀 듯이 하는 동작
- 양손의 엄지와 검지 혹은 약지를 이용하여 손가락에 적당히 힘을 가하여 비틀어 회전시키는 동작

효과	피부에 탄력과 혈액순환 촉진 효과가 있다. 피부와 뭉친 근육을 이완시킨다.

6. 매뉴얼테크닉 관리 유의사항

다음의 비적용 대상을 주의하여 관리를 실시한다.

① 감염성이 있는 피부질환이 있는 사람
② 염증이나 일광욕 후 피부 자극이 심한 사람
③ 수술직후나 시술직후의 사람
④ 임신 초기와 말기의 임산부
⑤ 천식을 앓고 있는 사람
⑥ 관리 중 피부 자극으로 인해 통증이나 소양감(가려움증)을 호소할 경우 무조건 관리를 중지한다.

7. 매뉴얼테크닉 관리 후 조언

① 고객에게 관리를 다 마친 후 독소배출을 위해 물을 마셔야 하는 이유를 설명하고 1~2잔 정도의 물을 권한다.
② 관리가 진행되는 동안 독소배출을 위한 혈액순환이 에너지를 필요로 하므로 관리 후 피로감을 느낄 수 있으며 따라서 관리 직후 무리하게 심한 운동을 하지 않도록 설명한다.
③ 관리 당일 보다 관리 며칠 후 더 좋은 효과를 느낄 수 있음을 설명한다.

8. 매뉴얼테크닉 적용 과정

① 손을 이용한 피부관리 또는 매뉴얼테크닉이라고 한다.
② 관리 시 크림류나 오일류를 사용하며, 제품의 도포량이 너무 많아 손이 미끈거리지 않도록 한다.
③ 허리는 편 상태로 고객의 머리와 관리사의 배의 간격이 주먹 하나(10cm 가량) 정도의 여유

공간을 둔다. 또한 관리사의 두 발은 바닥에 안정적으로 발바닥 전체가 붙어 있어야 한다.

④ 관리 범위는 얼굴, 목을 포함한 데콜테까지이다.

그림 9-3 매뉴얼 테크닉 적용 범위

1) 매뉴얼테크닉 관리 : 도포 동작

① 손에 크림을 적당히 덜어 손바닥 전체를 이용하여 데콜테 가로방향으로 왕복 교차하며 쓰다듬기 하며 도포한다.

② 목 부위를 세로방향(아래 → 위)으로 목 전체를 쓰다듬고, 양 어깨선을 따라 쓰다듬기하며 도포한다.

③ 양 손 바닥 전체를 이용하여 턱 밑과 턱선 라인을 잡아 쓰다듬기하며 도포한다.

④ 구륜근(입주변)을 라운딩하고 양 볼 전체를 3등분하여 나선형을 그리며 콧망울과 코벽, 콧등을 타고 이마로 올라온다.

⑤ 이마를 가로방향으로 교차 왕복하여 쓰다듬기로 도포하면서 양쪽 관자놀이를 지나 얼굴측면을 타고 내려와 턱밑에서 두 손을 교차하여 빼낸다.

2) 매뉴얼테크닉 관리 : 데콜테 관리

① 양손바닥을 이용하여 데콜테 중앙에서 액와 방향으로 쓰다듬기 한다. 양 어깨를 감싼 후 후두부위의 연수, 풍지를 3회 눌러준다.

② 데콜테 중앙에서 액와 방향으로 나선형으로 마찰하기 한다. 어깨를 감싸고 연수, 풍 지를 3회 눌러준다.

③ 데콜테 중앙에서 왼쪽, 오른쪽 교대로 쓰다듬기를 3회 한다.

④ 주먹을 가볍게 쥐고 액와를 가볍게 압을 준 다음 어깨를 감싼다.

⑤ (고객의 고개를 옆으로 돌려 눕힌 후) 귀 아래에서 흉쇄유돌근 → 액와 방향으로 가볍게 쓰다듬으면서 압을 가하고 가슴 을 3회 올려준다.

⑥ 5번 동작을 반대쪽 부위에 반복한다.

⑦ 데콜테 중앙에서 액와 방향으로 너클링 (knuckling)한다.

⑧ ①번 동작 반복

양 손바닥을 이용하여 데콜테 중앙에서 액와 방향으로 쓰다듬는다. 양어깨를 감싼 후 후두부위의 풍지, 아문을 3회 정도 눌러준다.

⑨ 양손을 이용하여 데콜테 가로방향으로 전체 쓰다듬기 한다. 데콜테 전체에 옆으로 누운 '∞' 자 모양으로 쓰다듬기 한다.

⑩ 양 손 엄지를 이용하여 승모근을 나선형으로 마찰하기 한다. 어깨 → 목 방향으로 들어간 후 엄지 부위로 쓰다듬기 하면서 어깨로 나온다.

⑪ 엄지와 4지를 이용하여 승모근을 3회 주무르기 한다.

⑫ 양 손바닥을 이용하여 데콜테 중앙에서 액와 방향으로 왕복 쓰다듬기 한다. 양 어깨를 감싸고 후두부로 이동하여 아문을 지그시 누른다

3) 매뉴얼테크닉 관리 : 얼굴 관리

① 데콜테 전체를 가로방향으로 왕복 쓰다듬기 한다.

② 목을 양쪽 흉쇄유돌근을 따라 양 손바닥으로 나선형을 그리며 쓰다듬기 하며 올라온다.

③ 고객의 얼굴을 양 옆으로 돌리게 한 후 한쪽씩 흉쇄유돌근 부위를 8자 모양으로 쓰다듬기 한다. (반대쪽 부위도 반복하여 실시)

④ 양 손바닥을 교대로 이용하여 목의 중앙 → 좌 → 중앙 → 우 → 중앙으로 가로 · 세로 방향으로 부드럽게 쓰다듬으며 턱 선까지 올라온다.

⑤ 손가락 4지를 이용하여 왼쪽 턱 선 끝에서 오른쪽 턱 선 끝으로 왕복하며 교대로 쓰다듬기 한다.
⑥ 턱 선을 양 엄지로 나선형을 그리며 마찰한다.
⑦ 손가락 3지와 4지를 이용하여 양쪽 지창(입꼬리)을 끌어올리며 (위로 향할 때 강, 아래로 향할 때 약) 쓰다듬기 한다.
⑧ 양 손바닥으로 광대라인을 따라서 리프팅하듯이 교대로 끌어올려준다. 광대뼈 아래쪽 3차 신경을 따라 2, 3, 4지로 안쪽 → 바깥 방향으로 문지른다.
⑨ 양 손바닥으로 크게 3등분 (턱에서 귀 끝, 지창(입꼬리)에서 귀 중앙, 코끝에서 관자놀이) 하여 나선형을 그리며 마찰한다.
⑩ 볼 부위를 3등분하여 손가락 4개를 튕기듯이 롤링동작 으로 3회 반복한다.
⑪ 양 손 3지와 4지를 이용하여 한쪽 볼씩 지그재그를 그리며 강약을 조절하면서 마찰한다.
⑫ 양 볼 전체와 턱 부위를 꼬집기 한다. (Dr.Jacquet movement)
⑬ 양 손을 동시에 눈꼬리에서 눈머리방향으로 원을 그리며 부드럽게 마찰하기 하고 청명, 찬죽을 지그시 눌러준다.
⑭ 양손을 모 아서 눈 주위에 옆으로 누운 큰 '∞'자를 그리며 반복하여 쓰다듬기 한다.
⑮ 눈 아래 부위를 3등분하여 눈꼬리에서 눈머리 방향으로, 눈머리에서 눈썹 위 방향으로 3등분하여 눌러준다.
⑯ 양 손 3지와 4지를 이용하여 양쪽 눈꼬리에 작은 '8'자를 그리듯이 쓰다듬기 한다.
⑰ 눈 주위에 원을 그리면서 눈썹 앞머리를 지그시 눌러준 후, 눈썹 부위를 2, 3지로 압을 주면서 쓰다듬기 한다.
⑱ 눈썹 부위를 양 손 엄지와 검지(또는 중지)를 이용하여 한쪽 씩 차례대로 찝어주기 한다.
⑲ 양 손 중지와 약지를 이용하여 이마 중앙에서 좌 · 우 방향으로 지그재그 동작으로 마찰하기 한다.
⑳ 두 손을 모아 합장하듯 이마 중앙에서 양쪽 관자놀이 방향으로 쓰다듬기 한다.
㉑ 양 손을 턱 끝에서 교차하여 얼굴 윤곽을 따라 턱 → 볼 → 관자놀이 → 이마 순으로 쓰다듬기하며 올라온다.
㉒ 양손 엄지로 입 주위(구륜근)를 나선형 모양으로 마찰한다.
㉓ 양 손 중지로 구각하체근을 쓸어 올린 후 중지로 영향점을 지그시 눌러 준다.
㉔ 양 손 중지로 입가, 코 끝, 콧망울, 코벽을 '8'자를 그리며 마찰한 후 이마 전체를 가로방향으로 쓰다듬기 한다.
㉕ 양 손바닥으로 구각하체근 → 코벽 → 이마 순서로 쓰다듬기 한 후 관자놀이를 따라 턱으로

내려간다.

㉖ 턱 전체, 양 볼을 손바닥으로 감싸듯이 하여 진동(vibration)하기를 한다.

㉗ 양 손바닥으로 양 볼을 가볍게 누른 후 이마와 턱을 가볍게 누른다.

㉘ 양 손바닥을 이용하여 가볍게 쓰다듬기 동작으로 쓸어주며 마무리한다.

- 턱과 입을 감싸고 하악각까지
- 볼을 감싸고 귀 옆까지
- 이마에서 관자놀이까지 쓸어주며
- 측면을 타고 흉쇄유돌근 부위와 쇄골 밑을 거쳐 액와로 빼준다.

CHAPTER 10 팩과 마스크

1. 팩, 마스크의 이해

얼굴에 적당량의 팩 또는 마스크 제품을 일정한 두께로 알맞게 도포한 후 정해진 시간 동안 외부 공기와 접촉하지 않은 상태로 유지하다가 적당한 시간이 되면 깨끗하게 닦아낸다. 얼굴에 팩 · 마스크를 적용함으로써 혈액 순환 촉진, 신진대사 활성, 피부 모공 속의 노폐물 제거 등의 효과를 기대할 수 있다.

2. 팩과 마스크의 개요

1) 팩

(1) 특징

얼굴에 팩제를 도포한 후에도 외부의 공기가 통하기 때문에 완전하게 굳지 않는다.

(2) 작용 및 효능

얼굴에 팩을 도포하고 제거하는 과정을 통해 얼굴의 죽은 각질과 모공 속 노폐물을 제거하며, 팩을 도포한 후 일정 시간 동안 모세 혈관 수축, 모공과 모낭의 수축으로 인해 피부에 긴장감을 주어 탄탄하게 조여 준다.

2) 마스크

(1) 특징

얼굴에 마스크제를 도포한 후 딱딱하게 굳으면서 외부와의 공기를 차단시킨다. 이때 딱딱하게 굳으면서 형성된 막은 이산화탄소, 수분, 열 등을 통과시키지 않는다.

(가) 외부 공기를 차단시킨다.
(나) 이산화탄소, 수분, 열이 통과하지 않는다.
(다) 영양물질 흡수율이 높다.

(2) 작용 및 효능

마스크제 도포 후 굳으면서 형성된 막은 외부 공기를 차단시켜 얼굴 피부의 온도를 상승시킴으로써 혈액순환과 신진대사를 촉진한다.

(가) 혈액 순환과 신진대사가 활발해진다.
(나) 온도가 상승된다.
(다) 모공과 모낭이 확장된다.

3. 팩 · 마스크의 종류

1) 제거방법에 의한 분류

(1) 물로 씻어 제거하는 형태(wash off type)

피부에 도포후 일정시간 방치 후 물로 제거하는 형태이다. 크림, 젤, 거품, 분말형등의 다양한 형태의 제품은 사용 후 물로 씻어내어 편리하고, 사용 후 청량감을 느낄 수 있다.

(2) 티슈로 닦아 제거하는 형태(tissue off type)

피부에 도포 후 일정시간 방치 후 티슈로 닦아내는 타입으로 홈케어용으로 많이 사용되어진다. 도포 후 가볍게 제거하여 사용할 수 있으므로 공간적으로도 사용이 편이하다. 제품의 사용 특징으로는 영양공급 수분 공급 등 공급의 목적이 높으므로 건성 노화피부 타입에 사용된다.

(3) 굳어서 떼어내는 형태(peel off, film type)

피부에 도포 후 일정시간 방치 후 굳어지는 형태로 떼어낼 때 과피지, 불순물 및 죽은 각질세포가 함께 제거되는 효과가 있어 피부의 청정효과가 있다. 석고, 고무마스크 등의 제형이 있으며 도포 시 균일하게 도포하여 피부자극과 제거가 용이하다.

2) 재료에 의한 분류

(1) 크림 타입(cream type)

사용감이 부드럽고 보습, 유연 효과가 뛰어나며, 도포 후 일정시간이 지나면 제품의 유효성분이 피부에 흡수된다. 10~20분 후 물로 씻어 내거나 티슈로 닦아내는 타입이다.

(2) 겔 타입(gel type)

수성의 겔 타입으로 만들어졌으며 바른 후 건조되어 얇은 필름과 같은 피막을 형성하여 떼어내는 타입(peel off type)과 건조되지 않아 물로 씻어내는 타입(wash off type)이 있다. 투명하고 촉촉한 느낌을 주며 진정 및 보습 효과가 있다. 피지가 많은 지성피부에 효과적이다.

(3) 분말 타입(powder type)

가루 형태로 되어있어 정제수나 용액(화장수)에 섞어 사용하는 팩으로서 피부의 습기와 지방을 흡수하는 성질을 가지고 있다. 크림이나 겔 타입의 팩에 비해서 유효성분의 흡수가 느리므로 팩 위에 스팀이나, 온습포 등을 함께 이용하면 흡수를 촉진시키는데 도움이 된다.

(4) 점토 타입(clay type)

진흙, 점토 등이 주성분으로 카올린(caolin), 탈크(talc), 산화 아연(zinc oxide) 등의 분말성분과 글리세린 등 보습성분을 혼합하여 만든 팩이다. 흡착능력이 뛰어나므로 복합성, 지성, 여드름성 피부에 적합하다. 효능으로는 피지제거, 살균, 소독, 항염, 청정 작용 등이 있다.

(5) 석고 마스크(gypsum mask)

분말로 된 석고형태의 마스크로 정제수나 석고용 특수용액을 섞어서 사용한다. 피부 위에 도포하면 온도가 서서히 40℃ 내외로 올라가 10분 정도 지속된 후, 약 10분간 서서히 온도가 내려가 차가워진다. 석고 마스크는 열이 오르는 온석고와 열이 내려가는 냉석고로 구분된다.

열이 나게 하고 피부를 외부와 차단시켜 밀폐시킴으로서 도포 전에 바르는 베이스 크림이나 앰플의 유효성분을 피부 깊숙이 흡수시켜 준다. 피부가 예민하거나 모세혈관 확장 피부, 여드름성 피부는 사용하지 않는 것이 좋다.

(6) 모델링 마스크(modeling mask)

미역, 다시마와 같은 끈끈한 점액질인 알긴산을 포함하고 있는 해조류가 주성분인 마스크로 분말상태의 파우더에 정제수나 특수용액을 혼합하여 바르면 응고되어 고무막처럼 굳어지는 마스크이다.

마스크가 굳어지면서 공기를 완전히 차단하여 마스크에 함유된 활성성분이 밖으로 빠져나올 수 없어 피부 깊숙이 흡수된다. 피부 진정, 미백, 여드름, 예민 피부에 효과적이다.

(7) 벨벳 마스크(valvet mask)

특수 냉동, 건조시킨 천연 콜라겐이 주성분인 종이 형태의 마스크이며 탄력 증진, 세포재생과 보습, 주름완화, 미백, 진정 등의 효과가 뛰어나다.

(8) 천연 팩(natural material pack)

천연 팩의 재료는 우리 주변에서 손쉽게 구할 수 있는 곡물 가루, 야채, 과일, 한약재 등 매우 다양하다. 과일이나 야채로 팩을 만들 때는 즙을 내어 거즈에 즙을 적셔 바른다. 천연 팩은 과일이나 야채와 같은 신선한 식품 재료로 사용하기 때문에 제조 후 곧바로 사용해야 한다. 성분에 따라 피부 알러지 반응 현상이 있을 수 있으니 주의하여 사용해야 한다.

4. 팩, 마스크 적용 시 주의사항

① 피부가 민감한 경우는 재료 선택에 주의하고, 반드시 패치테스트를 한 후 실시한다.
② 상처가 난 부위는 도포하지 않는다.
③ 염증 및 알레르기성 피부는 적용하지 않는다.
④ 피부유형에 적합한 팩을 선택하여 관리한다.
⑤ 팩 제거 시 너무 굳으면 닦아내기 어려우므로 도포 후 적정 시간이 지나면 바로 닦아낸다. 굳어서 여러 번 닦아내야 하는 경우 젖은 해면으로 부드럽게 제거하여 피부에 자극이 되지 않도록 주의한다.
⑥ 비염환자 또는 일시적인 비염알러지 증상이 있을 수 있으니 반드시 확인 후 입 부위의 도포를 결정한다.
⑦ 눈과 입술까지 덮어야 하는 팩이나 마스크 시술 시 폐쇄공포증이 있는지를 반드시 확인하고, 폐쇄공포증이 있는 경우에는 눈과 입술을 열어준다.
⑧ 매뉴얼테크닉 후에는 반드시 유분기를 제거하여 팩의 유효성분의 흡수를 방해하지 않도록 한다.
⑨ 팩 도포 후 팩제가 마를 때까지 오랜 시간 기다려야 하고 심리적 안정감을 위해서 눈에 아이패드를 덮어준다.
⑩ 목은 인체 순환을 위한 교차로 역할을 하므로 되도록 목까지 도포하는 것이 좋다.(고무모델링, 석고마스크는 턱 밑까지 적용)

5. 팩 · 마스크 적용 과정

① 딥 클렌징이나 매뉴얼테크닉 관리 다음 단계에 사용한다.
(국가기술(피부미용)자격증 실기는 매뉴얼테크닉 관리 이후 실시)
② 피부 유형에 맞는 적당한 타입을 선택한다.
③ 붓 또는 주걱을 이용하여 도포한다.
④ 도포 순서 : 볼 → 턱 → 코 → 이마 → 목
⑤ 도포 후 아이패드, 립 패드를 사용하여 고객에게 안정감을 부여한다.
⑥ 사용시간 : 크림팩 – 10분, 마스크 – 20분
⑦ 팩 · 마스크 적용 시 입과 콧구멍에 들어가지 않도록 하며, 머리카락에 묻지 않도록 주의한다.

1) 크림팩(cream pack) 적용 과정

■ **준비물 :** 피부 타입에 맞는 크림팩(지성피부용, 건성피부용, 정상피부용), 유리볼, 스파츌라, 팩붓, 아이&립 패드

① 피부타입(T–존, U–존 목부위) 에 맞는 크림팩을 유리볼에 덜어 놓는다.
② 아이크림과 립크림을 도포한다.
③ U–존 부위에 해당 팩을 피부의 안쪽에서 바깥방향으로 피부결 따라 발라준다.
④ T–존 부위에 해당 팩을 피부의 안쪽에서 바깥방향으로 피부결 따라 발라준다.
⑤ 목 부위에 해당 팩을 피부안쪽에서 바깥방향으로 피부결 따라 발라준다.
- 목과 연결하여 쇄골 및 3cm까지 발라준다.

⑥ 아이패드와 립 패드를 올려놓은 후, 터번을 풀고, 유효성분이 흡수되도록 7~8분 정도 기다린다.
⑦ 아이패드 제거 후, 해면으로 닦아준다.
- 크림 팩이 너무 말라 제거가 용이하지 않을시 젖은 거즈나 화장 솜을 이용하여 수분을 보충시킨 후 제거하면 쉽다.

⑧ 냉습포로 닦아준다.

⑨ 토너를 이용 pH와 피부결을 정돈하여 준다.
⑩ 마무리 크림을 도포하여 준다.

2) 고무모델링 마스크(modeling mask) 적용 과정

제품이 도포 후 시간이 가면서 고무형태로 점점 굳어져 제거하는 특징을 가지고 있다. 고무팩제의 분말과 정수 또는 정제수와 혼합하여 피부에 도포하는 제품으로 시간이 가면서 점점 굳어지면서 피부의 온도를 낮추어 피부의 탄력과 진정에 효과적으로 작용한다. 팩으로 제품도포 전 앰플과 에센스를 도포하여 효과를 높여 사용한다. 제품에 따라 특수 용액이 아닌 증류수나 정제수를 사용할 수 있다. (국가기술(피부미용)자격 실기는 아이 & 립크림만 도포 · 흡수시키고 아이패드 장착 후 고무모델링 마스크를 올림)

■ **준비물 :** 피부타입별 고무팩 가루, 정수 or 정제수 , 아이크림, 립크림, 고무볼, 스파츌라, 아이패드

고무모델링 마스크 적용 과정

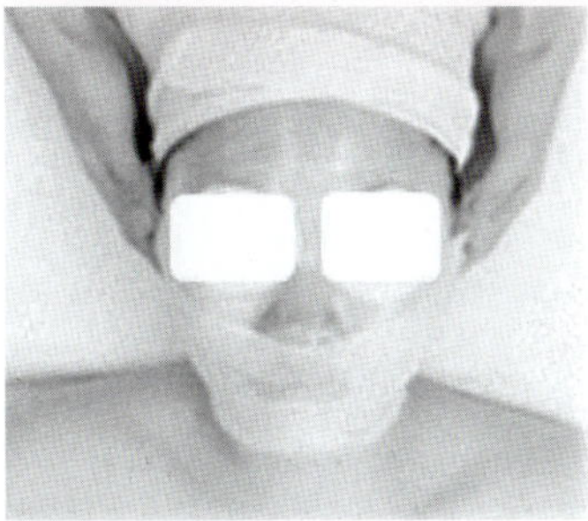

① 모발에 마스크가 묻지 않도록 터번으로 머리를 감싸고 아이크림과 립크림을 바른다.

② 아이패드와 립패드를 올려준다.

③ 고무볼에 고무팩 가루와 물을 비율에 맞게 골고루 섞어준다.
- 정수 or 정제수와 1:1을 기준으로 섞어주나 제품에 따라 물의 비율이 조금씩 다를 수 있음.

④ 안에서 밖으로 아래에서 위 방향으로 고른 두께로 얼굴과 턱밑까지 균일하게 도포하여 준다. 순서: 눈부위 → 이마 → 코 → 오른 볼 → 턱 → 왼 볼 → 인중

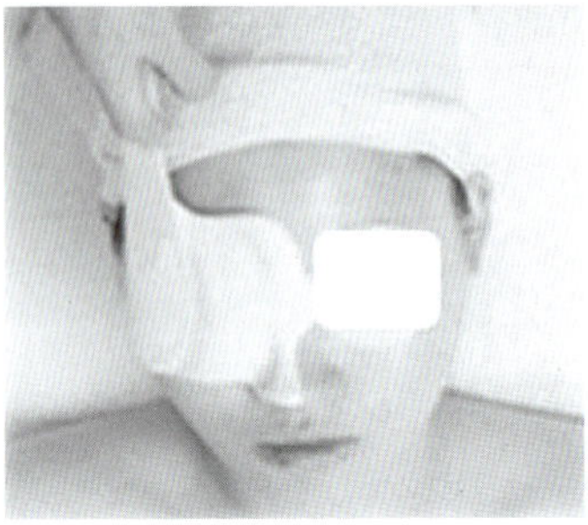

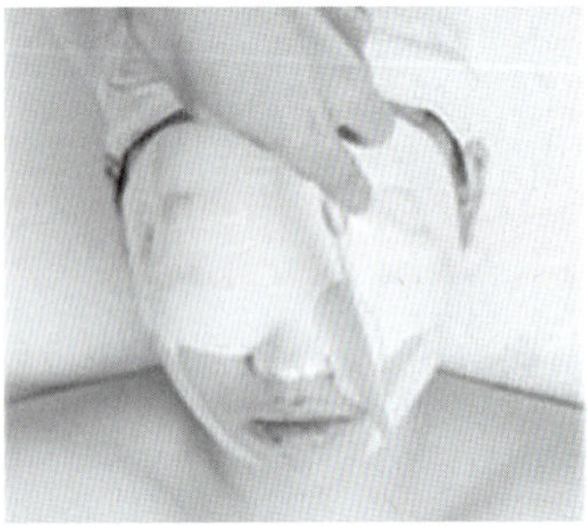

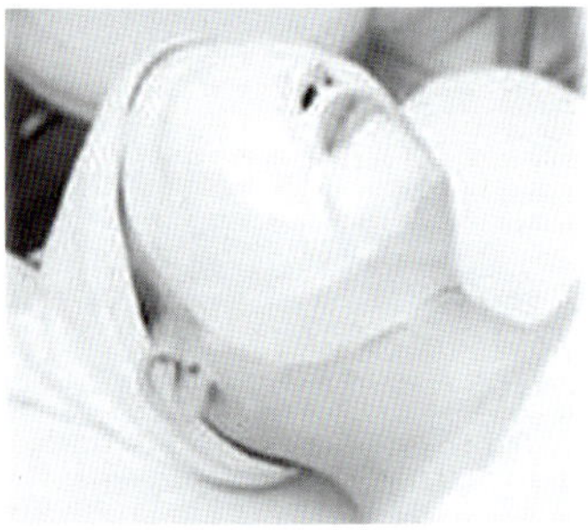

⑤ 제품의 도포는 신속하고 정확하게 이루어지도록 한다.

⑥ 도포 후 터번을 풀어 목이 편안하게 해준다.

⑦ 유효성분이 흡수되도록 10~15분 정도 방치한다(국가기술(피부미용)자격시험 실기과정은 마스크적용 20분 완성이므로 10분 정도 방치).

⑧ 시간 경과 후, 젖은 1회용 해면이나 물기가 있는 해면을 이용 고무마스크의 가장자리부분을 살짝 적신 후 굳어진 고무마스크를 아래에서 위로 제거한다.

⑨ 해면을 이용하여 잔여물을 제거한다.

⑩ 냉습포를 이용하여 닦는다.

⑪ 토너를 이용 pH와 피부결을 정돈하여 준다.

⑫ 아이크림과 립크림, 영양 크림을 도포하며 마무리한다.

3) 석고마스크(gypsum mask) 적용 과정

석고는 적당량의 미온수를 섞어 피부에 도포 후 39~41℃ 정도의 열을 8~15분 정도 지속적으로 발열이 되어 진다. 석고마스크의 기능은 석고 자체의 온도 변화 외에는 특별한 제품성분의 흡수효과는 거의 없으므로 석고 마스크 도포 전 피부에 유효성분을 줄 수 있는 영양제품과 석고팩제를 도포하여 열에 의한 흡수로 그 효과를 기대할 수 있다.

석고마스크는 피부의 온도를 일시적으로 올려주면서 혈액순환을 촉진 시켜주고 노화피부에 영양을 공급해주는 효과가 있다. 석고 마스크는 웜(warm) 석고가 있고 쿨(cool) 석고가 있는데 쿨 석고 또한 열이 오르나 멘톨이나 캄퍼 성분이 함유되어 시원해지는 느낌을 전달 받는다.

■ **준비물 :** 타입별(웜, 쿨) 석고분말가루, 미온수 , 아이크림, 립크림, 석고전용 베이스크림, 고무볼, 스파츌라, 아이패드, 거즈

석고 마스크 적용 과정

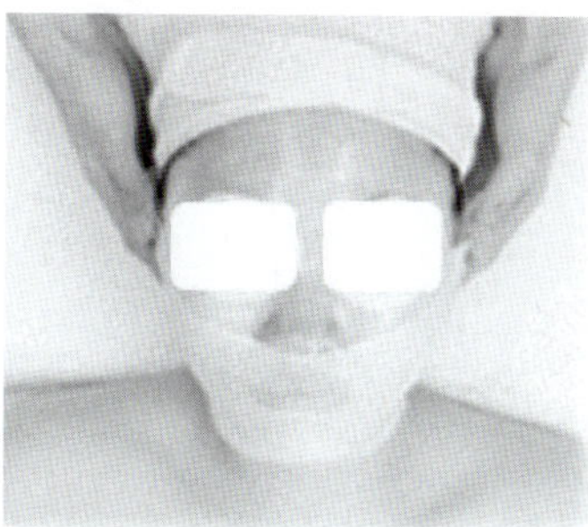

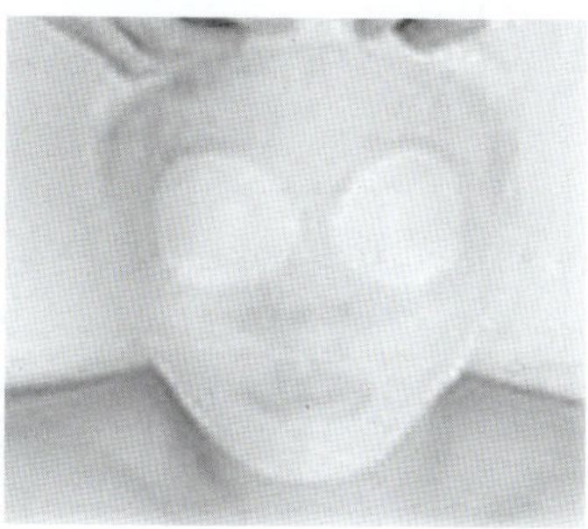

① 모발에 마스크가 묻지 않도록 터번으로 머리를 감싸고 아이크림과 립크림을 바른다.

② 피부타입별 석고 전용 베이스크림을 얼굴에 충분히 도포하고 아이패드를 올린다.

③ 숨을 쉴 수 있도록 코 부분을 잘라낸 거즈를 얼굴에 올려준다.

④ 석고볼에 석고팩 가루와 미온수를 골고루 섞어준다(제품에 따라 물의 비율이 조금씩 다를 수 있음).

⑤ 안에서 밖으로 아래에서 위 방향으로 고른 두께로 얼굴과 턱밑까지 균일하게 도포하여 준다. (눈부위 → 이마 → 코 → 오른 볼 → 턱 → 왼 볼 → 인중)

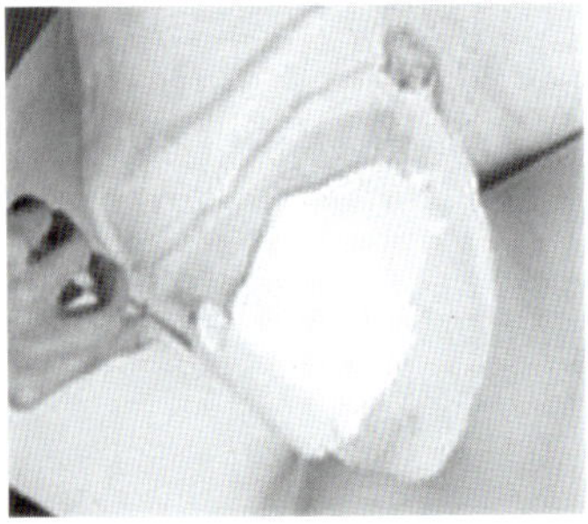

⑥ 제품의 도포는 신속하고 정확하게 이루어지도록하며, 도포 후 터번을 풀어 목이 편안하게 해준다.

⑦ 유효성분이 흡수되도록 10~15분 정도 방치한다(국가기술(피부미용)자격시험 실기과정은 마스크적용 20분 완성이므로 10분 정도 방치).

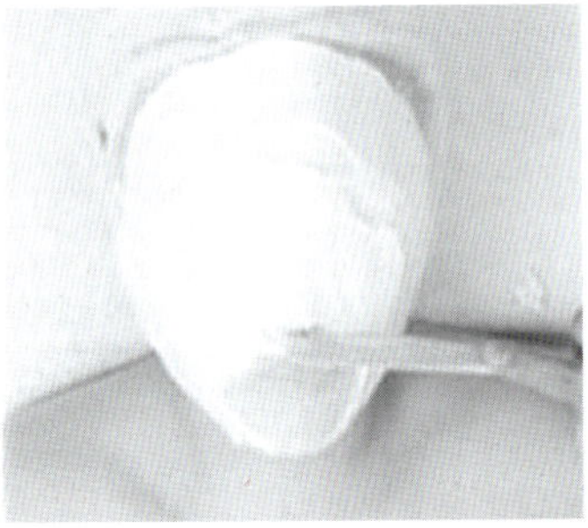

⑧ 시간 경과 후, 석고의 온도가 내려갔는지 손을 대보고 확인해보고 석고마스크를 좌우 · 상하 방향으로 가볍게 흔들어 준 후 위로 들어 올려 제거한다.

⑨ 해면을 이용하여 잔여물을 제거한다.

⑩ 냉습포를 이용하여 닦는다.

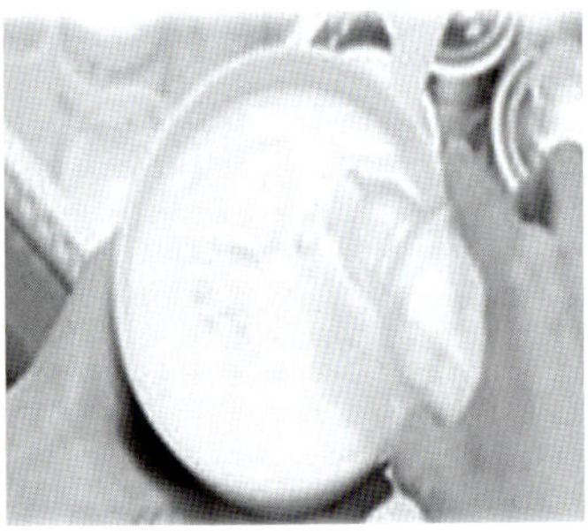

⑪ 토너를 이용 pH와 피부결을 정돈하여 준다.

⑫ 아이크림과 립크림, 영양 크림을 도포하며 마무리한다.

6. 얼굴관리 마무리하기

(1) 얼굴관리 마무리의 개념

피부미용 관리의 가장 마지막 단계로써 피부의 pH를 조절하고 피부 정돈과 피부 상태에 따 라 화장품을 선별하여 영양 상태의 물질을 흡수시킨 후 자외선 차단제로 마무리하는 능력이다.

(2) 피부유형에 따른 기초화장품의 선택

① 정상 피부 타입

건강하고 이상적인 피부유형으로 유분과 수분의 밸런스가 균형을 이루고 피부 기능이 정상적으로 유지 되는 타입이다. 피부의 모공이 작고 피부 결이 고우며 피지 분비가 원활하게 이루어져 항상 촉촉한 피부로 유지된다. 대부분의 기초 화장품 및 기능성 화장품 사용이 가능하다.

② 지성 피부 타입

피지가 과다하게 분비되는 피부유형으로 모공이 정상 피부보다 넓고 각질층이 두꺼우며 피부 표면이 늘 번들거린다. 환경적 요인보다 유전적 원인이 크게 작용할 수 있다. 알코올 성분이 함유된 수렴화장수 또는 오일프리, 젤 타입의 기초화장품이 적합하다.

③ 건성 피부 타입

유분과 수분이 부족한 피부유형으로 모공은 매우 작아 눈에 띄지 않으나 피부 표면에 잔주름이 생기기 쉽다. 피지 분비량이 적어 피부가 거칠며 수분 부족현상으로 피부의 탄력과 윤기가 없다. 유연화장수 또는 크림타입의 기초화장품이 적합하다.

④ 민감성 피부 타입

피부 결이 매우 섬세하며 피부 조직이 얇고 아주 작은 외부 자극에도 민감하게 반응하여 자주 붉어진다. 피부가 건조하기 쉬워 자극에 예민하다. 화장품 성분에 따라 민감해지기 쉬우므로 화장품 사용에 주의하며 자극 없는 젤 타입과 오일 타입의 기초화장품이 적합하다.

⑤ 복합성 피부 타입

얼굴 부위에 따라 피지 분비량이 일정하지 않는 특징을 가지며, 피부유형으로 두 가지 이상의 피부타입이 나타난다. 피부 결이 전체적으로 균일하지 않고 T-zone 주위에는 유분기가 많은 반면 U-zone인 볼 부위는 건조하다. 피부관리 시 다소 번거롭지만 피부특성에 따라 부위별로 기초화장품을 적용해주는 것이 좋다.

(3) 기초화장품의 종류

① **스킨 토너**(skin toner) – **pH 밸런스를 조절**

화장수로도 통칭되며 일반적인 기초제품 화장수로 유연 화장수와 수렴 화장수로 분류된다.

- **유연 화장수**

유연 화장수에는 보습제, 유연제가 함유되어 있다. 그래서 피부의 각질층을 촉촉하고 부드럽게 하는 목적으로 사용되며 흔히 스킨소프트너(skin softner)라고 한다.

- **수렴 화장수**

피부에 수분을 공급하고 일정 성분의 알코올 함량으로 인해 모공의 청결 및 모공 수축 효과가 있으며, 수렴화장수를 아스트린젠트라고도 한다.

② **에센스나 세럼**

③ **데이크림 :** 낮에 바르는 영양 크림

④ **나이트크림 :** 밤에 바르는 영양 크림

⑤ **아이크림 :** 눈 주위에 바르는 영양 크림

⑥ **선크림 :** 자외선을 차단시키는 로션이나 크림

CHAPTER 11

림프 관리

1. 림프 관리의 이해

림프 관리(lymph drainage)는 림프절을 심장 방향으로 가볍게 쓰다듬어 림프관을 이완시키고 이완된 림프관을 통해 림프액 배출을 촉진시켜 체내의 노폐물 배출을 돕고 조직의 영양대사 및 신진대사를 원활하게 한다.

림프계는 혈관과 같은 순환계이지만 다른 종류의 순환계로써 림프(lymph), 림프관(lymphatic vessel), 림프절(lymph node)로 구성되어 있다.

① 림프절은 작은 완두콩 모양처럼 작고 둥근 형태로 집합되어 있으며 림프관을 흐르는 림프를 통과하게 된다. 신체의 다양한 부위에 존재하며 주로 목, 겨드랑이, 복부, 골반, 서혜부, 가슴 등에 많이 분포한다.

② 림프관은 림프를 림프절로 이동시키는 통로로써 림프절을 서로 연결하는 역할을 하며, 정맥과 비슷한 구조를 가지고 있지만 혈관에 비해 벽이 얇고 정맥과 동일하게 림프관에도 판막이 있어 림프의 역류를 방지한다.

③ 림프는 골수에서 만들어지며, 모세 혈관에서 나온 혈장이 림프관으로 들어가 림프가 된다. 여드름을 짠 후 나오는 담황색 액체와 물집에서 림프를 볼 수 있다. 조직사이에 지나치게 축적된 체액을 심장으로 되돌려 보내며, 병원체의 침입으로부터 몸을 보호하는 면역기능을 하고 있다.

인체는 운동량이 없고 가만히 앉아 있는 경우 순환 장애가 발생하며 그로 인해 림프순환이 원활하지 않게 되고 몸이 붓고 피곤하며 면역력이 떨어지는 증상이 현저히 나타난다.

신진대사의 원활한 순환 특히, 건강한 림프 순환을 위해 인체(얼굴과 경부)의 림프절 위치와 림프절의 흐름을 정확히 알고 이를 관리에 적용한다면 더욱 효과 있는 림프 관리가 될 것이다.

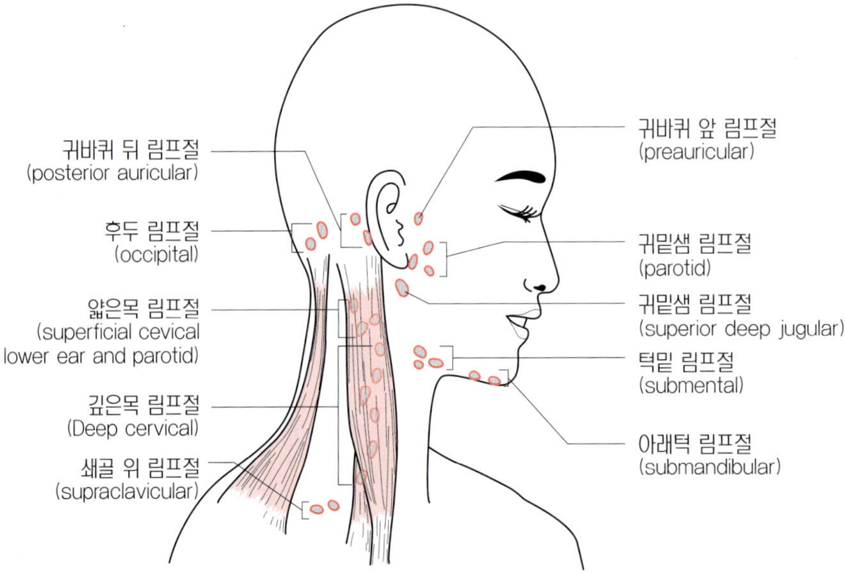

그림 11-1 얼굴 림프절과 경부 림프절의 위치와 명칭

(출처: 교육부(2017). NCS 학습모듈)

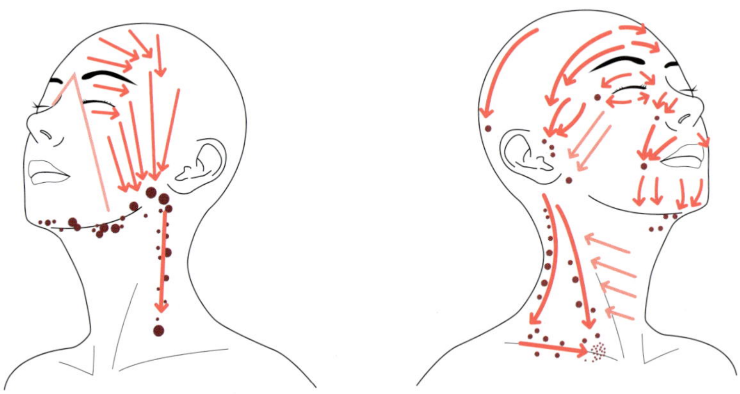

그림 11-2 얼굴 림프절과 경부 림프절의 흐름

(출처: 교육부(2017). NCS학습모듈)

2. 림프 관리의 효과

① 림프 순환은 면역 기능을 높여 준다.

② 림프 순환에 의한 노폐물 제거는 얼굴 및 신체 부종을 완화시킨다.

③ 림프 순환은 과도하게 긴장된 근육을 이완시킨다.

④ 림프 관리를 진행하는 동안 고객에게 심리적 안정감을 준다.

⑤ 주 2회 총 10회 이상으로 한 달 이상 6개월 정도 정기적인 림프 관리는 부종, 정맥류 다리, 염증, 여드름, 튼살, 셀룰라이트 등에 매우 효과적이다.

3. 림프 관리 적용

1) 림프 관리 적용 대상

① 여드름 피부 (화농성 여드름 제외)

② 지루성 피부

③ 민감하고 예민한 피부

④ 홍반 또는 모세 혈관 확장 피부

⑤ 셀룰라이트, 튼살이 심한 피부

⑥ 부종이 자주 발생하는 피부

⑦ 수술 후 상처 회복이 필요한 피부

⑧ 다리 부종 관리를 위한 임산부

2) 림프 관리의 활용

림프 순환의 장애로 일어나는 셀룰라이트와 부종 감소를 위해 림프 관리를 시행하기도 한다.

- **셀룰라이트**(cellulite) : 림프 순환 장애로 인한 체액과 지방의 과잉 축적과 결합 조직의 변성이 연속 적으로 발생함으로써 생긴 것이다. 허벅지와 엉덩이에 주로 분포한다.
- **부종**(edema) : 체액의 순환 중 공급량과 재흡수량이 균형을 잃어 조직액이 비정상적으로 증가되어 조직이 팽창되는 상태를 말한다.

3) 림프 관리에 적합한 환경

① 조명은 편안함을 느낄 수 있는 너무 밝지 않은 조명을 선택하며, 내부 조명은 75Lux 이상의 밝기로 하고, 간접 조명으로 한다.

② 통풍이 잘되며 쾌적함을 느낄 수 있는 실내 온도와 편안함을 유지할 수 있도록 외부의 소음으로부터 차단되어진 실내 공간이어야 한다.

4) 림프 관리 준비

기본적인 얼굴 관리를 먼저 실시한 후 얼굴 관리가 다 끝난 고객에게 끝으로 림프 관리를 실시하여 편안하게 휴식을 취할 수 있도록 한다.

① 터번은 풀어주고 조임이 있는 가운도 느슨하게 하여 편안하게 관리 받을 수 있는 상태로 준비한다.

② 림프 관리는 피부에 특별한 마찰감을 느끼지 않는 동작이므로 유분감이 없는 제품을 소량 도포하거나 또는 아무것도 바르지 않은 상태로 준비한다.

③ 림프절 위치를 이동할 시, 각 손동작은 한 손이 먼저 이동한 후 다른 손이 이동을 하여 피부에서 손이 동시에 떨어지지 않아야 하며 움직이는 힘은 30~40mm/Hg 정도의 압력을 유지하여 일정하게 압을 가한다. 대략 33mm/Hg(깃털 무게 정도의 압력, 10원짜리 동전 무게의 압력) 압력이다.

④ 모든 림프 순환의 방향은 가까운 주변 림프절을 통해서 최종적으로 심장 방향으로 이루어지며, 배꼽을 기준으로 상복부는 액와 방향, 하복부는 서혜부 방향으로 적용한다.

⑤ 림프절마다 각 동작은 1~5초 정도 머무르고 한 자리에서 5회 정도 반복하며 서서히 압을 주고 서서히 압을 빼면서 동작을 시행하며, 1회 한 부위 적용 시 림프 관리 적정 시간은 최소 20~30분 정도가 효율적이다.

4. 림프 관리의 기본 동작

기 법	방 법
고정원(stationary circle), 정지 상태의 원 동작	얼굴 림프 관리 시 가장 많이 적용하는 동작으로 손가락 끝(지문)이나 손바닥 전체를 이용하여 림프배출 방향으로 가볍게 압을 주어 쓸어주며 일정한 주기로 연속 시행하고 림프의 흐름에 역행하지 않아야 한다.
펌프 기법 (pump technique)	손가락 끝에 힘을 빼고 엄지손가락과 네 손가락을 둥글게 하여 엄지와 검지의 안쪽 면을 피부에 닿게 하고 손목을 위로 움직여 위로 올릴 때 압을 주는 동작으로 주로 팔과 다리에 적용한다.
퍼 올리기 기법 (scoop technique)	엄지를 제외한 네 손가락을 가지런히 하여 손바닥을 이용해 손목을 회전하여 위로 쓸어 올리듯이 압을 주며 주로 팔과 다리에 적용한다.
회전 기법 (rotary technique)	손가락 전체를 피부에 댄 후 피부를 약간 늘려서 손바닥 전체를 피부에 밀착시키고 림프의 흐름 방향에 따라 압을 주면서 손목을 움직여 옆으로 회전하는 동작으로 주로 피부의 평평한 부위에 적용한다.

5. 림프 관리 적용 과정

얼굴 부위 림프 관리는 **[목 관리 → 얼굴 관리]** 순서로 진행한다.

1) 림프 관리 적용 과정 Ⅰ : 목관리

① 흉골 중앙에서 액와 림프절까지 엄지손가락을 이용하여 부채꼴 모양을 만들며 쓰다듬는다. 5등분하여 위로 이동하며, 마지막 쓰다듬기는 쇄골선을 따라 쇄골 끝점에서 마무리한다.
(쓰다듬기 × 1)

② 프로펀더스(profundus), 미들(middle), 터미누스(terminus) 각 부위에 고정원 동작을 반복하여 실시한다.
(각 5 회씩 고정원 × 2)

③ 옥시푸트(occiput), 미들(middle), 터미누스(terminus) 각 부위에 고정원을 반복하여 실시한다.
(5 회씩 고정원 × 1, 생략 가능)

④ 턱 중앙에서 하악각까지 고정원 동작을 반복하여 실시한다.
(각 5 회씩 고정원 × 2)

⑤ 프로펀더스(profundus), 미들(middle), 터미누스(terminus) 각 부위에 고정원 동작을 반복하여 실시한다.
(각 5 회씩 고정원 × 2)

⑥ 귀의 앞과 뒤를 2, 3번째 손가락에 끼우고 고정원 동작을 반복하여 실시한다.
(각 5 회씩 고정원 × 1)

⑦ 프로펀더스(profundus), 미들(middle), 터미누스(terminus) 각 부위에 고정원 동작을 반복하여 실시한다.
(각 5 회씩 고정원 × 2)

⑧ 견봉 부위를 손으로 감싸고 고정원 동작을 반복하여 실시한다.
(각 5 회씩 고정원 × 1)

⑨ 견봉 부위를 손으로 감싸고 고정원 동작을 반복적으로 실시한 후 액와 림프절로 밀어낸다.
(각 5 회씩 고정원 × 1)

⑩ 프로펀더스(profundus), 미들(middle), 터미누스(terminus) 각 부위에 고정원 동작을 반복하여 실시한다.
(각 5 회씩 고정원 × 2)

⑪ 쇄골선을 따라 쇄골 중앙에서 쇄골 끝점까지 쓰다듬기 1회를 실시한다.
(쓰다듬기 × 1)

■ 림프 관리 동작을 보고 도안 위에 적용 과정을 순서대로 적어 봅니다.

림프 관리 Ⅰ : 목 부위	설명
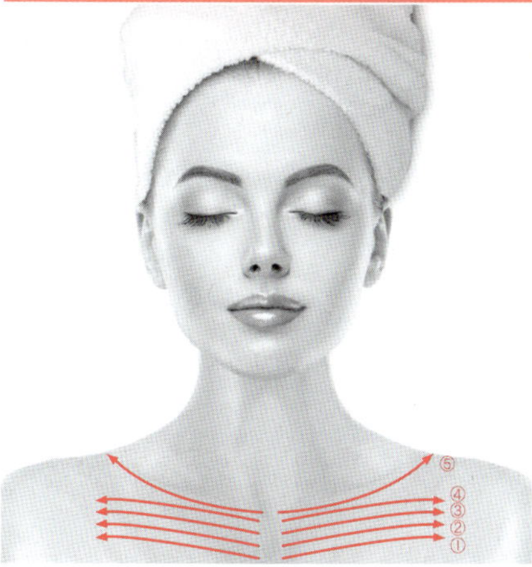	
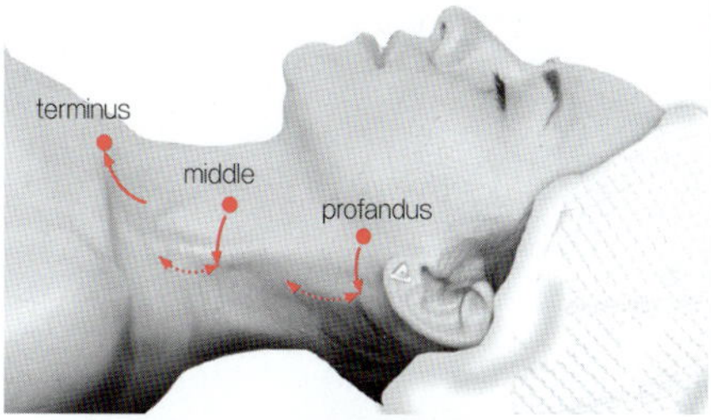	
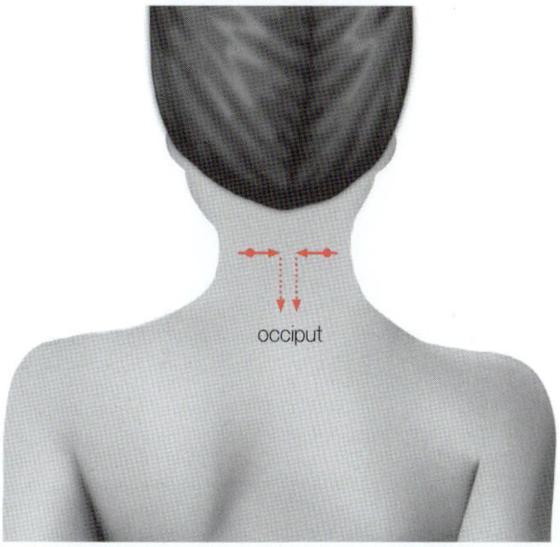	

림프 관리 Ⅰ : 목 부위	설명
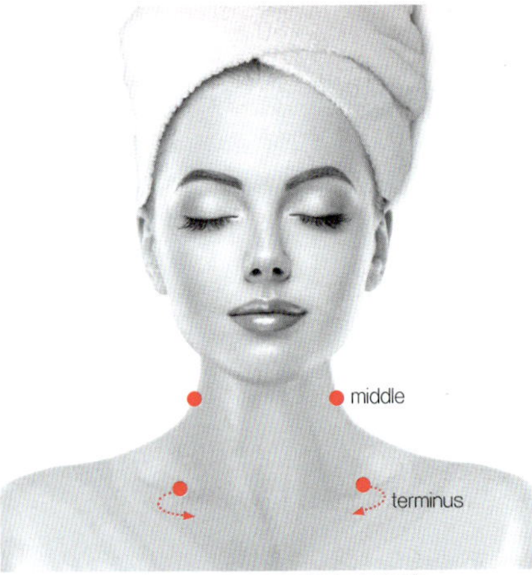	
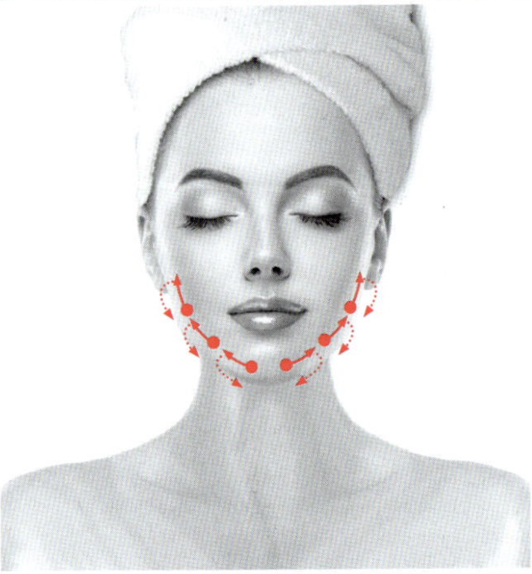	

림프 관리 I : 목 부위	설명
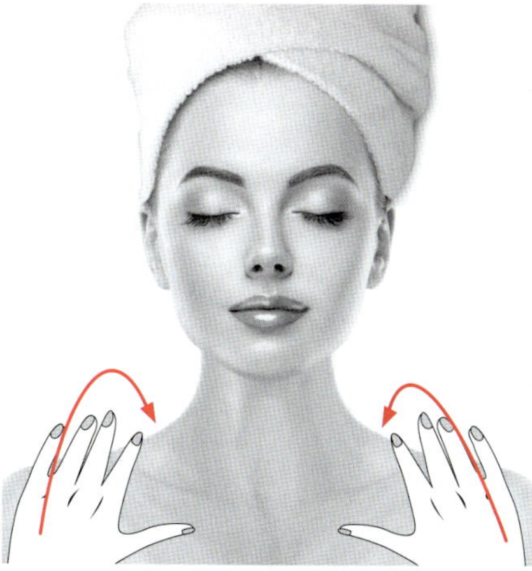	
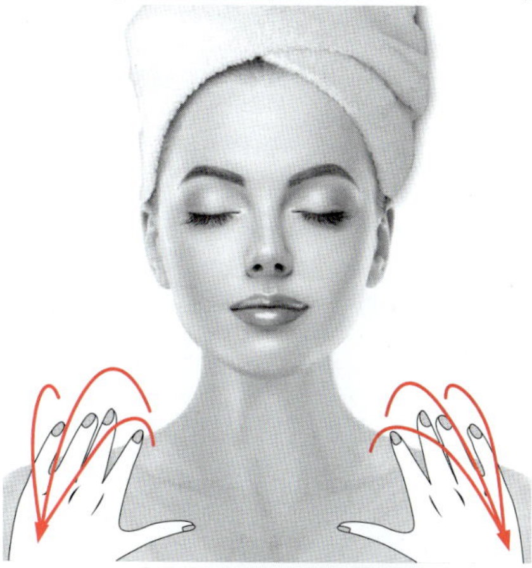	

2) 림프 관리 적용 과정 II : 얼굴 관리

① 턱선 부위부터 볼 부위, 이마 부위를 향해 엄지측면을 이용하여 평행하게 쓰다듬는 동작을 한다.
(쓰다듬기 × 1회)

② 아랫입술 밑의 중간선에서 시작하여 양 입가를 그리고 나서 각 지점에 고정원 동작을 반복하여 실시한다.
(각 5 회씩 고정원 × 2)

③ 코밑에서 귀 중간 지점까지 정지 상태 원 동작을 반복하여 실시하며, 프로펀더스(profundus), 미들(middle), 터미누스(terminus)를 고정원 동작으로 반복하여 실시한다.
(각 5 회씩 고정원 × 2)

④ 코끝, 코 중간, 코 뿌리 각 부위를 3등분하여 고정원 동작을 반복하여 실시한다.
(각 5 회씩 고정원 × 1)

⑤ 코 뿌리에서 콧방울까지 3등분하여 고정원 동작을 반복하여 실시한다.
(각 5 회씩 고정원 × 1)

⑥ 볼, 입술 끝, 턱 중앙을 2, 3, 4번째 손가락으로 고정원 동작을 반복하여 실시한다.
(각 5 회씩 고정원 × 2)

⑦ 아래턱 중앙에서 하악각까지 고정원 동작을 반복하여 실시한다.
(각 5 회씩 고정원 × 2)

⑧ 눈 아래 세 부위를 3번째 손가락으로 고정원 동작을 반복하여 실시한다.
(각 5 회씩 고정원 × 1)

⑨ 검지를 이용하여 눈물샘을 눈썹머리 쪽으로 쓸어 올리는 동작을 반복하여 실시한다.
(5 회씩 × 1)

⑩ 엄지손가락으로 코 선을 따라 쓸어 올린 후 검지와 엄지로 눈썹을 가볍게 집어주는 동작을 반복하여 실시한다.
(5 회씩 × 1)

⑪ 엄지로 양미간 부위를 쓸어 올린 후 엄지손가락을 90도로 세운다. 그리고 모지구로 눈썹을 지나 손바닥이 템포라리스(temporalis)를 살짝 감싼 상태에서 가볍게 누른 다음 손을 떼어내는 동작을 반복하여 실시한다.
(5 회씩 × 1)

⑫ 눈썹 머리를 3번째 손가락으로 정지 상태 원 동작을 한 후 2, 3, 4, 5번째 손가락을 이용하여 눈썹 중앙 눈썹 끝을 고정원 동작을 반복하여 실시한다.
(각 5 회씩 고정원 × 2)

⑬ 이마 중앙에서부터 관자놀이까지 1, 2, 3, 4, 5번째 손가락으로 고정원 동작을 반복하여 실시한다.
(각 5 회씩 고정원 × 2)

⑭ 손가락을 곧게 편 상태로 이마 중간과 템포라리스(temporalis)에 고정원 동작을 실시한다.
(각 5 회씩 고정원 × 2)

⑮ 파로티스(parotis) 부위와 앵글루스(angulus) 부위를 고정원 동작을 실시한다.
(각 5 회씩 고정원 × 2)

⑯ 프로펀더스(profudus) 20회 고정원 동작을 실시한다.

⑰ 프로펀더스(profundus), 미들(middle), 터미누스(terminus) 각 부위에 고정원 동작을 반복하여 실시한다.
(각 5 회씩 고정원 × 2)

⑱ 얼굴 전체 쓰다듬기
림프 관리 얼굴부위를 시작할 때 시행했던 ①의 얼굴 쓰다듬기 순서를 역행으로 쓰다듬기 실시하며 마무리한다.
이마 부위 → 볼 부위 → 턱 부위 (쓰다듬기 × 1)

■ 림프 관리 동작을 보고 도안 위에 적용 과정을 순서대로 적어 봅니다.

림프 관리 II : 얼굴 부위	설명
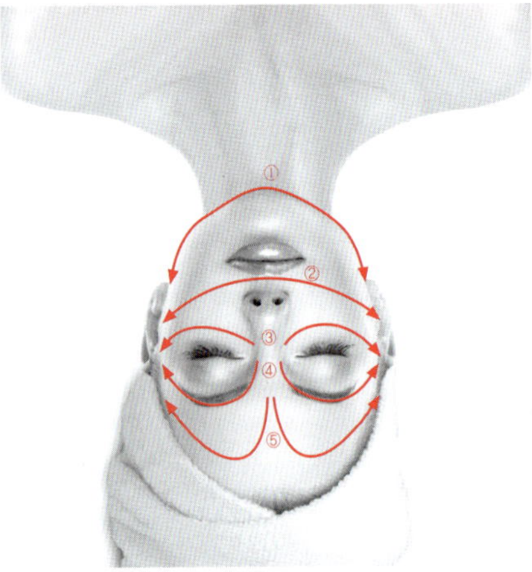	
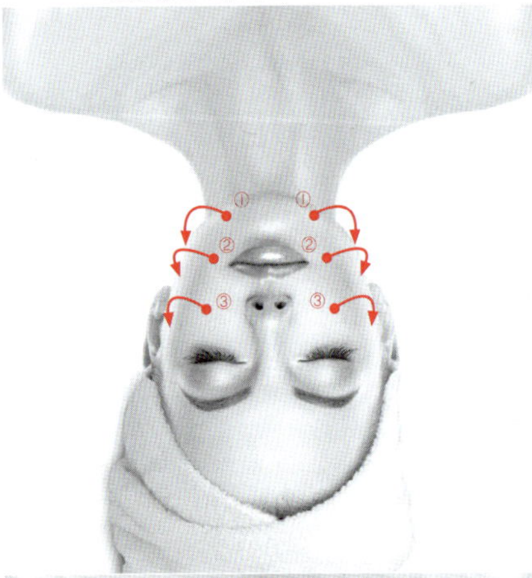	
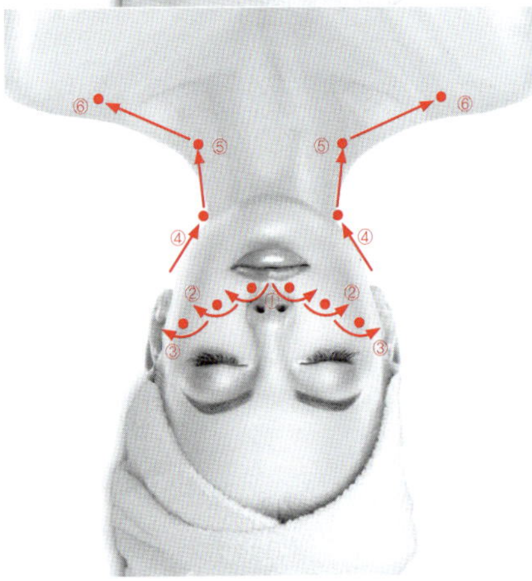	

림프 관리 II : 얼굴 부위	설명
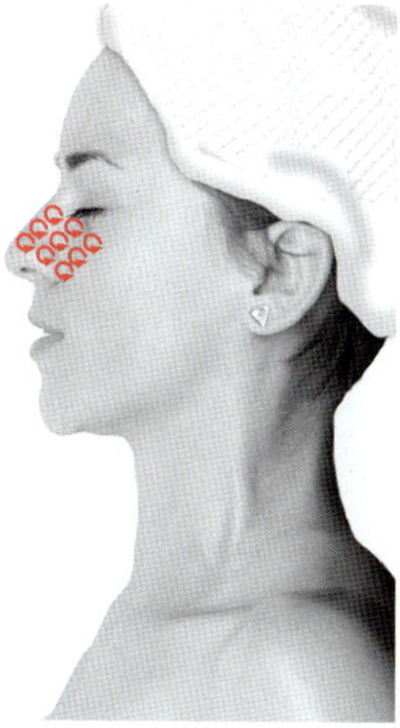	
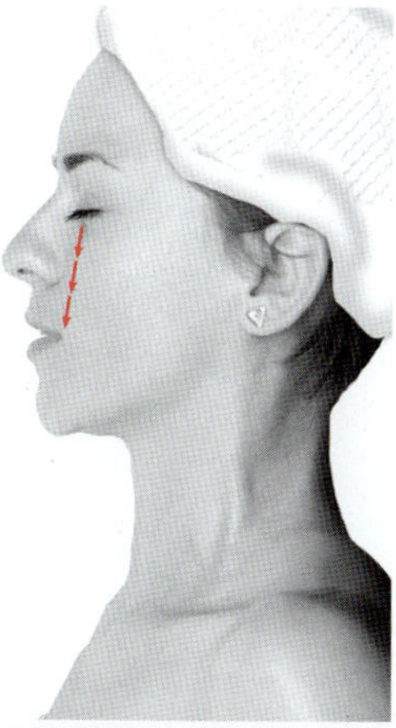	
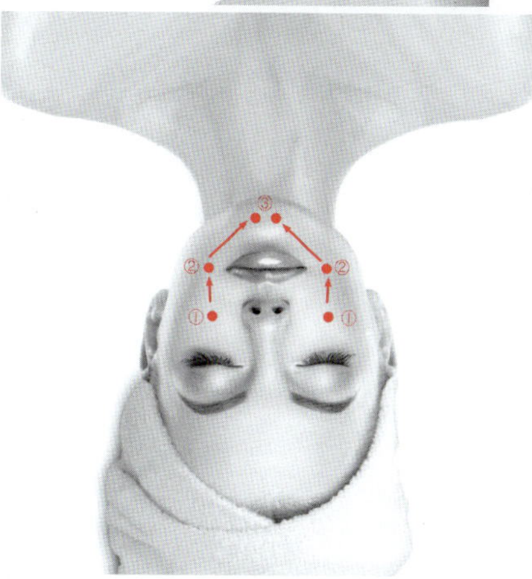	

림프 관리 II : 얼굴 부위	설명
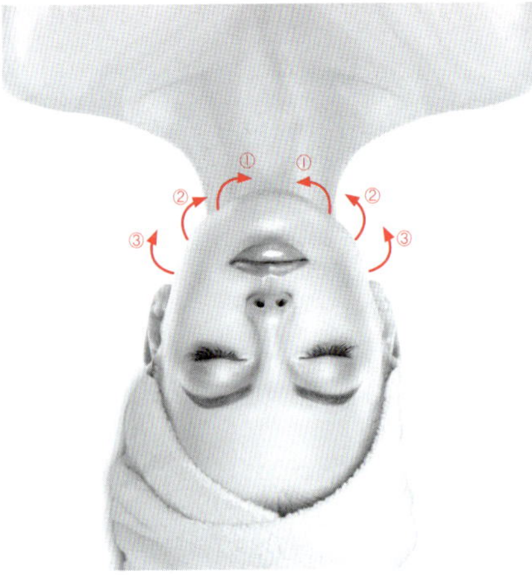	
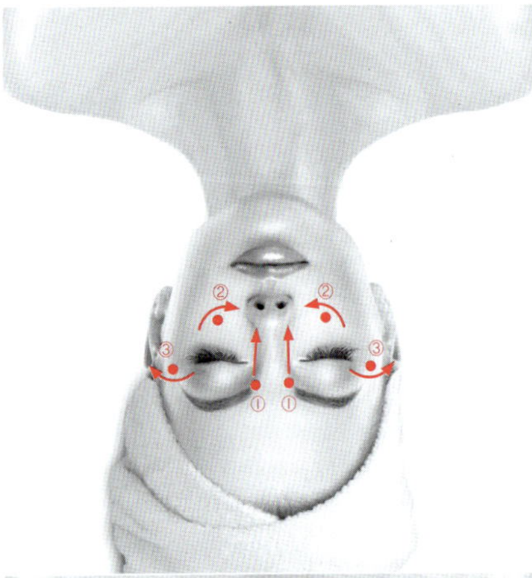	
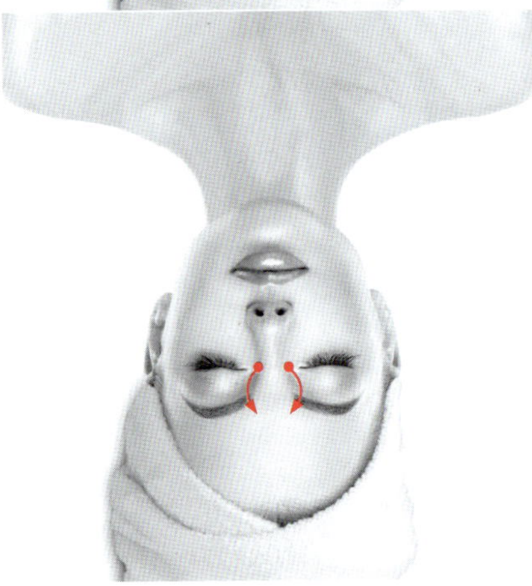	

림프 관리 II : 얼굴 부위	설명
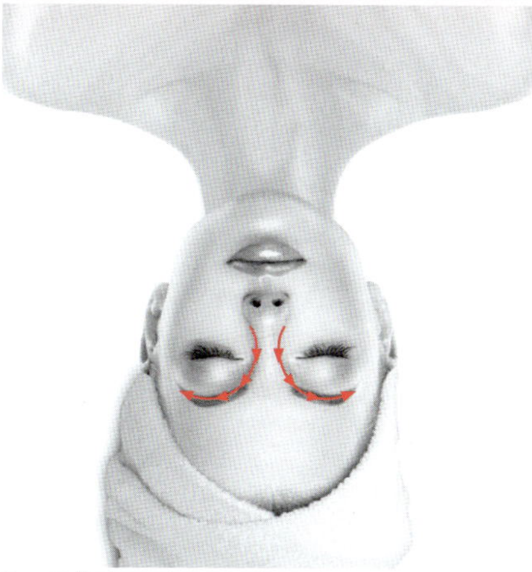	
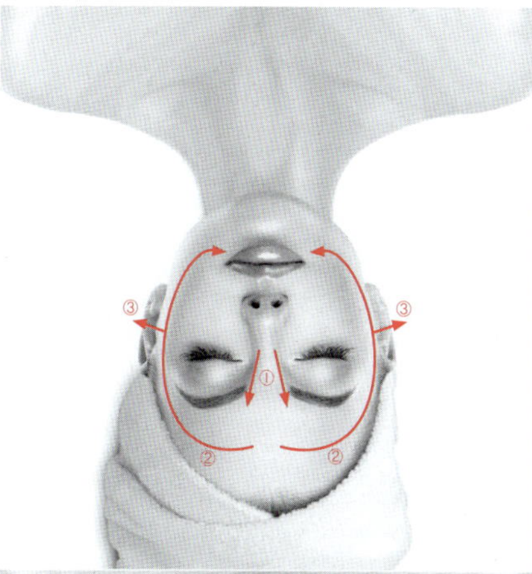	

림프 관리 II : 얼굴 부위	설명
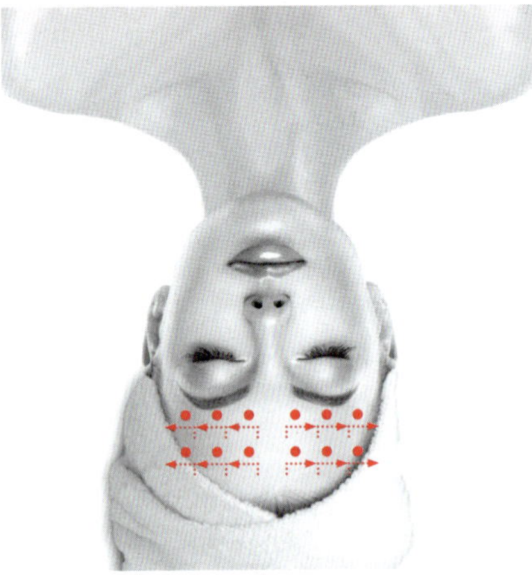	
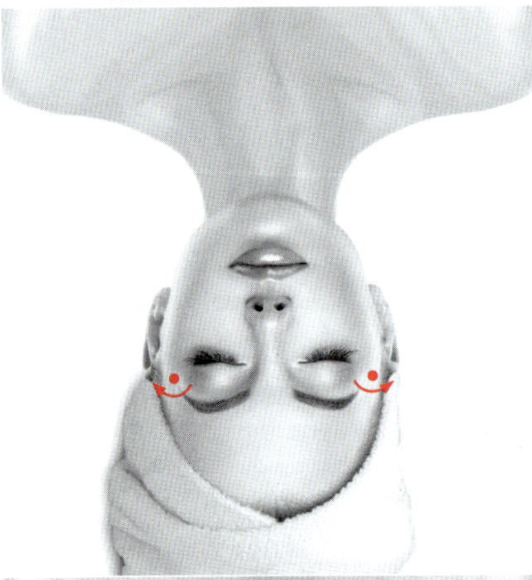	
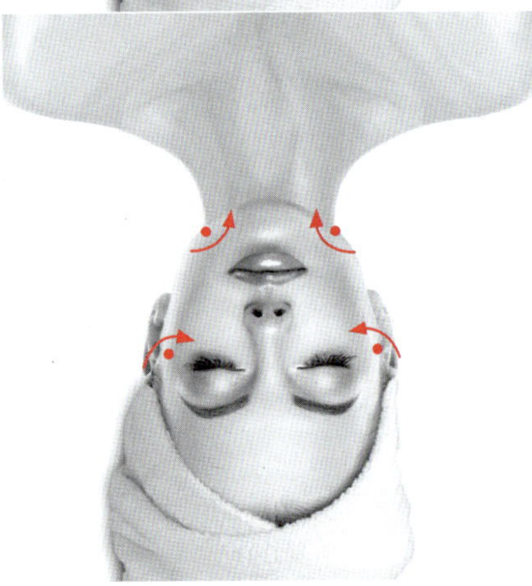	

림프 관리 II : 얼굴 부위	설명
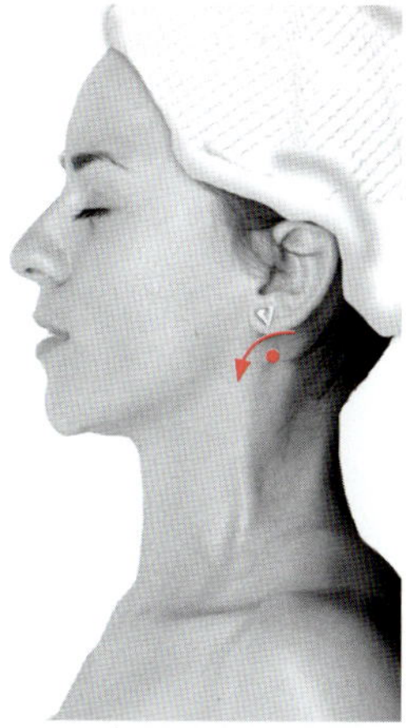	
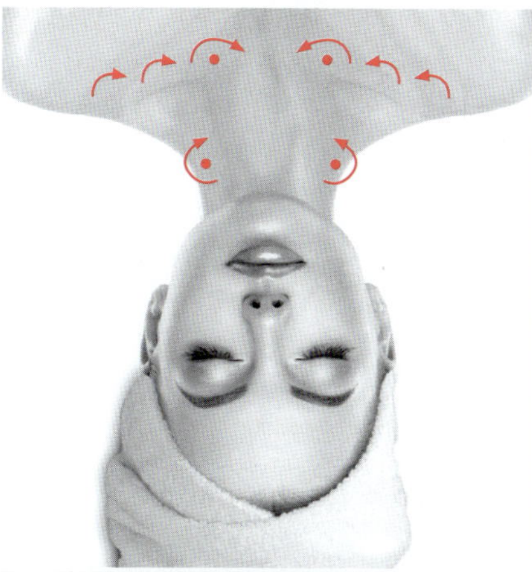	
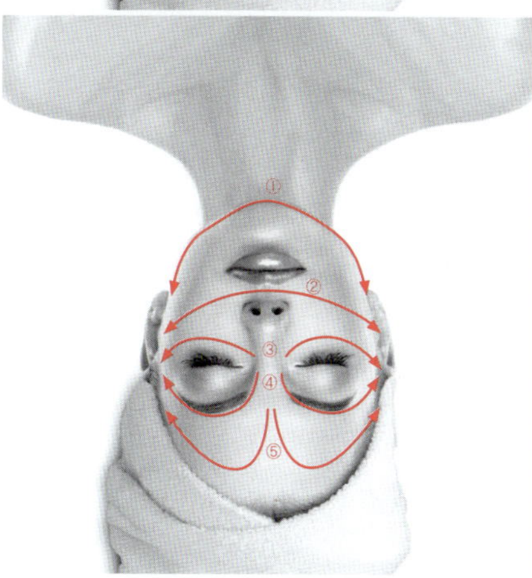	

[참고문헌]

- Keith L. Moore. 무어 임상해부학. 바이오사이언스. 2020
- 오정숙 외. 살롱트리트먼트 & 피부미용기기관리학. 가담플러스. 2015
- 고혜정 외. NCS기반 기초 피부미용 이론 및 실습. 가담플러스. 2017
- 공중위생관리법 제6조 제1항 제4호(2007)
- 교육부. 국가직무능력표준(NCS). 2017

저자소개

김윤정　명지전문대학 뷰티매니지먼트과 교수

홍미숙　명지전문대학 뷰티매니지먼트과 교수

THE BASIC SKINCARE

기초 스킨케어

2022년 2월 24일 (1판 1쇄 인쇄)

2022년 3월 2일 (1판 1쇄 발행)

지은이. 김윤정 · 홍미숙

펴낸이. 고범석 ｜ 펴낸곳. 가담플러스. 서울시 마포구 동교로 144-7 영일빌딩

등록. 2014년 3월 18일 제 2014-000094호

E-mail. gadambooks@naver.com

www.gadamplus.com

ISBN　979-11-86447-47-5　93590　가격 **25,000**원

이 교재는 명지전문대학 조기취업형 계약학과 선도 전문대학 사업단 지원에 의해 제작되었음.